CHRISTOPHER WYLIE
【劍橋分析事件】首位吹哨者

Mindf*ck
心智操控
【劍橋分析技術大公開】

INSIDE CAMBRIDGE ANALYTICA'S PLOT TO BREAK THE WORLD

克里斯多福・懷利───著

劉維人───譯

To my parents, Kevin and Joan,
Who taught me to be brave,
To stand up for myself,
And to do the right thing

給我的爸媽凱文和瓊安,
謝謝你們教我勇敢,
教我捍衛自己,
教我做對的事。

On résiste à l'invasion des armées;
on ne résiste pas à l'invasion des idées.
(One withstands the invasion of armies;
one does not withstand the invasion of ideas.)

-VICTOR HUGO

軍隊的入侵可以擊退，思想的滲透卻無法抵禦。

——維克多‧雨果

令人大開眼界的心智操控術

黃從仁／臺大心理系暨研究所副教授

根據 2020 年初的統計資料，臺灣有近八成五的上網人口，這其中約有九成是臉書（Facebook）的使用者[1]。我們打開臉書，除了好奇地瀏覽舊識與新交的近況，也不忘抒發心情並記錄下自己的生活點滴與這些朋友們分享。較不在乎個人隱私的使用者，除了在個人的介紹頁面中如實地填入如性別、年紀、居住地等基本資料外，也無所顧忌地留下如宗教信仰、政治立場與戀愛性向等進階資訊。相反地，較在意維護個人隱私的使用者，時常在臉書的使用上遵循著四不一沒有的原則：非必要**不**填個人資料、**不**主動張貼留言、**不**分享影音照片、**不**與他人有過多互動，於是逐漸**沒有**朋友……

「我 po 這些東西本來就是要給朋友看的啊！」，您義正詞嚴。問題是：有些內容您的朋友不想看（例如一早刷牙流血的照片），且能看到的不一定是您的朋友（例如您在臉書資料科學團隊工作的情敵）。本書作者克里斯多福．懷利，具有「劍橋分析」公司的多個頭銜——共同創辦人、前研究總監以及吹哨者。懷利在本書中

1　統計資料來源：財團法人台灣網路資訊中心「2019 年台灣網路報告」、Hootsuite Digital Report 2020。

用自傳式的口吻，娓娓道來他們的團隊如何利用早期臉書敞開的資安大門，大量搜刮臉書上數億名使用者的資訊，並進一步地將這些臉書與其他資料來源做串接。他們能夠恣意地去檢視素昧平生的臉書使用者房子的衛星照片、家人照片以及各種癖好，您與我可能都是他們所輕蔑嘲笑的那個怪胎。

「那又怎麼樣？」，您一臉不屑。《東周列國志》中，文種曾對越王勾踐獻策：「今王志在報吳，必先投其所好，然後得制其命」。歷史的教訓是：個人的特質、價值、偏好或心中最深層的恐懼一旦被精準掌握，輕則個人被利用，重則導致國破家亡。懷利在本書中列舉了許多這種掌控人心、操弄各國選舉的範例。不若過去的政治宣傳活動只依照性別、年紀、居住地等人口學資料來分類選民，劍橋分析透過臉書上的動態消息、追蹤、按讚、分享等數位足跡（digital footprints）來對臉書的使用者做心理剖繪（psychological profiling），讓政治宣傳能夠見人說人話，見鬼說鬼話，人鬼盡歡。

「就像是谷歌（Google）與亞馬遜（Amazon）所做的個人化廣告推薦那樣嗎？」，您好奇。不，沒那麼簡單！他們會在臉書鎖定欲操弄的對象（如其客戶欲殲滅的對手陣營或文化團體）來創建粉絲專頁，在吸引心理特質與政治、文化理念相似的使用者後，首先於粉專中測試怎樣的話術或假消息最能夠煽動這個同溫層，之後再把有效的謠言透過暗樁在線上或線下的相關團體中做大規模的傳播，達到心戰目的。這裡的對手陣營可以像是政治組織或公司行號，文化團體可以像是女性主義或是特定宗教等各種社團。

作者聲稱 2013 年才建立的「劍橋分析」公司，便是透過上述的精準投放（microtargeting）來影響 2016 年的英國脫歐公投，以

及當年的美國總統大選等世界重大歷史事件。和實驗室的心理學實驗不同，這些真實生活中的心智操控，除了「受控者」並非在知情同意（informed consent）的情況下被操弄，也無徹底不受假新聞汙染的「控制組」可供比較。因此，雖然書中所提的選舉結果對「劍橋分析」來說可謂是稱心如意，但科學上不能推斷這些操弄是否真有效果或是有多少效果。換句話說，書中所提的選舉結果，有可能真是「劍橋分析」的豐功偉業，也有可能僅是歷史上的因緣巧合。不過即便是後者，本書所介紹的各種心理剖繪與心智操控技術，的確也都有其學術研究的基礎，而「劍橋分析」濫用這些技術的方式，也令人大開眼界並有所省思。

水能載舟，亦能覆舟。懷利整個人生上半場的故事中，最諷刺的莫過於他本來懷抱著理想，想用科技和創新來改善政治和世界，最後卻淪為別人的政治工具在世界各處鼓動仇恨和對立；而懷利原本在他一手打造的「劍橋分析」公司中透過大數據監控他人，卻在他踢爆公司內情後反過頭來受到各方奪命式的監控；到最後，這個科技頑童不得不盡量遠離網路、電腦，與手機，反璞歸真地過著低科技的生活。由此可見，科技本身是中性的，其影響是好是壞端看是落在好人或壞人手中。當我們一方面享受著網路與社群媒體所帶來的便利，大方地送出個資來換取個人化服務的同時，我們也應當意識到：在世界的某個暗黑一隅，一台電腦之前，可能有個像上帝的老大哥時時刻刻地瞪大雙眼看顧著我們，而且更重要的是：一切都在他的掌控之中……

「我彷彿看到了這位老大哥」，您若有所感。

等等！您不會正是作者口中那個疑神疑鬼而容易相信陰謀論的高神經質者吧？

初見真相，亦窺見未來——

你選擇紅色藥丸還是藍色藥丸？

葛如鈞／國立臺北科技大學互動設計系 專任助理教授

這次的閱讀體驗，既痛苦又沈重，卻又是對這世界現實太重要的認識，不得不咬著牙讀完，獲益良多，尤其最後作者以他自己參與了劍橋分析事件後，針對後真相時代科技企業過度擴權的問題提出了解答，更顯真知灼見。

近來許多的書籍知識與社會時事，都在本書裡連成一串，既如哈利波特一樣魔幻，又無比真實；也像電影駭客任務（Matrix）裡的救世主 NEO 選擇吞下象徵痛苦真相的紅色藥丸，極度不舒服地從母體裡醒來，像個嬰兒般無助，如我讀此書。**我經常認為這個世界充滿各種陰暗黑箱，無論是政治黑箱還是裙帶黑箱，而我們往往寄託知識、書籍，期望它們可以帶領我們將黑箱一個個打開。這一回，此書讓我看到的，乃是對這個世界認識至今最大的黑箱，箱裡有金錢、政治、個人利益、社會利益；更有甚者，連我們的自由意志（我們曾經為此無比驕傲），也被放入巨大黑箱中，任由其膨脹，再膨脹。**書中最令我印象深刻的畫面，是作者描述劍橋分析團隊在蒐集了幾千萬美國選民的資料後，決定初次展示給「美國來的史蒂夫」，也就是後來影響川普勝選甚鉅的史

蒂夫‧班農觀看，一群人興奮地像喜愛惡作劇的大學生，個個不顧隱私道德和商業倫理，輪流躲在千里之外打電話給資料中的隨機群眾——毫不相識的陌生人，並向他們求證系統搜集的資料和猜測是否正確。電話中，他們偽裝自己是劍橋大學的研究人員，而實質上是後來惡名昭彰的劍橋分析，透過多個社交工具間接或直接地在用戶未受告知下，蒐集了極其詳細的個人資料與偏好預估，那也是這個團隊初次展露即將帶來的巨大威脅。

　　如上所述，書中許多段落實在太寫實也太好看，帶給我一次次如同揭開真實世界瘡疤般的劇烈痛楚，好幾度我幾乎都要翻不開下一頁；那些瘋狂的故事和場景，一再撞擊著我原以為自由、民主、流動的當代世界認知，卻又緊扣我對這段歷史與許多知識細節的真實體驗和記憶。**本書所提到的許多心理認知偏誤（進一步被利用作為心理戰略的跳板），並非新聞，而是 2002 年獲得諾貝爾獎的丹尼爾‧康納曼（Daniel Kahneman）多年研究；如今連知名 YouTuber 老高與小茉也在節目裡介紹多次，描繪這種人群被訊息和不精準的下意識決策給「催眠」而不自知的現狀有多可怕，但多數人依舊對此沒有太多認識。**此外，書裡提到的 2012 ～ 2014 年之間，正好是我也在做網路創業的時候，當年我們也推出一個叫做 Linkwish 的服務，透過網路爬蟲程式抓取了上百萬台灣臉書用戶的公開或好友資訊，其間細節連我們自己身為開發者都為之咋舌。

　　此外，原先沒沒無聞的 SCL 和劍橋分析團隊，之所以火箭般成長，乃是因為某個華爾街量化基金操盤人——文藝復興科技公司執行長——默瑟給了大把金錢，才讓劍橋分析逐漸走向巨大市場，開始突飛猛進地改變國家內部的政治經濟結構，而這位默

瑟先生，正好是我先前閱讀的一本描述文藝復興科技公司始末書籍的書中要角。

經由作者對親身經歷的詳加描述，我深感人心的脆弱、民主的脆弱，人類群體對於自身心智的理解不足，以及有能、有權的少數人為了個人利益，可以忽視多少人本價值，可以背棄多少道義信條，在數位網路時代下輕易左右多數人的心理現狀甚至進一步控制大多數人的決策，令人感到極度不安與惶恐。這一切，肯定還沒有結束，被曝光的永遠只是冰山一角，敵人往往躲入更深更黑的暗處，這是所有恐怖故事都會發生的事，而如今現實就已經是恐怖故事。

我讀著讀著，不禁想起某天夜裡看著 Twitter 上的直播影片，只見班農和極富爭議的間諜網紅郭文貴先生，兩人共乘一艘快艇，在紐約自由女神像為背景的哈德遜河上破浪前進，一邊戲劇性地宣讀著極為超現實的《新中國聯邦宣言》，他們又再謀劃著什麼？正要去向哪裡？目光回到此書，我不禁膽顫心驚——劍橋門背後的各種黑箱，現在該不會又在演算著什麼新的東西？如果你恰好屬於對社會、政治和現實發展沒啥興趣的讀者，您只要記得一件事：「**想知道未來長什麼樣子，看看有錢人做什麼就好。**」現在數以億計的資金以及石油公司、五角大廈和白宮裡飛來飛去的演算法鬥爭，再過幾年，也許就是你我日常企業競爭與工作競爭之間的樣貌。只要這世界舞臺上的主角不變（也就是你我），那麼這場出自人心的認知偏誤與已知用火的數位狂徒們聯手打起的混戰，就絕沒有停止的一天，而我們每個人都將不由自主，牽連其中，只是你不一定看得見，也不見得有感覺。

劍橋分析公司的煉成與熔毀

楊斯棓／《人生路引》作者、方寸管顧首席顧問、醫師

若你有在關注國際新聞，或許對劍橋分析公司會有點印象。先講結論，曾經翻攪多國政局、選情的劍橋分析，已在 2018 年倒閉。

劍橋分析公司到底是怎麼冒出來的呢？那得先從英國的 SCL 集團公司講起，SCL 是 Strategic Communication Laboratories 的縮寫，意思是戰略溝通實驗室，主要幫軍方在世界各地打心理戰與發揮影響力。本書作者克里斯多福‧懷利曾任劍橋分析公司研究總監，他到任後翻讀公司的舊報告發現：「（公司）在東歐幫北約宣傳反俄思想；在拉丁美洲幫某個軍方客戶反毒，用假新聞騙種植古柯的農民跟毒梟反目成仇。」

這間公司從煉成到熔毀，不超過五年，原因是「涉嫌未經許可獲取了約 5,000 萬名臉書用戶的個人數據，並運用這些個人數據挖掘出心理和人格特徵，為 2016 年美國總統選舉制定有針對性的政治活動。」

作者以吹哨者之姿向《衛報》曝光了劍橋分析公司幕後操作的文件，也赴英國國會作證。此舉導致劍橋分析客戶和供應商大量流失，興訟不斷，2018 年 5 月 2 日宣布停止營運，並在美、英兩國相繼申請破產，目前連上其網站 https://cambridgeanalytica.

org/，首頁可以看到其成員陣容之堅強，但若繼續點選網站細部內容，則會荒謬可笑地連到販售勃起障礙藥物的購物頁面。

你所深信的價值，是被挑選、設計過的？

作者引述 2015 年的一則研究發現，電腦模型可以用人們對特定臉書內容的按讚準確預測其行為。「這個模型只要蒐集你的 10 個「讚」，預測你行為時就比你的同事更準；如果有 150 個「讚」，就比你家人更準；有 300 個「讚」，就比你配偶更了解你。」

如果我得以監測他人，我發現某 100 個人平常會收看外媒頭條，沒有獨鍾哪一間媒體，我若投放謠言到他們的臉書上（以贊助手段讓某則貼文出現在其臉書上），可能較難煽動他們，但我若在那些不辨來源，樂在內容早被證偽的發文按讚的人當中挑 100 人，對他們投放謠言，譬如說「每天喝一萬 cc 的水，終身防癌」，他們很可能深信不疑，甚至樂於轉傳，把散播謠言當作傳福音，深信自己正在做好事。

政治野心分子若利用其中機巧，將嚴重翻攪社會。

如果監測方在臉書上投放一則影片，60 秒的內容中，政治人物瘋狂的聲嘶力竭，狂開支票，把種種匪夷所思的建設都聲稱將要在他意圖統轄的城市迅速完成，監測方得知哪些人按讚，繼續針對這些人投放左右他們情緒或判斷能力的內容，如此，干預選舉結果絕非難事。

人們以為自己隨機看到的每則臉書，其實都是被挑選、設計

過的，都是有心人準備以同情共感的外皮、擾動心神的內容、不必劫取掠奪，讓人們甘心奉上選票。人們會以為是「有人也這麼覺得」而把自己投射到某個「我們」的一分子，卻沒注意到臉書一角淡色的贊助字樣，甚至就算看到了贊助字樣，也選擇忽略。

我若是某城市的股實小販，擔心下一代無法在家鄉覓職，我在某些新聞按讚的軌跡，很可能因為我玩了某些小遊戲（接受玩遊戲的同時，等於承諾交出自己的網路軌跡）而一次曝光，於是監測方順理成章的掌握我正是屬於「擔心自己下一代仍無法在家鄉找到工作」的中年人，監測方只要投放一些跟我下一代年紀相仿者，淚眼汪汪的談著自己飄落他鄉的影片，我就會不由自主地同仇敵愾，把自己與友人的敵我線畫得涇渭分明。跟我同情共感的人，就是同國的，只要質疑此論述，就不是自己人，我再也不相信非自己人提供的任何客觀證據，我只相信我想相信的。

這還不夠可怕嗎？

作者分析：「進入網路時代之後，我們每個人都變成了一座礦脈，我們的行為、注意力、身分都可以開採換錢。」

販售彩券的商人，若透過購買不肖業者手上掌握的用戶軌跡，得知社會上哪 20% 的人最喜歡點選一夕致富相關文章，然後不斷投放「包牌勝率更大」的廣告給他們，他們的荷包乾癟速度，已可預見。

民眾是盲目而愚蠢的，往往前一秒才喊著政府管太多，下一秒又喊著政府都不管。

一部科技災難反省史

　　作者提醒，我們不該放任科技公司不受約束。懷利把監理的概念比喻成馬路上的減速丘，說明監理可以保護新科技與新網路生態系的用路安全，絕不能坐視毫無約束的狂飆行為。

　　災難發生後，如果我們懂得反省檢討，進而催生適度約束的法規，眾人或許得以免於頻繁受災難蹂躪。

　　人類的歷史，不正是一部災難反省史？我們若深刻反省與思考，就能稍有餘裕的面對下一次的考驗。西元 64 年，羅馬大火後，羅馬皇帝尼祿規定了房高街寬與公共給水標準。臉書社群平臺直播槍擊或劍橋分析公司過往的行徑，也像一把野火，已燃燒良久。誠如作者所說，我們要模仿過往大火給先民的教訓，制定規章，約束乖張者的行為，以保障最大多數人的福祉。

　　正如作者疾呼：「在現實中，我們不會讓人們同意走進那些電線故障或沒有逃生出口的建築物。」臉書上的小遊戲或誘騙我們點進去的「這是你嗎」影片，都是一棟棟有嚴重公安問題的建築物，這些建築物可能因此竊取我們的帳號密碼，或者竊錄我們的足跡，遂行己欲。

　　我們不該只處於守勢一味戒慎恐懼，我們需要有法可依。

目錄

Chapter 1
GENESIS

第一章

混亂的起源

每走一步，我的腳跟就扎進新鞋一次。我緊抓著深藍色的資料夾，裡面全都是貼滿彩色標籤的文件。我對自己身處的場所充滿敬畏，對即將走上的位置充滿焦慮，只好把注意力集中在腳步聲上。助理提醒我們走快一點，否則就會被人發現，於是我們穿過身著制服的警衛，走入中庭，然後拐進一條通道。助理推開一扇門，我們快步走下樓梯進入另一條走廊，這裡的走廊全長得一模一樣，高高的天花板映著大理石地板和木門，廊間零星立著幾根美國國旗。我們七個人的腳步聲在大廳間迴響。就在即將抵達電梯的時候，有人叫住了我，是一位參議員。他揮了揮手，「**這麼快就又見面啦？**」一群記者在說明會外面等待，他們看著我玫瑰粉色的頭髮，發現了我是誰。

兩位攝影師衝到我正前方開始錄影，我開始往後退，但媒體很快就圍上來，「**懷利先生，我是 NBC 的記者！**」、「**我是 CNN！**」、「**您為什麼會來這裡？**」我的律師示意我不要說話，助理的手指向電梯，同時要求記者們保持距離。我們擠了進去，電梯門逐漸關上，相機的快門聲從來沒停。

我被擠在電梯後面，身邊的人全都西裝革履，電梯一路向下，探入深深的地底。路上沒有人說話。我滿腦子都在複習之前律師給我上的課，包括有哪些人違反了哪些美國法律、我這個非美國公民具有哪些權利又沒有哪些權利、要怎樣冷靜回應指控、我如果被逮捕會發生哪些事等等。我對下一步一無所知，但其他人也一樣。

電梯終於到站，門一打開，唯一映入眼簾的只有另一扇門。門上掛著大大的標示，紅底白字寫著**禁止進入、禁止一般大眾與媒體進入**。

這裡是華盛頓 DC 美國國會大廈的地下三樓。

電梯外的地板上鋪著醬紫色的長毛地毯，身穿制服的警衛沒收了我們的手機與電子產品，放在桌子後面的置物櫃，給我們每人一張領取號碼牌。他們說走進這扇門後就只能帶紙筆，而且如果紙上記下了敏感事項，可能就會被沒收。

兩名警衛推開一扇沉重的鐵門，其中一位以手勢示意我們進去。我們魚貫走入一條長廊，頭上照著陰陰暗暗的日光燈，牆上鑲著深色木板，左右各列一排美國國旗的旗台。這棟房子的氣味很老，陳舊而發霉，伴著一抹清潔劑的味道。警衛帶著我們走過大廳，向左拐，走向另一扇大門。天花板上掛著一塊巨鷹的浮雕紋章，利爪夾著箭，俯視著我們。我們要去的就是這裡：美國眾議院特別情報委員會（United States House Permanent Select Committee on Intelligence）旗下的機密情報隔離室（Sensitive Compartmentalised Information Facility，SCIF），也就是舉行國會機密簡報的房間。

「劍橋分析」直接炸翻白宮，
沒人知道我們怎麼做到的

房裡的日光燈太亮，我花了一段時間才適應。整個空間平凡無奇，只有米色的空白牆壁以及排滿座椅的會議桌，跟華府許多乏味的聯邦機構房間長得一模一樣。但這裡安靜得讓我吃驚，整個房間做成了隔音室，用好幾層牆壁避免監聽。據說整棟房子還是防爆的。美國人打造了這個安全的地方，守護美國的祕密。

我們一入座，議員們就陸續進場。助理在每位議員的位子上

放了一個資料夾，民主黨的重要人物，加州眾議員謝安達（Adam Schiff）坐在我正對面，眾議員特麗・塞維爾（Terri Sewell）坐在他左邊，眾議員艾瑞克・史瓦威爾（Eric Swalwell）與眾議員華金・卡斯楚（Joaquin Castro）擠在桌子另一頭。我左右兩邊分別坐著律師群，以及和我同為吹哨者的朋友沙米爾・沙尼（Shahmir Sanni）。大家一起等了幾分鐘，但共和黨一個人都沒出現。

現在是 2018 年 6 月，我在華盛頓向美國國會為劍橋分析（Cambridge Analytica）事件作證，這是一家軍武承包商與心理戰公司，與臉書、俄羅斯、維基解密（WikiLeaks）、川普競選以及英國脫歐公投都有複雜關係。我之前是公司的研究主任，帶了證據來證明公司怎麼把臉書的資料變成武器，如何建立一套系統讓境外敵對勢力的心戰喊話輕易席捲多不勝數的美國公民。謝安達議員提出第一個問題，他之前是聯邦檢察官，思路敏銳清晰，一開場就直指核心：

「你和史蒂夫・班農（Steve Bannon）共事過嗎？」

「對。」

「劍橋分析曾和任何可能是俄羅斯探員的人接觸過嗎？」

「有。」

「你認為這些資料是用來影響美國選民在總統大選時投票方向的嗎？」

「對。」

時間滴答流逝，很快地就過了三個小時。我這個當時 24 歲支持自由派的加拿大男同志，自願走進這個房間回答這些問題，回答自己怎麼發現這家英國軍事公司利用了我，幫美國極右派開發心戰武器。大學剛畢業之後，我在倫敦一家名叫 SCL 集團（SCL

Group）的公司找到工作，這家公司為英國國防部與北約軍隊提供資訊戰方面的專業諮詢。在西方國家軍隊開始對抗網路上的極端言論之後，SCL集團要我幫忙組一個資訊科學家團隊，去研發一套能夠檢測並反制線上極端言論的工具。這任務既酷炫、困難又迷人，我們要用資料、演算法以及網路上那些有針對性的言論，來對抗不斷升級的極端主義，這可能讓英美與其盟國的網路防衛方式進入新時代。但在2014年的一系列事件之後，一位大富豪收購了我們的專案、成立了一間當時無人聞問的公司，用我們的工具在美國引發混亂。這間公司就是後來的劍橋分析，他們把心理分析變成心戰武器，把世界搞得天翻地覆。

軍事界把武器落入壞人之手的狀況稱之為反衝（blowback），而劍橋分析的反衝似乎直接炸進了白宮裡。我無法繼續從事這種傷害社會的工作，於是我決定當吹哨者，向當局揭發整件事情，並和記者合作向大眾發出警告。情報委員會的問題愈來愈尖銳，讓剛從太平洋另一端飛過來還沒調好時差的我，忍不住感到緊張。但每次當我試圖解釋公司運作的複雜細節時，都沒有任何人聽得懂，我只好把整個資料夾直接交給參議員。我心想，**管他的咧**，我都到這裡來了，就把所有東西都給他們吧。會議沒有中場休息，我身後的大門也從來沒有開過，整個房間位於地下，沒有窗戶密不透風，而且房間裡沒有其他東西可看，只能直視這些國會議員的眼睛。而我盯著的人都想搞清楚自己的國家到底發生了什麼鬼事。

我們搞出新科技，日夜都在盯著你

　　我決定揭露劍橋分析與臉書的內幕情報，並促成了三個月前，也就是 2018 年 3 月 17 日《衛報》（Guardian）、《紐約時報》（The New York Times）、英國《第四台新聞》（Channel 4 News）同時發表了一項為期一年的聯合調查結果。我的吹哨，催生出史上規模最大的資訊犯罪調查行動，英國的成員包括打擊犯罪調查局（National Crime Agency，NCA）、軍情五處（MI5，負責國內情報的組織）、資訊專員辦公室（Information Commissioner's Office）、英國選委會（Electoral Commission）以及倫敦警察廳（London's Metropolitan Police Service）。美國的成員則包括聯邦調查局（FBI）、司法部（Department of Justice）、證交會（Securities and Exchange Commission，SEC）、聯邦交易委員會（Federal Trade Commission，FTC）。

　　在第一篇報導出現幾周之前，特別檢察官羅伯·穆勒（Robert Mueller）的調查就已經開始延燒。穆勒在 2 月以兩項罪名總共起訴 13 位俄羅斯公民與 3 家俄羅斯公司，指控他們密謀干預美國大選。一周後，川普前競選總幹事保羅·曼納福特（Paul Manafort）與副總幹事瑞克·蓋茲（Rick Gates）也遭起訴。3 月 16 日，司法部長傑夫·塞申斯（Jeff Sessions）在聯邦調查局副局長安德魯·麥凱比（Andrew McCabe）拿到退休金退休的一天多前開除了他。這些事情都讓人們迫不及待想知道川普競選團隊跟俄羅斯之間究竟有什麼關係，但沒有人能把散落的點連接起來。而**我提供的證據顯示，劍橋分析公司與川普、臉書、俄羅斯情報單位、國際駭客、英國脫歐全都有關係。這些證據告訴大家一個名不見經傳的外國公司如何捲入這場犯罪，而川普與英國脫歐派兩個勝利的競**

選團隊又是如何利用這間公司。我帶來的電子郵件鏈、內部備忘錄、發票、銀行轉帳紀錄以及計畫文件，都證實川普與英國脫歐採用相同策略，使用相同科技，而且差不多都聽從同一群人指揮，而以上全都在俄羅斯的祕密計畫之中。

事情爆出來兩天之後，英國議會緊急討論。政府各個部長與反對黨資深議員難得地團結起來，口徑一致指責臉書沒有阻止有心人士利用這個平臺來影響選舉、傷害西方民主。接下來，焦點轉移到英國脫歐公投的正當性。我提供給司法部門的一份文件顯示，脫歐派利用劍橋分析旗下的祕密子公司來競選，並用黑錢在臉書與谷歌下廣告散播假消息。英國選委會認為這已違法，而且是英國史上違反《競選財務法》（campaign finance law）規模最大、影響最嚴重的事件。脫歐公投作弊的證據，讓唐寧街十號的首相官邸焦頭爛額。後來 NCA 與軍情五處找到證據，證實俄羅斯大使館與公投期間脫歐派的最大金主之間有直接關係。臉書股價在一周之後暴跌 80%，市值縮水 800 億美元，最後問題愈滾愈大，變成當時美國商業史上單日股價跌幅最大的一天。

2018 年 3 月 27 日，英國議會傳喚我去公開聽證，之後幾個月這變成了我的家常便飯。我全盤托出，從劍橋分析對駭客的依賴與賄賂、臉書洩漏資料到俄羅斯情報機構的行動，無所不包。聽證會結束後，FBI、美國司法部、美國證交會、聯邦貿易委員會分別展開調查；參眾兩院的情報委員會與司法委員會則都想和我談談。短短幾周之內，歐盟與其他 20 多個國家就都開始調查臉書、社群媒體，以及假消息。

我公開了這些故事之後，它就出現在身邊的每一面螢幕上。一開始的兩周，我從沒有過一天正常日子。每天早上六點，英國

的早餐節目與歐洲的電視網就開始大書特書，從英國的新聞一直播到美國電視網的訪談，直至午夜方休。我走到哪裡，記者們跟到哪裡，同時也有人開始威脅我的性命。我只要前往公共場所，都不得不雇用保鑣；而記者的瘋狂提問以及嚇到患者的行為，也讓我擔任醫生的父母被迫暫時關閉診所。之後的幾個月，我的生活依然一團混亂，但我知道自己還是得繼續警告這個社會。

剑橋分析事件告訴我們，那些資訊公司把你我的身分與行為模式賣給危險的人。這些能控制資料流動的公司擁有全世界最大的權力，他們偷偷設計的演算法正以過去無法想像的方式影響人們的思維。無論你最關心的是槍枝暴力、移民、言論自由、宗教自由，還是其他東西，你看到的東西都是他們給的，來自矽谷的老大哥都在盯著你。我在劍橋分析發現科技創新的黑暗面：當我們搞出新科技，極右派就有了新手段，俄羅斯就拿到新武器。而讓你分享派對照片與寶寶可愛模樣的臉書，其實正是讓這些人搞亂世界的最佳舞臺。

一切得從身障、同性戀和駭客說起

我總覺得如果我出生在別的身體裡，我就不會對科技有興趣，也不會進劍橋分析。我這樣的小孩之所以會黏著電腦，是因為沒什麼別的事好做。我在加拿大卑詩省西海岸的溫哥華島長大，附近全都是海洋、森林、農地。我的父母都是醫生，我是最大的孩子，底下有兩個妹妹傑米（Jaimie）和勞倫（Lauren）。11歲的時候，我的腿變得愈來愈僵硬，跑得遠比正常人慢，然後走路

變得很奇怪，當然也因此被霸凌。診斷的結果是我患有兩種不常見的疾病，會造成嚴重神經痛、肌肉無力，並阻礙視力和聽力。12 歲剛進青春期的那年，我坐上了輪椅，從此上學都得坐在那張椅子上。

你一坐上輪椅，人們就會用另類方式待你。有時候你會覺得自己比較不像人，而更像個物體，你交際的方式會變成讓別人了解你並定義你。此外，你上樓的方式也會變得不一樣，你得不斷觀察「**我要從哪個門進去？**」、「**怎麼樣一路避開階梯？**」輪椅會讓你去注意那些一般人忽略的東西。

在我發現電腦教室之後不久，那就變成了全校唯一不會疏遠我的地方。出了那個房間，就只會碰到其他孩子的霸凌以及工作人員的爛臉色。即使老師帶其他同學找我聊天也只是出於義務，只會讓我比被忽視更生氣。所以我決定去跟電腦玩。

我 13 歲左右開始製作網頁，第一個網頁上只有糊塗探長克魯索追著粉紅豹的 Flash 動畫，但不久之後我看到了一個教人用 JavaScript 寫井字遊戲程式的影片，這簡直酷斃了。井字遊戲 [1] 乍看之下很簡單，但你很快就會發現其實很多事情你都沒想過。例如假設電腦每次都隨機選一格下，遊戲就不好玩了，你得幫它寫一些規則，像是把叉叉填到隔壁有叉叉的格子中之類——等等，這樣好像不夠，電腦得先檢查同一行或同一列是不是已經有圈圈。然後你會發現這還是不夠，如果斜角有叉叉怎麼辦？這要怎麼寫成程式碼？

最後我寫了幾百行像義大利麵一樣的程式碼，讓它開始跑。

1　編注：在井字形的九個方格內輪流畫圈、叉，先把三個圈或叉連成一線者獲勝。

至今我依然記得第一次看著自己創造出來的東西動起來是什麼感覺。我好像變成了魔法師，咒語練習愈多次，魔法就變得愈強大。

　　但除了電腦教室之外，學校還是只教那些我做不到的技能，希望我變成我不可能變成的人。我爸媽建議我換一個可以順利適應的地方，於是我 15 歲時去維多利亞參加了 2005 年皮爾森聯合世界書院（Lester B. Pearson United World College）的國際夏令營，這個學院是為了紀念前加拿大總理萊斯特・皮爾森（Lester B. Pearson）設立的，他因為在 1950 年代蘇伊士運河危機期間建立了第一支聯合國聯合國維和部隊，而獲頒諾貝爾和平獎。跟世界各地的學生一起生活的感覺棒透了，課程的內容與同學的發言第一次讓我覺得有趣。我跟一位盧安達種族屠殺的倖存者交上了朋友，某天晚上他在宿舍對我說他全家是怎麼慘遭殺害的，自己一個小孩子穿過整個烏干達難民營又是什麼感覺。

　　直到另一天晚上，我在餐廳裡看見巴勒斯坦與阿拉伯學生坐在以色列學生對面，激辯著家園的未來，我才開始對世界感到興趣。我發現我對自己想了解的世界竟然幾乎一無所知，於是很快開始吸收政治知識。新學年開始之後我開始翹課，跟當地議員一起參加市議會的活動。我在學校很少跟人說話，但這些活動讓我自在地說出話來。我在教室只能坐在後排，聽老師說該想什麼、該怎麼想。一切都有標準流程，問題都有標準答案。我發現市議會完全相反，雖然政治人物站在前面，卻必須乖乖聽我們這些台下觀眾的意見。這種主客顛倒的關係深深吸引著我，於是每次議員舉辦活動我都會參加，都會提問，甚至會說出我的看法。

　　表達意見讓我獲得自由。我跟其他青少年一樣都在探索自我，但我坐在輪椅上，而且是個男同志，門檻高多了。我在這些

公共論壇中發現，我碰到的很多問題不只是我自己的問題，同時也是政治問題。我碰到的**困境**是政治問題，我的**生活**是政治問題，我的**存在**是政治問題，所以我決定**投身政治**。其中一位程式設計出身的議員顧問傑夫‧席弗斯特（Jeff Silvester）注意到我這個一天到晚出現，而且有話直說的孩子，於是主動幫我在加拿大自由黨（Liberal Party of Canada，LPC）找工作，該黨當時剛好需要科技人才，於是很快就同意了。那年夏天結束，我就開始第一份工作：擔任渥太華議會的政治助理。

整個 2007 年的夏天我都在蒙特婁，沒事就跑到法裔加拿大科技無政府主義者（techno-anarchist）經常光顧的駭客店裡閒逛。他們通常都聚在改裝過的工業風空間，腳下是水泥，牆壁是三夾板，房裡擺著很多 Apple II 和 Commodore 64 這類科技骨董當裝飾。那時候我的療程讓我終於可以擺脫輪椅（後來身體狀況也愈來愈好。但當了吹哨者之後我踢到鐵板，就在劍橋分析的第一篇報導發表之前，我突發癲癇，昏倒在倫敦南部的人行道上，醒來時已經身處倫敦大學醫院〔University College Hospital〕的病床，護理師在我手上插了一根靜脈針，痛得要死）。大部分的駭客根本不在乎你長多醜，也不在乎你走路有多怪，他們只跟你一樣喜歡搞程式，而且會幫你精進技巧。

與這群駭客的短暫接觸永遠改變了我對世界的看法。世上沒有完美的系統，沒有無法攻破的結界，問題愈難，挑戰就愈有趣。駭客哲學告訴我，只要轉換一下觀點，就會發現電腦啦、網路啦、甚至社會都充滿一大堆漏洞和破口。**輪椅和同性戀傾向很早就讓我發現權力系統怎麼運作，但駭客的思維卻讓我發現每個系統都有弱點可以供人利用。**

早在 2008 年，我就知道該用數學和 AI 打選戰

　　我剛開始在加拿大議會工作不久，自由黨就開始注意美國的變化。當時臉書才剛成為主流，推特才剛開始竄起，整個社群媒體都在嬰兒期，沒有人知道該怎麼用它們來打選戰；但某位美國總統大選的新星卻讓一切開始加速。

　　當其他候選人還在浪費時間研究網際網路，歐巴馬（Barack Obama）的團隊已經成立競選網站 My.BarackObama.com，準備掀起一場草根革命。當希拉蕊·柯林頓（Hillary Clinton）這些候選人的網站還在發布官樣文章的政治宣傳，歐巴馬網站已經變成一個讓基層組織舉辦催票活動的網路平臺。歐巴馬的網站讓選民充滿希望，這位伊利諾州參議員比對手年輕很多，而且更重視科技，就像一位領導者該有的樣子。我從小到大都聽著這個社會說這個做不到、那個做不到，但歐巴馬只說一句話：我們做得到（Yes, we can!）。歐巴馬跟他的團隊在改變政治，所以自由黨在我 18 歲的時候把我和其他幾個人派去美國，從幾個方面觀察他是怎麼競選，看看有哪些東西可供加拿大進步派參考。

　　我先挑了幾個較早舉行初選的州，從新罕布夏開始觀察，在該州跟選民聊天，近距離了解美國文化。過程不但好玩又大開眼界，讓我發現加拿大與當地的想法差異多大。我第一次聽到美國人說他堅決反對「社會化醫療」（socialised medicine）時大吃一驚，我每個月回家的時候都會用到這種服務；但在這裡有好幾百個人都這麼說。

　　我喜歡在街上亂晃找人聊天，之後要回來分析資料反而不覺得特別興奮。但我一認識歐巴馬的全國競選總幹事肯·史卓斯瑪

#機密情報隔離室 #反衝（blowback）#輪椅駭客

（Ken Strasma）之後，很快就改變了看法。

歐巴馬競選戰略中最誘人的部分就是品牌塑造，以及用 You-Tube 這類新媒體來宣傳。當時 YouTube 還很新，沒有人用過影像行銷，但他們卻搞出了酷玩意。我原本來美國就是想參觀這部分，但史卓斯瑪打斷了我，「不要管那些影片，」他說，他認為團隊科技戰略的核心才是觀察的重點，「我們做的每一件事，都是因為我們知道該跟誰對話，該關注哪些問題」。

也就是說，歐巴馬其實是用資料分析來打選戰的。史卓斯瑪團隊的主要任務，就是打造一個用來分析理解資料的模型，然後讓人工智慧決定要在現實世界中使用怎樣的方式與選民溝通。**呃，所以你們讓 AI 來打選戰？**聽起來真像科幻小說，打造一個機器人，輸入海量的選民資訊，機器人就會算出影響哪一群人最有效，然後策略一路傳到競選高層，團隊就能決定政治號召要怎麼寫，歐巴馬的品牌形象要長怎樣。

處理這些資料的設施都來自當時一家叫做「選民動員網絡」（Voter Activation Network，VAN）的公司，是馬克・沙利文（Mark Sullivan）和吉姆・聖喬治（Jim St George）這對了不起的波士頓男同志經營的。藉 VAN 之力，民主黨全國委員會（Democratic National Committee）在 2008 年大選結束時掌握到的選民資料，高達 2004 年大選後的十倍。大量的選民資料，加上整合與操作的工具，讓民主黨的催票能力明顯領先對手。

我愈了解歐巴馬團隊的競選機器，就愈著迷。沙利文和聖喬治似乎覺得這個跑來美國學習資料處理與政治的加拿大小夥子很有趣，於是回答了我每一個問題。在我看到史卓斯瑪、沙利文、聖喬治的做法之前，我沒想過數學和 AI 可以用來競選。就連我

第一次看到人們在歐巴馬競選總部排隊用電腦時，也認為他如果能夠獲勝，一定是因為**號召與感情**，而非**電腦與數字**。但後來我發現，讓歐巴馬從史上所有總統候選人中脫穎而出的其實正是這些數字，以及演算法根據數字做出的預測分析。

我一發現演算法讓歐巴馬能夠多麼有效地號召選民，就開始自己學著寫。我從 MATLAB、SPSS 這些基礎軟體開始自學如何處理資料，我不照課本的教學，而是用鳶尾花資料集（Iris data set）這個經典範例來自己練習統計分析，邊錯邊學，讓電腦用花瓣的長度、顏色這些特徵來推測鳶尾的品種。這簡直令人廢寢忘食。

打完新手關之後，我就把鳶尾花換成人類。VAN 擁有一大堆年齡、性別、收入、種族、房產的統計資料，甚至包括人們訂哪些雜誌、搭怎樣的飛機。只要輸入正確的資料，就可以開始預測人們會把票投給民主黨還是共和黨，也可以找出每一群人可能各自最重視哪些資訊，怎樣的政治號召最能引起他們的共鳴。

對我來說，這是理解選舉的全新方法。我看見人們用資料去改變世界，去鼓勵首投族出門投票，去接觸那些覺得自己被拋棄的人。我做得愈多，就愈覺得資料分析可以拯救政治，迫不及待想要回到加拿大，跟自由黨分享我從下一任美國總統那裡學到的東西。

歐巴馬在 11 月的大選大勝麥肯（John McCain），兩個月後，競選團隊的朋友邀我參加就職典禮，於是我飛到華盛頓跟民主黨的成員一起慶祝（話說工作人員看見未滿 21 歲的我要走進露天酒會，一開始還不知道該怎麼辦）。那天晚上簡直不可思議，我跟珍妮佛・洛佩茲（Jennifer Lopez）、馬克・安東尼（Marc Anthony）聊著天，看

著歐巴馬與妻子蜜雪兒這對新生的總統夫婦跳第一支舞。我們看著新時代到來，知道只要對的人用資料分析贏得選戰，就能對世界產生多大的改變。

每個人都是一座礦脈，矽谷科技公司藉此發大財

但歐巴馬競選團隊針對目標選民做出呼籲的作法，卻讓美國的公領域言論開始變成私人公司的東西。美國的候選人團隊過去也會用電子郵件來跟選民溝通，但不曾根據選民資料進行精準投放（microtargeting），這種方法能以選民為單位量身打造最有用的資訊，讓你隔壁的鄰居收到跟你完全不同的廣告，而你們兩個都完全不知情。競選言論只要不是出現在公共空間，就不需要經過辯論與公共宣傳的審查。美國各城鎮的市民廣場曾經是民主的基石，如今卻逐漸被線上廣告網取代。而且因為不需要經過審查，競選文宣也變成完全不像文宣的樣子。從歐巴馬開始，社群媒體上出現了各種與選戰有關的訊息，長得就像朋友丟給你的訊息一樣，只是你既不會去查訊息的來源，也不會去想訊息背後的目的。競選網站開始長得像是新聞、大學、公家機關的網站。社群媒體崛起之後我們失去了選擇，被迫相信競選團隊沒有說謊，因為即使有人說謊，我們也很可能無法發現。畢竟沒有人能去檢查私人公司廣告網絡裡面是不是藏了假消息。

早在歐巴馬開始競選之前的好幾年，矽谷科技公司的會議室就開始出現一種新的思維：發展一套利用資訊的能力，然後用這套能力來賺錢。這種思維的核心就是利用資訊不對稱：電腦非常

了解我們的行為模式，我們卻對電腦的行為幾乎一無所知。因此，這些科技公司紛紛提供方便的服務，同時讓我們覺得服務是「免費的」，讓我們乖乖把自己的資訊送上門，再用這些資訊研發出吸引我們注意力的工具，然後想辦法變現。這些資料如今愈來愈有價值，例如臉書就從美國的 1 億 7000 萬名使用者身上，平均每名賺到了 30 美元。

　　資料愈多，商業價值就愈高，所以每個軟體都會設法讓使用者盡可能分享個人資訊。社群平臺開始模仿賭場，利用腦內獎賞系統（reward systems）的運作原理，開發出讓人停不下來的上癮機制。現實中的郵差如果偷窺信件可能就得吃牢飯，但 Gmail 這類的服務卻開始從我們的電子郵件中挖資訊。以前只有罪犯的電子腳鐐才會即時回報位置，如今每個人的手機卻都會告訴伺服器你什麼時間去過哪裡。以前我們把某種行為叫做竊聽，如今有一大堆 APP 只要啟動之後就能錄下你身邊所有的聲音。

　　沒過多久，我們就毫不猶豫公開自己的個人資訊。這跟時髦的新詞彙有關，他們把實際上掌握在私人手裡的監控網絡叫做「社群」，把網絡中的肥羊叫做「使用者」，把令人上癮的設計叫做「使用者體驗」或「參與」，然後開始從人們留下的「資料廢氣」（data exhaust）或「數位足跡」（digital breadcrumbs）中還原每個人的模樣。過去幾千年來，主流經濟模式的重點都是開採自然資源，將其加工為商品，把棉花變成布料，鐵礦熔煉成鋼，森林砍成木材；但進入網路時代之後，我們每個人都變成了一座礦脈，我們的行為、注意力、身分都可以開採換錢。在資料工業複合體的眼中，我們就是資料集，他們拿到之後就準備加工發大財。

　　最早發現新時代可以用這種方法發政治財的人之一就是史蒂

夫‧班農（Steve Bannon），布萊巴特新聞網 [2]（Breitbart News）裡面一個沒啥名氣的編輯。班農認為自己的任務就是打一場文化戰，但我第一次遇到他時，他知道自己還沒拿到對的武器。軍事界的將領重視的是**火炮力量**和**空軍優勢**，班農在意的則是**文化力量**和**資訊優勢**，他需要一個用資料造武器的兵工廠，讓他在這個新戰場上攻占人們的思想。那個兵工廠就是新成立的劍橋分析公司，它用軍事界的心理戰技術，讓班農旗下的極右派軍團崛起，去迷惑、操縱、欺騙美國選民；用敘事與影像反黑為白、以假亂真。

劍橋分析一開始先在非洲國家與熱帶島嶼國家做實驗，測試用網路大規模釋放假消息、假新聞、側寫大量民眾面貌的效果如何。它與俄羅斯情報單位合作，雇用駭客入侵敵方候選人的電子郵件帳戶。西方媒體不在意這些地方，所以劍橋分析很快就能打怪升級，然後拿煽動非洲部落衝突的方法回美國煽動部落衝突。突然之間，每條大街小巷每個人的嘴裡都出現了「**讓美國再次偉大！**」、「**美墨長城蓋起來！**」之類的吶喊。總統辯論的重點，也突然從各候選人的政策立場變成了「**怎樣才算是假新聞**」這種鬼問題。而且這顆心理戰的大核彈炸下去之後，美國到現在還沒復原。

我就是劍橋分析的創始人之一，對這些亂象負有一些責任，必須糾正自己犯下的錯。我跟很多科技人一樣，都傻傻地愛上了臉書那種「快速行動，打破成規」的號召，然後悔不當初。我的確立即動手打造了一堆力量龐大的工具，但等到我理解自己究竟

2　右派民族主義者安德魯‧布萊巴特（Andrew Breitbart）為了對美國人傳播他的觀點而創辦的媒體。

打破了什麼東西，早已覆水難收。

說出真相，引來 FBI、臉書、共和黨三面夾殺

當我在 2018 年初夏走入美國國會大廈地下的祕密房間時，相關的一切已經讓我麻木。美國共和黨已經在蒐集我的情資，準備抹黑我；臉書已經雇用了公關公司去抹黑批評它的人，旗下的律師則威脅要向 FBI 檢舉我的網路犯罪行為，而且不說是什麼行為。美國司法部在川普政府的管理之下，則公開無視長期以來的法律慣例。由於我惹火了太多人，律師們擔心我一爆完料就會被 FBI 抓走。其中一位律師甚至建議說，最安全的作法是留在歐洲。

由於安全與法律原因，我不能直接引述我在那個房間裡說了什麼；但我可以說，我帶著兩個大活頁夾走進去，每個活頁夾裡面都裝了幾百頁的文件。第一個活頁夾裝的電子郵件、備忘錄、文件，可以證實劍橋分析收集了哪些資料；可以證實這家公司招募了駭客，雇用了與俄羅斯情報單位有關的人員，並在世界各地的選舉中行賄、勒索、放假消息。其中還有一些律師寫的機密法律備忘錄，警告班農說該公司已經違反《外國代理人登記法》（Foreign Agents Registration Act），以及另一疊文件記載了該公司如何利用臉書來取得超過 8,700 萬位使用者的帳戶資料，然後用這些資料設計方法讓非裔美國人不去投票。

至於第二個活頁夾就更敏感了。裡面有幾百頁我之前在倫敦偷偷弄到的電子郵件、財務文件、錄音逐字稿、訊息副本，全都是美國情報單位在找的東西。這些文件證實俄羅斯駐倫敦大使館

與川普的親信，以及與英國脫歐派領袖之間都有密切關係。這個資料夾可以證實英國極右派的數位重要人物，在飛往美國拜訪川普競選團隊之前與之後，都有與俄羅斯大使館見面，而且其中三人獲得了俄羅斯礦業公司提供的優惠投資機會，這些機會可能價值數百萬美元。這些通信紀錄清楚顯示，俄羅斯政府很早就鎖定了這個英美的極右派網絡，甚至可能在裡面安插了人讓他們去接觸川普。同時也證實了 2016 年的極右派崛起、英國出乎意料的脫歐成功，以及川普當選之間其實都有關係。

時間繼續流逝，四個小時，五個小時。我開始深入描述臉書在事件中扮演的角色，以及應負的罪責。

「劍橋分析使用的資料有沒有落入俄羅斯探員之手？」

「有。」

「你認為在 2016 年的美國總統大選與英國脫歐公投期間，俄羅斯政府在倫敦支援了一系列的行動？」

「對。」

「劍橋分析跟維基解密有聯繫嗎？」

「有。」

這些委員的眼中終於開始露出理解的曙光，我告訴他們，臉書已不只是一家公司，而是一扇通往美國人民腦袋的大門，一扇馬克・祖克柏（Mark Zuckerberg）為劍橋分析、俄羅斯，以及不知道其他多少危險人物敞開的大門。臉書是一家壟斷企業，但它的問題遠不只是壟斷而已。這家公司集中了太多權力，足以威脅國家安全，威脅美國的民主。

真相是，政府不會也無法保護我們

我在好幾個地方的政府、情報單位、立法聽證會、警察部門之間進進出出，如履薄冰地跳著芭蕾，我參加的聽證會已累計超過兩百小時，交出的文件至少有一萬頁。我從一個國家走到另一個國家，從華盛頓到布魯塞爾，告訴各國領導人劍橋分析與社群媒體正如何破壞我們的選舉。

但我也經常在發言作證與提供證據時發現，警方、民代、監理機關、媒體都往往無法順利思考這些資訊。這場犯罪不是發生在實體空間，而是發生在網路上，所以警方對管轄權的歸屬往往沒有共識。這件事情牽涉到軟體與演算法，所以很多人聽到一半就舉手投降。有一次某地的司法機關找我去問話，結果我竟然得對著一群應該專精於高科技犯罪的專家解釋一個基本的計算機科學概念；而且我在紙上隨便畫了一張示意圖，他們竟然沒收了。是啦，真要說起來，那張紙是證據沒錯。但他們開玩笑說，他們得帶著它當小抄才能繼續順利探案。**呵呵，這一點都不好笑喔。**

我們太習慣信任社會體制，太習慣信任政府、警察、學校、監理機構了。我們以為總有個人帶著一群大內高手掌控一切，如果眼前的方法行不通就會換成計畫 B，再行不通就端出計畫 C，反正總會有人負責解決事情。很抱歉，那個人並不存在。如果你只是等，等一百年也不會有人來。

Chapter 2
LESSONS IN FAILURE

第二章

沒有資料庫，
就準備輸到脫褲

我在 2010 年搬到英國，原本是了遠離政治而來到倫敦，卻因此跟劍橋分析公司搞在一起，捲入更大的政治風波。我原本住在渥太華，在那裡做了幾年政治工作，在 21 歲時決定離開政治圈，去大西洋彼岸的倫敦政經學院（London School of Economics and Political Science，LSE）讀法學院。2010 年夏天，我搬進泰晤士河南岸的公寓，附近就是河岸發電廠舊址改建的泰特現代藝術館（Tate Modern）。我擺脫了之前對政黨的責任，不用再擔心要跟誰一起出現，不必再擔心自己說了什麼，或者會有誰在聽。我想認識誰就可以認識誰，我的新生活開始了。

剛到倫敦的時候還是夏天，我打開行李之後第一件事情就是去海德公園跟遊客、年輕情侶、作日光浴的人坐在一起。倫敦有很多好地方，我周五、周六的晚上都跑去文青風的肖迪奇（Shoreditch）和達斯頓（Dalston），周日就去倫敦最老的博羅市場，擠進充滿小販與遊客吆喝聲的戶外空間。我開始跟同年齡的人交朋友，**第一次**覺得自己很年輕。

但我下飛機沒幾天，還在暈時差的時候就接到了一通電話，發現政治這種東西真的不是想丟就丟得掉。這通電話是關於一個叫做尼克·克萊格（Nick Clegg）的人，他在四個月前成為了英國副首相。

克萊格在 1999 年首度當選歐洲議員，2007 年成為英國自由民主黨黨魁。自由民主黨在還是第三大黨，必須奮力求生的時候，就成為英國第一個支持同性婚姻的政黨，以及唯一一個反對入侵伊拉克、呼籲英國放棄核武的政黨。在工黨推行十多年的「第三條道路」欲振乏力之後，全英國開始瘋起克萊格。他不僅支持度最高的時候民調數字跟邱吉爾（Winston Churchill）差不多，

還自認是英國的歐巴馬。大選之後，他加入了保守黨卡麥隆（David Cameron）首相帶領的聯合政府。這通電話就是他辦公室打來的：他們從其他自由派陣營的人那邊聽到了我之前在加拿大與美國做的事，想進一步跟我聯繫。

於是我在約定時間，來到自由民主黨當時還在西敏區考利街四號（No 4 Cowley Street）的總部。這座改造後的新喬治亞式大宅，就在國會大廈的幾條街以外，正面由華麗的紅磚砌成，兩側各有一座巨大的石造煙囪，在蜿蜒的小巷裡實在格格不入，想走錯都難。而且因為自由民主黨把總部設在這裡，所以你會看到倫敦警察廳的武警在附近巡邏。我按了門鈴之後，推開沉重的木門走到服務台，一名實習生帶著我去開會。屋子裡到處都是原本的支型吊燈、橡木鑲板、壁爐，在在顯露出這座大宅曾有的優雅輝煌，想起來也相當適合這個曾經一度風光的政黨。

這個他們稱為考利街的地方，與我在美加兩地看過的所有屋子都不一樣。吱吱作響的走廊窄到很容易塞車，我真好奇工作人員要怎麼在這裡錯身而過。舊臥室塞滿了辦公桌，牆上和門框全都黏著連接伺服器的網路線。一位顯然有睡眠呼吸中止症的男子，躺在改裝過的壁櫥裡大聲打鼾，但附近完全沒有人在意。一眼看上去，我覺得這裡根本不像政府某政黨的辦公室，反而比較像一群老男孩的俱樂部。我爬上雕花欄杆的大樓梯，被領進一間一定是由主餐廳改裝成的大會議室。幾分鐘之後，幾位幹部魚貫而入。幾句英式寒暄開場過後，其中一人便切入主題：「說說選民動員網絡的事吧。」

「精準投放」紅遍政壇，英國人也打起美式選戰

　　自從歐巴馬 2008 年勝選之後，全世界都對這種「美式競選方法」產生興趣。這種方法的核心是**精準投放**，利用大數據和機器學習的演算法分析全國資料，將選民分成許多不同的小區塊，預測**每一位**選民會不會是說服與催票的關鍵目標。自由民主黨找我來談，就是因為他們不確定英國是否適用這種新方法。對他們來說，我和加拿大自由黨合作的計畫，也就是把歐巴馬的那套精準投放競選系統用在加拿大的計畫相當有趣，因為這是美國以外的首次實驗，而且規模很大。英國和加拿大都採用得票最多者當選（first-past-the-post）的「西敏制」（Westminster model），而且有各種不同政黨。所以自由民主黨的人知道，加拿大的做法只要稍作修改，就可以直接套用在英國。這套系統的威力，讓他們開完會的時候幾乎目瞪口呆。離開之後，我回學校去聽一場關於法律解釋的講座，以為事情這樣就結束了，但並沒有。

　　第二天，自由民主黨的顧問打電話來，問我能不能再過去跟更多人講課。當時我在聽課，所以沒有馬上接，但很快地就出現四通陌生號碼的未接來電，我只好走出教室看看到底是誰這麼急。原來當天下午有一場高階幹部會議，他們想找我去介紹精準投放。於是，下課之後我就從倫敦政經學院走回考利街。我甚至沒時間換衣服，就這樣穿著 Stüssy 的印花 T 恤和迷彩運動褲，揹著整個書包的課本去見副總理的顧問們。

　　這次同一間會議室裡面擠滿了人，縈繞著人們低聲交談的聲音。他們直接把我帶上講台，於是我在為有點格格不入的穿著致歉之後開始即席發揮。我告訴他們，精準投放可以讓自由民主黨

#精準投放　#轉化率　#潛在變數　#五大性格特質

克服小黨的劣勢。我不禁愈說愈激動，心都快跳出來了，因為自從離開加拿大自由黨之後，我就再也沒提過這件事。我告訴他們歐巴馬競選場合是什麼模樣，我看到這麼多人第一次出門投票是什麼模樣，看到整群非裔美國人在造勢大會上充滿希望的臉是什麼模樣。重點已經不是選民資訊，而是去接觸那些對政治絕望的人，用資訊找到他們，鼓勵他們一個個走出來。但最重要的是，自由民主黨如今已經走進政府決策核心，他們可以用這種科技去顛覆那個長久以來維繫英國政治狀態的階級制度。

幾周後，自由民主黨請我為他們工作，主持一項建立選民動員網絡的計畫。我一開始相當猶豫，一方面我才 21 歲，剛進倫敦政經學院讀書，好不容易在倫敦站穩腳步，可能並不適合重新涉入政治。但另一方面，用相同的軟體做一個大同小異的計畫，完成在加拿大沒做完的事情，卻也相當吸引人。到最後，是考利街某間辦公室隨意貼在牆上的東西讓我下定決心，那是一張發黃、角落有點捲起來的舊卡片，印著自由民主黨黨綱裡的一句話：沒有人應該因為貧窮、無知、順從，而成為奴隸。

它讓我點了頭。

選戰的核心是「科技和資料」，
不是熱淚盈眶的造勢大會，大家都搞錯了！

2008 年美國總統大選之後，我回到渥太華寫了一篇歐巴馬團隊新技術的報告。這份報告把他們嚇了一跳，每個人都以為裡面會討論那些浮誇的品牌形象、視覺設計、網路爆紅影片；看到

的卻是關聯式資料庫（relational database）、機器學習演算法，以及用軟體與募款系統把所有東西串在一起的方法。我說自由黨應該花錢打造資料庫時，大家都覺得我瘋了。他們想要酷炫的答案，而這一點也不酷炫。他們把歐巴馬當選舉榜樣，但只看到歐巴馬高高的顴骨與突出的嘴唇，沒看到背後支撐的基礎架構。

大多數的選戰都由兩大核心元素組成：**說服力與投票率**。對那些可能支持你，但未必會出門投票的人，你可以催票。至於那些可能會投票，但未必支持你的人，你就得說服他們。此外有兩群人不是我們的目標，第一群是那些幾乎不可能投票，或者幾乎不可能支持你的人，去接觸這群人是白費力氣；第二群則是幾乎一定會出門投你的人，這些票是你的「基本盤」，通常不用花心力去影響他們，但需要志工或捐款的時候他們就是首選。總之，知道該接觸那些選民，是選戰勝敗的關鍵。

1990 年代的美國通常都用地方政府或州政府提供的資料來尋找關鍵選民，資料通常包括每個選民登記加入哪個政黨，以及過去曾投過哪幾次票。這種方法有許多侷限，因為並非每個州都提供這種資訊、選民經常還沒退黨就已經改變心意，而且你無法從這些資訊得知選民究竟在乎哪些事情。因此，精準投放會用其他資料，例如是否有抵押貸款、訂閱哪些媒體、開怎樣的車等等，進一步了解選民的面貌，然後再用民調與統計方法幫每一筆選民資料「打分數」，算出更精確的資訊。

歐巴馬競選團隊就是把這種技術當成選戰的核心。你很難在電視上看到這種乍看之下極為繁雜，其實相當有系統的選舉方法，因為螢幕上全都是候選人演講與造勢大會。但這種方法卻能讓成千上萬的志工找到關鍵選民一個個面對面拉票，或者能夠寄

出有效的信去影響全國每位選民。它既非精心撰寫的演講，也非亮麗的品牌宣傳，卻默默地扮演著當代勝選的動力。當大家都盯著選戰中的公眾形象時，真正的軍師都在這樣偷偷佈局。

最後，某些跟我一起在加拿大國會反對黨領袖辦公室工作的同仁發現，如果打造一個議會版本的選民動員網絡，讓黨魁與其他議員和選民互動，可能會很有用。加拿大自由黨不願意花這麼多錢打造這個資料庫，但我們發現可以從反對黨黨魁的官方預算中撥錢來做；只不過這筆預算屬於公款，所以打造出來的資料庫不能用於政治目的。不過這不是什麼大問題，議會版的資料庫可以收錄每一筆黨魁與選民的聯絡紀錄，所有分析結果都可供自由黨查閱，該黨不花一毛錢就可以看到結果。而自由黨只要親眼看到這個系統，就一定會知道資料的力量有多大。當時沙利文與聖喬治還沒有在美國以外的地方打造過選民投票網絡，但一聽到邀請就非常樂意跟我們合作。在這兩位的幫忙下，我們只花了六個月就造出了加拿大版選民投票網絡所需的基礎建設，甚至同時支援英語和法語。所以最後只剩一個問題：**輸入系統的資料要去哪裡找**。

加拿大自由黨不想花錢打造資料系統，
後果就是選戰大敗

電腦模型不是有求必應的萬用水晶球，如果不先輸入大量資料，它就啥都算不出來，更不可能告訴你關鍵選民是誰。沒有輸入資料的電腦，就跟沒有油料的賽車一樣，無論車體打造得多先

進都無法啟動。那麼，選民投票網絡的資料哪裡來？資料都要花錢買，而且因為涉及競選活動，法律禁止用議會反對黨黨魁辦公室的經費來買單；但如果讓自由黨付錢，黨內又立刻冒出難以改變的反對聲浪。我碰了壁，於是去找那位把我拉入政治圈的議員奇斯・馬丁（Keith Martin）求助，他在我還在上學的時候給了我第一份實習機會，後來又給了我第一份正職工作：加拿大議會的國會助理。人們常說馬丁是加拿大政壇的「怪咖」，他的辦公室裡也很多怪咖，他是我求助的完美人選。馬丁這傢伙很酷，從政之前的經歷多采多姿，醫學院讀的是急診科，畢業後前往非洲武裝衝突地區行醫，無論地雷炸傷或營養不良的各種問題都碰過。他的辦公室牆上貼著自己以前的照片，照片裡的人穿著卡其襯衫，旁邊坐了幾頭豹子，簡直就像印第安納・瓊斯。急診室裡面分秒必爭，政界的人卻習慣拖時間。議會照本宣科的做法讓馬丁非常不爽，有一次辯論到一半甚至氣到衝去拿下議院中央走道的「權杖」——對，就是我們承襲英國議會傳統的中世紀鍍金武器——因此引發爭議。

馬丁的資深顧問席弗斯特在 2009 年是黨內少數了解我想做什麼的人之一，他以前是程式設計師，後來投身政治，他是我的良師益友，也是我在當國會助理時的精神支柱。我跟席弗斯特說，雖然黨部沒有授權我做這項計畫，但我們非做不可，所以必須募資。馬丁同意之後，席弗斯特幫我一起瞞著中央黨部開始募資，我們偷偷舉辦活動，跟贊助者說自由黨如果在二十一世紀要有競爭力，就一定得做這個計畫。整段過程保持低調，在不引起黨幹部注意的狀況下，說服基層群眾捐款。沒過多久，我們就募到了計畫所需的幾十萬加拿大幣。而不滿黨中央的自由黨卑詩省

黨部，則願意當我們的實驗小白鼠。

　　當時我們還不確定精準投放在加拿大有沒有用。美國只有兩大黨，加拿大卻有五個主要政黨，你要預測的選項不只是民主黨或共和黨，而是自由黨、保守黨、新民主黨、綠黨、魁北克集團。選項愈多，選民搖擺的方式也就愈多，有人抉擇的是自由黨與保守黨，有人是自由黨跟新民主黨，有人是自由黨跟綠黨等等，每個人都可能把偏好轉向其他方向。此外，加拿大與歐洲的消費者資料市場相當落後，能在美國買到的很多資料集要嘛弄不到，要嘛得用好幾個不同來源拼湊起來。最後，很多美國以外的國家都嚴格限制政治獻金上限或競選經費上限，因此很多人都懷疑精準投放不適用其他國家。不過我還是想試試看。

　　我打電話給 2008 年幫歐巴馬競選作精準投放的史卓斯瑪，請他幫忙我們的加拿大計畫。史卓斯瑪在華府組好團隊建立模型，然後溫哥華的卑詩省黨部把過去的投票與拉票資料整理成可用的資料集，讓史卓斯瑪研究模型要如何用在更複雜的多黨政治。自由黨跟其他政黨一樣，都會篩出一批還沒下定決心的潛在支持選民，然後一一拉票；而這次電腦算出來的名單效果如何，就是我們實驗的目標。省黨部把志工分成兩組，讓實驗組根據新名單拉票，控制組根據舊名單。實驗結果剛出來，黨部幹部就鬆了一口氣。用精準投放算出來的新名單，**轉化率**[3] 的確高於傳統方法制定的舊名單，真是太棒了。這證實歐巴馬團隊的作法在其他政治制度下可能也會成功。不過位於渥太華的中央黨部聽到我們的研究成果後，還是拒絕啟動全國性實驗。他們想要搞一場歐

3　在拉票之後，潛在支持者明確表態要投給我方的比例。

巴馬那樣的選舉，但不願意用歐巴馬團隊的方式去做。

　　政治吸引我是因為它似乎可以改變世界，但在開始政治工作、撞了一年多的牆之後，我覺得只是在浪費生命。後來有人直接給我建議，自由黨裡面有很多祕書都是愛聊天的魁北克女士，她們早就摸透了政治會把人變成什麼樣子，她們帶我去渥太華河對岸的法語區加蒂諾（Gatineau）吃午餐的時候，點起了一根菸，用刺耳帶著口音的話說，「年輕人，不要變成我們這樣。」她們把一切都給了政黨，政黨卻什麼也沒給她們，只剩下「愈來愈大的腰圍跟幾次離婚紀錄」。她們勸我「趁年輕的時候快逃吧，逃得遠遠的！等到陷得太深就晚啦」。我知道她們說的沒錯，因為我剛滿 20 歲的時候就看見中年危機。因此，我決定去英國讀倫敦經濟學院，它離渥太華近 5,300 公里，隔了五個時區，應該夠遠了。後來我才知道，加拿大好幾個政黨都有內部利益衝突，很多高層都把廣告、諮詢、印刷合約的工作發給自己親友經營的公司做，如果改用電腦來決策，這些「黨友友」可能就沒飯吃了。我在離開渥太華一年後，自由黨在 2011 年的聯邦選舉中輸給了加拿大保守黨。保守黨之前聽從外聘顧問建議，出錢打造了精密的資料系統；而自由黨則吞下歷史性的大敗，議會席次只剩下 34 席，首次淪落為議會中的第三大黨。

英國自民黨：只會印沒用文宣的骨董政黨！

　　到了英國，我一開始只用倫敦政經學院課堂之間的空閒時間幫英國自由民主黨工作，每周只做幾個小時。但我剛開始就發

#精準投放　#轉化率　#潛在變數　#五大性格特質

現，不要說跟歐巴馬團隊比了，自民黨的狀況簡直比加拿大自由黨還糟很多。整個中央黨部看起來就像個骨董店，而非一個試圖影響全國政局的地方。黨中央大部分的幹部都是穿著西裝頂著大鬍子的老男人，聊英國老輝格黨的時間比搞選戰還多。我說想看看該黨的資料系統長怎樣，結果有人丟了選舉人紀錄系統（Electoral Agents Record System，EARS）給我。那感覺就像是你去顯示卡攤位看它們最新的即時運算影片，結果看到雅達利（Atari）的《乓》（Pong）[4] 一樣。「呃……好喔，這真是……歷史悠久呢。是 1980 年代作的嗎？」結果他們告訴我，其中某套系統是在越戰時期設計的。

　　不過，很多黨內人士很快就發現選民投票網絡比其他工具都好用，最後黨也決定跟選民投票網絡簽約打造基礎建設。但光建機器沒用，輸入的資料哪裡找呢？之前加拿大就是死在這步，而英國也沒有比較簡單。英國沒有全國性的選民資料，全都分散在市議會手裡，我們得逐一聯絡全國數百個議會要資料。有一次我打電話給西薩默塞特郡的艾格妮絲女士，她感覺有 105 歲了，說不定從婦女獲得選舉權開始就在管理選民名冊。我問她「你有名冊的數位檔嗎？」「沒有」，因為她喜歡像以前一樣用紙本，不過當地市政府的精裝本有數位版。某些地方官員願意給我們資料，有些不願意；有些資料是 EXCEL，有些是 PDF，有些甚至是一整捲紙，我們得自己拿去掃描。大部分的 EXCEL 檔甚至還沒上鎖就寄過來了，因為根本不會有人想偷選民資料吧！

　　英國的選舉制度一直停留在 1850 年代，而且我不久就發現

4　編注：《乓》是 1972 年推出的一款投幣式街機遊戲，是現代電玩產業的始祖。

英國自民黨的策略也一樣老舊，也難怪這個黨跟它的前身自由黨（Liberal Party）自從二戰之後就每下愈況。主事者已經不知道如何勝選，只會一個勁地發文宣，這些文宣的名稱是「焦點」（Focus），通常只著眼於路沒鋪平、垃圾太多的「地方」雞毛蒜皮小事。自民黨認為這種方法可以巧妙地把真正想說的話，「塞入」一份看起來像地方報紙的文宣裡。但這種官方文宣根本就沒人讀，因為這些幹部跟社會嚴重脫節，他們把選民想像成周末休息的時候會看郵購目錄跟政治文章的人──現在哪有這種人啊？另一方面，雖然自民黨是第三大政黨，志工卻比前兩大黨都多，這些志工無論颱風下雨都會挨家挨戶發文宣。黨部甚至會在決定發多少文宣之前，先決定好要在裡面寫些什麼。

駭客有個術語叫「暴力法」（brute force），意思是一直隨機亂試，直到矇對為止──沒錯，就是亂槍打鳥，毫無策略可言。自民黨的作法基本上就是這樣，還沒設定目標讀者，就撒大錢印文宣。這當然偶爾會成功，只是效率低得可笑。想要勝選，你可以有更好的方法。只不過當我提議用新方法取代那種用 WORD 圖庫印出來的上層中產階級文宣時，他們卻拿「自民黨是怎麼贏的」以及 1990 年伊斯特本補選（Eastbourne by-election）的傳奇故事來教訓我。伊斯特本補選是自由黨在 1988 年與社民黨合併之後，第一次意外在下議院勝選的事件，可想而知他們在那場選舉中發放了很多文宣。問題是，這場補選是異常現象。邊緣團體都很喜歡搞一言堂，自民黨也不例外。這個黨根本印文宣印到中毒了。

補選是一種特殊的選舉，只會在少數狀態，例如現任議員去世的時候才會出現；但自民黨卻對此相當著迷。因為某些原因，只要他們贏了補選，大家就會高舉旗幟，好像打下了整個英國一

#精準投放 #轉化率 #潛在變數 #五大性格特質

樣。但為了研究，我決定整理 1990 年以來每一次選舉與補選的結果，發現該黨絕大多數選戰都輸了。「可是你們的作法沒有贏喔，幾乎都輸了」我跟他們說，「你看這些紀錄，全都是事實。」

可惜，只有一些黨內高層願意聽我的話，大部分人都只是更火大。他們有一批只為忠貞黨員服務的「選舉專家」，不希望一個新人來告訴他們該怎麼改善問題。這可不是好兆頭。

想要勝利，民調是沒用的，你得和選民「聊天」

同時，我也開始把從益博睿（Experian）這類資料供應商那裡拿到的選民資料來玩，用類似之前在加拿大的方法，把資料餵進不同的沙盒模型，結果卻一直碰到怪事。我可以準確預測工黨與保守黨的選民，但無論模型怎麼寫，都猜不准哪些人會投給自民黨。住在綠樹成蔭郊區的時髦年輕人？他會投**保守黨**。住在曼徹斯特公共住宅的人？他會投**工黨**。但自民黨的選民介於兩者之間，沒有統一的面貌，有些人像是工黨，有些人則像是保守黨。怎麼會這樣？**我一定是漏了什麼**，而且八成是什麼潛在變數。社會科學把那些會影響結果，但你還沒觀察或去測量的因子叫做「潛在變數」（latent variable），這表示你還沒看見某些結構。所以，**讓人民投自民黨的潛在結構是什麼呢？**

問題是，我完全想像不出自民黨的支持者長怎樣。保守黨的支持者通常分為兩種，要嘛是《唐頓莊園》（Downton Abbey）那種上流社會的樣子，要嘛是敵視移民的勞工。工黨的支持者則是北方人、工會成員、公共住宅的居民或者公務員。但自民黨呢？如

果我想像不出支持者的樣子，就無法跟他們一起踏上勝利之路。

　　因此，我在 2011 年春末開始周遊英國。我連續好幾個月在早上去聽倫敦政經學院的課，下午跳上火車去斯肯索普（Scunthorpe）、西布朗（West Bromwich）、斯托昂澤沃德（Stow-on- the-Wold）這類名字可愛的地方，做選民調查和焦點團體訪談（focus groups），但不是普通的那種。我不會照本宣科問那些預先寫好的問題，而是隨意聊天，讓民眾講述自己的生活，以及在意的事物。照理來說我可以直接跳到投票意向，但我知道自己問出的每個問題都會受到我的偏見影響。可能我覺得某些問題重要，但其實並不重要，導致得到的結果失準。我之所以去找民眾聊天，就是因為知道我已經被偏見困住，既不知道住在新堡（Newcastle）公共住宅的年長者過著怎樣的生活，也不了解在布萊切利（Bletchley）的單親媽媽每天要怎麼要撫養三個小孩。既然如此，還是讓人們用自己的方法，自己說出自己的故事吧。所以我找了當地的黨部與民調公司，幫我隨機找一些訪談對象。

　　在比較小的村莊，很多訪談地點甚至沒有地址。訪談對象會跟我說，「我們在山丘上的小屋碰面吧。看到酒館繼續走，穿過水仙花田，再爬一會你就看到了。」訪談的時候會遇見很多意想不到的人，有時候是當地酒館老闆克萊夫，有時候是鄉紳勛爵希林罕。所以有時候我乾脆就直接去村里的酒吧跟人聊天就好。英國什麼人都有，而且相當細膩，聊起天來通常都很有趣，這種焦點訪談就像回到卑詩省市議會的日子，每個人各抒己見，我只要把每個人的話忠實記下來就可以了。

　　自民黨完全不重視我想做的事情，所以我可以一個人自由地旅行，開始拼湊自民黨支持者的面貌。我很快就發現，這些人的

樣子千奇百怪。有些人在諾福克（Norfolk）種田，戴著蘇格蘭格紋帽。有些人在肖迪奇搞藝術，穿著非常時髦；有些是住在曼布爾斯（Mumbles）或蘭比漢蓋–克魯丁（Llanfihangel-y-Creuddyn）的威爾斯老女士；有些是倫敦蘇活區的同性戀；有些甚至是 12 年都不梳頭的劍橋教授。自民黨的支持者千奇百怪，什麼模樣都有。

但我發現這些人都有一個共通點。工黨支持者會說「我是工黨的」，保守黨支持者會說「我是保守黨的」，但自民黨的支持者從來不說「我是自民黨的」，而是說「**我的票會投給自民黨**」。這兩種說法之間的差異非常重要，我想了一下才明白，可能是跟該黨的歷史有關。自民黨以前並不存在，直到 1988 年才由兩個更小的政黨合併出來，因此可能有不少自民黨的支持者以前投的都是工黨或者保守黨。也就是說，這些人在生命中的某個時刻做出了決定，從原本的政黨轉向支持自民黨。對他們來說，**自民黨不是一種身分認同，而是一種選擇**。

用「職業、性別、收入」區分選民絕對失敗，掌握「心理特質」才能操縱選民

2010 年我之所以想搬到倫敦，是因為一些朋友，其中有個人叫做馬克・蓋特森（Mark Gettleson）。我是在德州遇見蓋特森的，剛認識不久就成為至交。2007 年，我剛開始在加拿大自由黨工作的時候，他們有一天派我去美國民主黨在達拉斯舉辦的活動拓展人脈。當我擠進幾百個人的大廳，看著他們全都戴著西部寬邊牛仔帽的時候，聽見身後傳來一個聲音：「嘿，外地來的啊？」

我轉過身,看見一個傢伙穿著森綠色的褲子和碎花襯衫,像柴郡貓那樣咧著嘴笑。而我當時頭上染淡金頭髮,穿 2000 年代的經典流蘇,很快就和他那花花公子式的打扮一拍即合,在眾人中找到同類。

蓋特森是倫敦波多貝羅路上一家猶太骨董商的兒子,是個時髦開朗的怪咖,說起話來像是演員史蒂芬‧弗雷(Stephen Fry)。如果活在十八世紀,他大概會是倫敦沙龍裡的花花公子。他的知識極為淵博,輕輕鬆鬆就可以告訴你 1990 年代初的嘻哈音樂跟十九世紀後期的普法戰爭有什麼關係。那天晚上我認識蓋特森之後,連續幾年都在美國與英國的政治場合裡遇到他。我一搬到英國,就立刻跟他一起出去玩,或者跑去他的祕密基地,他把一間老教堂的地下室裝修成神奇的小空間,以某種亂中有序的方式塞滿了詭異的骨董人偶和藝術品。我一邊看他的收藏他一邊說,「我不走極簡的,克里斯,我喜歡**盡量繁複**」。

我在倫敦混得很好,很快就交了各式各樣的朋友。雖然我在倫敦政經學院讀書、在議會工作,但我大部分的朋友都是派對咖、舞池高手、中央聖馬丁學院(Central Saint Martins)的藝術與設計才子,這座名校出了一堆時尚大師,亞歷山大‧麥昆(Alexander McQueen)、約翰‧加利亞諾(John Galliano)、史黛拉‧麥卡尼(Stella McCartney)全都是校友。而蓋特森跟其他朋友最大的差別就是,他像我一樣可以在各界之間自由遊走。當時他在著名的民主黨民調顧問公司 PSB(Penn, Schoen and Berland,最有名的履歷就是幫兩位柯林頓競選)工作,是我認識的人裡面唯一可以跟我一起先在下議院露臺廳(Terrace Pavilion)正式招待一群部長,結束之後馬上去 Sink The Pink 夜店跟一堆扮裝皇后一起戴假髮抹油彩嗨爆的

人。蓋特森很有魅力，我的朋友全都很喜歡他。他既溫文儒雅又精力充沛，晚上就像牧羊犬一樣引領一整群小鮮肉，可以在凌晨四點的大型轟趴上，自然而然地用芭比娃娃玩偶跟假音解釋張伯倫（Neville Chamberlain）對納粹的綏靖政策為什麼會失敗，而且讓這些年輕弟弟聽得如癡如醉。

此外，蓋特森也是少數知道我想要怎樣用演算法影響世界的人。某天下午我一邊跟他抱怨自民黨的投票意向模型有多難打造，一邊說是不是該去問幾個劍橋大學教授，結果他就幫我找來當時在劍橋讀實驗心理學博士的布倫・克里柯（Brent Clickard）。克里柯不僅可以引介一些劍橋教授，本身也非常有趣，他跟蓋特森一樣都是花花公子，喜歡穿著羊毛絨上衣，口袋裡總是插著一塊堅挺的佩斯利方巾。雖然來自美國中西部的有錢家庭，卻帶著不知從何學來的美國東北部大西洋州口音，聽起來很悅耳，就像是《北非諜影》（Casablanca）裡面的角色。而且在搬到英國之前，他還是洛杉磯芭蕾舞團（Los Angeles Ballet）的舞者。

克里柯跟我喝了幾次酒之後，就建議我深入研究個性與投票意向之間的關係。他說有個叫做五大性格特質（Big Five personality traits）的心理模型，用開放、責任感、外向、合群、神經質五種性質的高低來描述人們的個性，長久以來已有大量實驗證實該模型可以有效預測人們的許多行為模式。例如責任感（conscientiousness）強的人，比較常在學校拿到高分。比較神經質（neuroticism）的人，則容易變得憂鬱。藝術家和點子王的開放性（openness）通常都很高；開放性低，責任感強的人則容易支持共和黨。五大性格特質模型聽起來雖然很簡單，在預測投票意向時卻極為有用。仔細聽聽政治演講就會發現，很多用來描述候選人、政見、政黨

的辭彙都符合這個模型。歐巴馬主打**改變、進步、希望**，想成為一個開放各種新觀念的勢力。共和黨則強調**獨立、傳統、穩定**，把自己說成一個重視責任感的勢力。

我在公寓裡讀紀錄讀到半夜終於想通。也許自民黨的支持者不集中於任何地方或任何年齡層，而是**某種心理特質**的產物。我粗略研究一下，發現自民黨支持者的「開放性」比工黨與保守黨支持者高，「合群性」則比較低。自民黨的支持者往往跟我一樣開放、好奇、古怪、固執、有時候還有點賤。難怪倫敦東部的藝術家、劍橋的教授、諾福克的農夫這些生活截然不同的人，會各自因為不同的原因支持這個黨。

五大性格特質模型是解開自民黨之謎的關鍵，後來也變成劍橋分析操縱選民背後的核心原理。它讓我用一種新的方式理解人，民調專家常常把人分成同質的群體，例如女性、勞工、同志等等，這些因素當然會大幅影響選民的認同與經驗，但世界上沒有「女性選民」、「拉丁選民」這種東西，那是被分類出來的。想想吧：你在街上隨機抓 100 個女性，會抓到 100 個複製人嗎？或者抓 100 個非裔美國人，她們的特質會都一樣嗎？**她們的膚色或陰道真的會讓她們做出一樣的行為嗎？怎麼可能啊？**每個人的經歷、奮鬥、夢想都不一樣！

人們的身分與個性之間的細微差異，讓我開始了解政治人物無論做多少民調都事倍功半，因為他們聘請的很多民調專家都與現實嚴重脫節。民調公司對選民身分認同的看法會影響政治人物，但這些看法通常都過分簡化，甚至根本就是錯的。身分不是單一物件，它包含許多不同面相。大多數人從來都不會把自己當成「選民」，更不會用自己的世界觀與租稅政策之間的關係來看

#精準投放　#轉化率　#潛在變數　#五大性格特質

待自己是誰。沒有人去雜貨店購物的時候會突然停下來腦袋發出靈光，注意到自己是一名「住在搖擺州郊區，上過大學的白人女性」。我在做焦點訪談的時候，人們通常說的都是自己怎麼長大、現在在做什麼、跟家人關係怎樣、喜歡哪些音樂、特別討厭哪些事、覺得自己是怎樣的人──對，就跟你第一次約會時聊的差不多。你覺得如果相親的時候只能聊選舉民調的那些標準問題，這相親會變怎樣？慘爆了，對吧。

英國自民黨無視我的研究，結果輸到脫褲

2011 年末，我跟尼克‧克萊格的團隊說，自民黨有一個大問題。資料顯示，自民黨的支持者的意識形態很強、很固執、很討厭妥協；但自民黨卻跑去跟保守黨組聯合政府，跟這些特質對著幹。一個支持者寧死不屈的政黨，出現在以妥協為基礎的政府中，一定會讓支持者覺得黨背叛了他們的原則，然後開始離心離德。

我做了一些投影片，走進議會某間牆上鑲著木板的老會議室，自民黨把一些大老找來，聽我的最新發現。他們聽到新技術的時候都非常興奮，但一聽到該黨策略失誤的細節描述，臉上的笑容很快就變成一片愁雲慘霧。其中一張投影片顯示，工黨與保守黨都掌握了極大量選民的詳細資訊，蒐集了其中每一位選民的各種細節，反觀自民黨掌握的選民資訊卻只涵蓋不到 2% 的選民。最後這場烏鴉嘴演講讓人非常難堪，沒有人想做出任何回應，事後也沒有任何人要理我。我得說，很多時候我都會把話說

太直，經常惹毛別人。我有點像是英國著名的怪食物馬麥醬（Marmite），絕對讓你印象深刻，但反應相當兩極。但我只能說，只要政黨大老看到一個實習生模樣的加拿大人大搖大擺地走進來，說他們所做的每件事都是錯的，大概都不會太開心。

整個房間裡，只有首席黨鞭阿利斯泰・卡麥克（Alistair Carmichael）把我的話聽進去。卡麥克來自內赫布里底群島（Inner Hebrides）最南端的艾雷島（Islay），是土生土長的蘇格蘭人，在學校說蓋爾語（Gaelic）長大，說英語時混雜著蘇格蘭高地口音和早年當檢察官時學會的「比較正統」的愛丁堡口音。他既健談又熱情，每次我去他辦公室的時候都拿出櫃子裡堆滿的威士忌請我對飲。他非常了解要怎麼運作政治，要如何改變權力，所以總是顯得波瀾不驚。首席黨鞭（chief whip）的權力讓他能夠看到一切，聽到一切，於是我請教他該怎麼打破黨內的僵局。卡麥克尊重那些心直口快的人，總是讓我覺得可以有話直說。而且他也試圖說服其他幹部認真想想我說的東西，但幾乎沒有任何效果。

這一切讓我心灰意冷。我提出數據，還佐以經過同儕審查的論文，讓他們看見科學研究的結果；他們卻說我過度悲觀、信心不堅、欠缺團隊精神。有人甚至把我的投影片洩漏出去，顯然就是要讓我裡外不是人。這場演講後來整個適得其反，因為有位記者從內線得知消息，寫了一篇「贊同」我說法的報導，說自民黨有「迷信文宣的嚴重問題」，而且在資料蒐集與研究上都遠遠落後工黨與保守黨。當我花了大量時間去研究選民，走出去認識他們，我變得和選民愈來愈近。我覺得自己的任務變得不只是贏得選戰，更是瞭解人們真實的生活情境，並一次次地告訴政黨裡的當權者，被貧窮、無知、順從所困的生活究竟是什麼模樣。

#精準投放 #轉化率 #潛在變數 #五大性格特質

兩年後，自民黨在 2014 年的英國地方議會選舉中失去了 310 個席次，在歐洲議會的 12 個席次中也丟掉了 11 席。2015 年 5 月的國會大選更是兵敗如山倒，在原本掌握的 57 個議員席次中丟掉了 49 席，全國只剩 8 個國會議員成功連任，即使全都坐進一台馬自達 Bongo 休旅車也不嫌擠。

Chapter 3
WE FIGHT TERROR IN PRADA

第三章

穿 Prada 來反恐很讚吧

倫敦的梅菲爾區（Mayfair）是個金權雲集的地方，有著毫不掩飾的帝國遺緒。走在老街上，你可以看到兩側的房子牆上鑲著許多藍色小圓匾，寫著這裡住過哪個名劇作家或作家，那裡住過哪個政治名人或建築大師。在該區東南角，離唐寧街十號不遠的地方就是聖詹姆士廣場（St James's Square），旁邊座落著整排壯觀的喬治亞式連棟房屋。聖詹姆士廣場的北邊是王家國際事務研究所（Royal Institute of International Affairs，又稱 Chatham House）；東邊是全世界最大的石油公司之一 BP 石油的總部，以及二戰時被艾森豪將軍（Dwight D. Eisenhower）與盟軍遠征部隊最高司令部（Supreme Headquarters Allied Expeditionary Force）拿來當辦公室的諾福克府（Norfolk House）。廣場四周有幾家紳士會所，包括殖民時代的東印度會所（East India Club），以及陸海軍會所（Army and Navy Club）；廣場正中央則有一圈裝飾性的鐵欄杆，包著一個小花園，而威廉三世（William III）的騎馬塑像就在花園中央的檯子上眺望著這些建築。小花園周圍全都是修剪得整整齊齊的小灌木與花壇。整個聖詹姆士廣場就是一座英國殖民霸權遺留至今的紀念碑。

從 BP 公司總部向南，聖詹姆士廣場向東，會看到一棟從 1770 年豎立至今的房子。這棟房子有幾層樓高，表面是光滑的灰色砂岩以及亞麻色磚，大門左右兩側各立了一根愛奧尼亞式石柱，門外則插著一支紅色的皇家郵政信箱。在 2013 年初，這裡是 SCL 集團的總部，它原名戰略溝通實驗室（Strategic Communication Laboratories），創辦人是奈傑爾・歐克斯（Nigel Oakes），從 1990 年開始就以各種不同形式存在。SCL 獲英國政府批准查閱「機密」等級的資訊；而且董事會成員包括柴契爾時代的前內閣

　#時尚模型　#極端主義　#敘事網絡　#心理剖繪　#埃及

部長、退休的將領、教授，以及外國政治人物。該公司主要的工作是幫軍方在世界各地打心理戰與製造影響力，例如阻止巴基斯坦聖戰軍招募戰士、處理南蘇丹的裁軍與復員問題、在拉丁美洲緝毒並打擊人蛇集團。

2013 年春天，我在離開自民黨的幾個月後認識了這家公司，當時一位政黨顧問朋友打電話給我，問我要不要去那裡上班。他說這家公司有一個與軍方有關的「人類行為研究計畫，正在尋找技術專家」。我從沒想過要跟國防扯上關係，但在與加拿大和英國的政黨合作接連失敗之後，試試新東西也不壞。

我從那棟房子的前門走進去，進入一個大廳，地上是黑白相間的大理石格子地板，頭上是一盞水晶吊燈，奶油色的牆面邊緣有華麗的石膏雕飾。整棟房子保留了很多原有細節，幾個房間圍著一座大理石壁爐，地上編織細密的綠色地毯裱了整圈紅白相間的圓形小摺邊。他們帶我去一個小房間，等待該公司一名叫做亞歷山大·尼克斯（Alexander Nix）的董事。似乎是因為到了春末還開著暖氣（我後來才知道，這是刻意讓人在開會前陷入毛躁的手段），所以那個房間特別熱。我在這個窄房間裡流了大概十分鐘的汗之後，一個男人走了進來，我立刻看見他身上那套剪裁完美的薩佛街訂做西裝，以及襯衫上繡著名字的縮寫。他的瞳色深如藍寶石，皮膚蒼白如紙。

SCL 的成立目的，是幫政府做檯面上不能做的事

我就在這堪稱完美的場景下認識了尼克斯，他出身英國上流

社會，畢業於皇家子弟就讀的伊頓公學（Eton），那兒的制服至今仍有立領和燕尾。大多數英國貴族男生都娘娘的，尼克斯也不例外。他操著上流口音，戴著黑框眼鏡，鬆軟的金紅色頭髮刻意翹出一點捲尖。他請我在圍繞著一堆文件與紙箱的椅子坐下，說那全都是最近剛完成的某個計畫的廢紙，他們打算馬上要搬到更大的屋子去。

聊了幾句後，尼克斯就開始敘述 SCL 的業務。他先讓我簽一份保密協議，然後說該公司大部分的工作都是幫軍事與情報機構，去做一些政府不能直接出手的事情。「**你知道的……有時候為了贏得民心，就是得做一些這種事**」，他指向相框裡一張造勢大會的照片，看來似乎是某個非洲國家。

我問起細節，於是他拿出幾份報告給我翻閱，同時一邊開始解釋所謂的目標受眾分析（target audience analysis，TAA）。他說資訊戰就是從分析受眾的特質、將受眾劃為不同類別開始的；但我在報告裡翻到的方法卻粗糙到了極點——我毫不猶豫就說了出來。

「這有很大的改進空間」，我說。後來我很快就明白，一旦有人挑戰尼克斯那與生俱來的優越感，他就會暴怒。就像他聽到這句話時，全身的毛都豎了起來。

「我們這方面的能力是業界最強的！」他說。

「我相信，」我說，「但你們瞄準目標的方法**太爛了**，簡直就像是轟炸機朝整個城市灑文宣。現在明明就有雷射定位飛彈，你們為什麼還要用這麼沒效率的方法？」對，我說得很不留情，而且是對請我來上班的人這麼說。整場談話嘎然而止，尼克斯愣在那裡，彷彿在想「這明明是我的場子吧」，而我轉身就走，覺得這根本就是浪費時間。

#時尚模型 #極端主義 #敘事網絡 #心理剖繪 #埃及

但其實沒有。不久之後尼克斯就打電話來問我要不要再聊一聊，說說我認為 SCL 做錯了什麼，又能夠怎麼補救。

打從人類開始打仗以來就有心理戰了。西元前六世紀，阿契美尼德王朝（Achaemenid）的波斯人知道埃及人崇拜貓神芭斯特（Bastet），就在盾牌上畫貓，讓埃及人不想在戰鬥中去瞄準他們。亞歷山大大帝戰勝之後，不是直接摧毀掠劫敵人的城市，而是留下部隊去傳播希臘文化，把手下敗將轉化為帝國能臣。中世紀的帖木兒和成吉思汗砍下敵人的頭顱插在長矛上遊街，讓敵方心生畏懼失去戰意。俄羅斯的恐怖伊凡（Ivan the Terrible）在紅場上放一個巨大的鍋子，把反叛者活活烤熟，讓民眾敢怒不敢言。二戰時期的英國更是精妙，用各種假入侵、假坦克誤導敵人，甚至搞了一個叫做肉餡行動（Operation Mincemeat）的神奇劇本，把假的作戰計畫放在一個流浪漢的屍體上，將其假扮為戰死的軍官騙敵人來拿。精心設計的情報與假情報，是扭轉戰局最有效的方法之一。

一套能瓦解人心的故事，比飛彈更有效

情報跟其他武器一樣，都由**酬載系統**（payload）、**發射系統**（delivery）、**瞄準系統**（targeting）組成。舉例來說，導彈的酬載是炸藥，發射系統是火箭，瞄準系統是衛星導航或者追熱雷射。情報武器也有這些元件，只不過它使用「非動能」（non-kinetic）的力，所以不會直接炸飛任何東西。情報戰的酬載經常都是故事：一個用來欺騙將領的謠言，或者一個用來安撫村莊的文化敘事。

既然軍方會找化學家來研究炸彈，自然也會找文人來研究怎樣的敘事最能影響人心。

美國長久以來都有強大的導彈、坦克、轟炸機、船艦、槍枝，所以領導人經常低估情報戰的價值。它的確做過一些心戰喊話，但大部分的方法都相當骨董。美軍在韓戰用擴音器播放宣傳口號，用飛機在敵方領空灑傳單。越戰則成立了心戰營，策畫了類似的宣傳閃擊戰，想藉此盡量「贏得人心」。但無論如何，海量的國防預算讓美軍習慣直衝船堅炮利，用物理方法放大軍事力量。

不過，強大的坦克跟碉堡剋星炸彈，完全無法阻止網路上瘋傳的假新聞和搧風點火的言論。伊斯蘭國（ISIS）除了會發飛彈，還會編故事。俄羅斯為了彌補軍事裝備過時的缺點而搞出了「混合戰」，而混合戰的第一步就是操弄特定群體的意識形態。恐怖組織用社群媒體招募新血，讓他們拿著槍枝炸彈去屠殺百姓。這些非主流的威脅和主流的敵軍一樣危險，而且一直把西方大國搞得焦頭爛額，因為你不可能用導彈炸爛網際網路。然而，美國那種習慣由**白人異男將官**頤指氣使的軍事文化，卻很難接納那些能用高科技的陰柔手法達成目標的**怪咖新兵**。

美軍設了一個國防高等研究計畫署（Defense Advanced Research Projects Agency，DARPA）來因應這些恐怖分子與敵國的新威脅。DARPA 以前搞過一些計畫，像是「敘事網絡」（Narrative Networks）、「戰略溝通中的社群媒體」（Social Media in Strategic Communications）之類，試圖「掌握故事中的想法與概念，藉此分析其中的模式與文化敘事」、「開發一些量化分析工具，來研究敘事對人類行為的影響會如何衝擊國家安全」。此外美軍自己還有一個

#時尚模型 #極端主義 #敘事網絡 #心理剖繪 #埃及

「模擬人類社會文化行為計畫」，想要「打造能夠分析與預測社會文化的工具」。軍方搞了這麼多計畫，都是想要在敵軍面前**擁有完全的資訊優勢**，設法靠海量資料去完全控制目標周圍的資訊環境。這種工作很少人能做而且很有賺頭，尼克斯一直想幫 SCL 拉到新合約。

比起俄羅斯，英美軍方根本不會打情報戰

尼克斯一開始先跟我簽了三個月的合約，讓我想做什麼就做什麼。他說「我甚至連職務說明都懶得寫，因為我也不知道該寫什麼。」在與加拿大自由黨和英國自民黨交涉的慘痛經驗之後，被放牛吃草的感覺簡直棒透了。2013 年 6 月，我開始在 SCL 上班。

我跟大多數人一樣對軍事沒什麼興趣，最多只會偶爾熬夜看看《歷史頻道》（History Channel）裡的故事。但公司裡的其他人都是專家，想跟上進度我就得找到速成的方法。麻煩的是，沒有人願意回答我的問題；每個新同事看到我走過來，都恨不得一秒關上筆記型電腦，只會說「你幹麼問這個？」、「我要檢查一下這能不能告訴你」之類的話。保密至上是吧，那我怎麼知道自己該做哪些事？我跑去找尼克斯抱怨，他意味深長地翻了翻白眼，然後遞給我一支辦公室櫃子的鑰匙。我打開櫃子，找到一大疊舊報告。

這些文件告訴我，SCL 幫英國國防部與美國政府等老客戶做過哪些事情。它在東歐幫北約宣傳反俄思想；在拉丁美洲幫某個

軍方客戶反毒，用假新聞騙種植古柯的農民跟毒梟反目成仇；還在墨西哥與肯亞都做過一些心理戰。這些計畫就像尼克斯說的一樣，都不適合由政府來做，所以政府會聘一些承包商，以「市場研究公司」之名進入當地，或以商業為掩護執行真正的任務。

其中某份報告引起我的注意，內容是國防部在巴基斯坦操弄好幾個目標群體。該報告蒐集了當地的領導人與意見領袖的資訊，並具體建議應該接觸誰，每群目標受眾各自在意哪些東西。可惜的是 SCL 的研究方法漏洞百出，他們請人在鄉村街頭現場做民調，但卻漏了很多地方沒擺人，而且當地居民並不信任這些外來者，民調回覆率很低。國防部為此花了一大筆錢，最後得到的資料卻不完整或偏誤過高，不夠可靠。其實他們只要雇幾個當地人去問村民問題，就可以得到更多資訊。

此外，軍方選用的宣傳方式也很好笑。他們在某些計畫中真的印了紙本傳單，然後撒到目標地區。**傳單？你認真的嗎？**在當地有愈來愈多人使用手機的時候**灑傳單？**英國軍隊，你的等級跟自民黨一樣嗎？你想影響的國家即使身陷武裝衝突，通訊網路也在迅速發展，很多地方既沒有電話也沒有電視，但手機基地台卻一根一根地插起來。我不懂西方列強為什麼看不到這些事情。

更重要的是，我跟尼克斯說，如果你只是想在天空灑傳單，就根本不用額外花錢研究人們的心理。如果 SCL 想要提高效率，就該獲取更精確的資料，把資料餵給演算法，讓電腦算出你該去影響誰，然後捨棄紙本傳單跟廣播，改用各種其他媒體。尼克斯若有所思地聽著，兩隻尖尖的手不停敲著嘴唇，想著我說的話。

我一邊研究也一邊開始了解，為什麼英美兩國的軍方這麼不擅長贏得人心。他們通常都是找外部承包商去調查當地文化與民

#時尚模型 #極端主義 #敘事網絡 #心理剖繪 #埃及

意，調查完之後就束之高閣，直到軍方本部決定作戰目標之後才翻出來看，所以領導人通常都是在已經決定了要派誰拿什麼武器去作戰之後，才開始思考當地民情的問題。這樣不行啦。

想要奪得政治權力，必須先引領文化和美學

當我在猜美國的DARPA跟英國的DSTL（國防科學技術實驗室，Defence Science and Technology Laboratory）新設的社群網路與數位研究計畫到底想要幹麼時，突然想起了一個我還蠻有心得的領域：**時尚**。時尚跟心理戰乍看無關，其實未必。當某個社會開始走極端，時尚通常也會出問題。這麼說吧，紅衛兵、納粹、三K黨、伊斯蘭聖戰軍有什麼共同點？**穿著**，對吧。極端主義（extremism）最初開始影響的東西，往往都是人民的外表與社會的觀感。有時候它會讓人們穿上制服，例如帶著紅星的鴨舌帽與橄欖色的短上衣、紅色臂章、純白的尖頭帽、POLO衫與露營火把、「讓美國再次偉大」的帽子等等，讓穿上制服的人們漸漸改變身分認同，把「**我相信你們**」轉變成「**我屬於這裡**」。極端主義不會放過美學，因為**極端主義的目標之一就是改變社會的美學**，很多時候它們都不是要施行任何具體政策，而是要讓某個地方或某個文化看起來完全不同。

我16歲時，有一天把頭髮染成了桑葚紫，沒有什麼特殊原因，只是因為它很吸睛，而且我喜歡。結果學校說我違反服儀規定，把我抓去校長室。我氣定神閒地過去，一點也不生氣害怕。但是，我最後不但完全沒有跟校長談到「身障者如何適應學校」

的問題，還被要求把頭髮染回「正常」的顏色。我拒絕了校長的要求，讓他很不開心，直到我最後離開學校為止，校方都在吵我的髮色問題。在我還得坐輪椅的時候，有很多時間都在思考如何「適應」社會——如何穿過大門、如何融入同儕、該穿怎樣的衣服。於是出於各種原因，時尚變成了我在電腦之外的另一個興趣。有些時候，穿著是為了獲得歸屬感，有些時候卻是為了引人注目。同學站起來的時候，我在輪椅上只搆得著他們的腰，他們衣服上的鈕扣、裁線、折縫、皺褶讓我覺得所有人都遺忘了我；但頭髮一染成紫色，人們就看見了我。因此，當校長要我染回「正常」髮色的時候，我認為他是要我再次消失。那個事件讓我了解**外表**的力量有多大，涵義有多深。

　　後來我在幫自民黨研究五大性格特質模型時，又進一步思考人格包含哪些因素。我發現政治跟時尚奠基於相同的微妙機制，也就是**人們如何以人際關係來定位自己**。穿著很容易看出一個人的個性，因為無論身處怎樣的文化，無論喜歡低調還是奢華，我們每天都得決定要穿什麼不穿什麼，都得決定怎麼打扮自己。沒有人真的完全不在乎外表，即使是一個天天套著灰色 T 恤與牛仔褲，說自己穿什麼都可以的明尼蘇達州直男，你拿一件和服或者非洲大喜吉（dashiki）短袖上衣給他，他還是會說不可以。

　　我在倫敦政經學院跟大學部導師最後一次會面的過程至今歷歷在目。他問我之後離開學校後要做什麼，顯然是想聽到我要繼續從政，或者要申請一家高級律師事務所的消息。但我說，我要去讀時裝設計。他整個無言以對，眉毛抬得老高難掩失望之情，下意識還搖了搖頭。**時裝？你是說，設計衣服？你想去學設計衣服？**但我一點都不覺得奇怪，**時尚與政治的本質，都是文化與身**

分認同的循環變動，只是同一種現象用兩種不同形式表現出來而已──而這個信念正是後來劍橋分析的思維核心。

時尚不旦一直影響我，還讓我更能接受自己。我離家搬到蒙特婁之後，就逐漸不再需要輪椅，但還是一直覺得自己缺乏吸引力或者不受重視。直到某個周末，我去一家骨董店閒逛，在一堆舊雜誌裡看見一本九年前，也就是 1998 年的《*Dazed and Confused*》，封面秀著一位雙腿都是義肢的模特兒，大大的標題寫著〈身障就不能時尚嗎〉（Fashion Able？）那期外聘了亞歷山大・麥昆來編一整個專題，拍了一頁頁身體異於常人者的美麗倩影。它讓我燃起希望，開始嘗試穿搭，也愈來愈常出門。蒙特婁是一個只要你願意，就能活出新人生的地方。而我在那裡迷上了變裝秀，看著一些人男扮女裝，魅力四射，嘲諷顛覆各種傳統的美麗、身體、性別觀念。它啟發了我的思想，讓我發現我不僅可以挑戰社會規範，還可以嘲諷它們，我可以成為自己想要的樣子。

我剛到倫敦的時候，就已經交了很多中央聖馬丁設計學院的學生朋友，該學院是倫敦藝術大學（University of the Arts London）的成員之一。後來我自己也進了倫敦藝術大學，拜入認知心理學與機器學習出身的心理學家卡洛琳・梅爾（Carolyn Mair）門下。梅爾博士的專業在時裝所非常不主流，剛好適合我這個很不主流的時裝所學生。我跟她說想用神經網絡（neural networks）、電腦視覺（computer vision）、自動編碼（autoencoder）技術來研究時尚模型之後，她就說服了系上讓我攻讀機器學習的博士學位，而非服裝設計的博士學位。這個時候我也開始在 SCL 集團上班，就這樣每天一下子研究時尚模型，一下子研究網絡戰。我很想認真做文化趨勢的學術研究，所以跟尼克斯說我不想做全職員工，如果 SCL

想聘我，就必須讓我一邊做計畫一邊讀博士。尼克斯同意了我的條件，SCL 最後甚至還幫我付了學費，我簡直求之不得，因為外國學生的學費是最貴的。

時尚、政治、恐怖分子的本質，
都是絞盡腦汁在創造一套專屬的流行文化

其實時尚與網絡戰兩個領域彼此相輔相成，你了解文化之後就不會只看到極端主義宣稱的意識形態，而是能理解他們的傳播機制。SCL 的人都看過數不盡的聖戰軍廣告片，我們發現這些影片除了包括新聞會剪出來的暴力片段之外，其實還帶著一種清晰而完整的美學。片中既有很酷的車，也配上音樂，片中的英雄呈現出一種很具體的陽剛形象，某些影片甚至看起來像是電視實境秀。反諷的是，這些影片把跟不上時代的意識形態定位成當下或未來的時尚潮流，就像二十世紀初義大利的未來主義者（Futurist）推崇法西斯的想法一樣，認為法西斯是讓社會最快現代化的方法。這些聖戰軍的影片不僅宣揚一種對暴力與仇恨的怪誕崇拜，同時也變成他們的文化特質，傳播著一種極為耽溺天真，近乎媚俗的浪漫情懷。沒錯，恐怖分子搞出了自己的流行文化。

我清楚記得，在 2013 年 9 月的時候，我開始想「我做的事情有多酷？」這個問題。我不能只是幫人營造公眾形象，還必須影響文化，才能捍衛我們的民主。軍方其實在跟時尚界說一樣的東西，只是軍方稱之為「特定榜樣造成的影響力」（modelled influence attribution）或「多人模仿共同的目標而一同行動」（target pro-

　#時尚模型　#極端主義　#敘事網絡　#心理剖繪　#埃及

files observed acting in concert）；時尚界稱之為**潮流**而已。我們會穿同類型的衣服，用一樣的主題標籤（hashtag），聽一樣的音樂，去同一個演唱會。所謂文化的時代精神（zeitgeist）其實就是**一群人一起做同一件事**，而我相信這些趨勢都會在資料中一覽無遺。我們可以用線上觀察與分析，去預測各種文化運動的生命週期，預測哪些人會在前期被影響，運動的擴散率多高，何時達到最大值。

如何「偷走」對方的認知，植入自己的版本？

在 SCL 上班的前幾周，我開始研究如何把傳統的資訊操弄技術變成線上版。這是當時 SCL 最有興趣的主題，因為它發現很多北約軍隊只要知道怎麼結合宣傳與廣告技術，就可以彌補部隊心戰能力的弱勢，甚至可以獲得優勢。這表示我們可以在數位領域中探索一些新方法，例如可以從網路上的點擊流（clickstream）中找出新的資訊來源，並利用分析與機器學習，精準地為每一群目標受眾各自設計專用的宣傳敘事。當然，要用資訊來造武器很麻煩。無論你走到地球上的哪個角落，都可以用槍枝跟炸彈殺死人；但資訊武器的效果會因語言、文化、地點、歷史、族群多樣性而改變，你必須因地制宜。**如果你想打造一個能夠大規模操弄人民觀點（perspecticide）的非動能武器，想要主動解構並操弄大眾的認知，你就得先深入了解人們的心理動機。**

所有的叛亂都是不對稱的，因為社會中只要有一小群人叛亂就可以造成很大的影響。想在敵國內部煽動叛亂，就得先集中資

源去影響關鍵群體。如果你能知道敵國社會中有哪些人既容易接受新觀念，與同伴的連結又夠強，足以讓反敘事（counternarrative）滲透進敵國的社群網路，那麼找出這些人並且充分了解他們，煽動就會變得更容易。

　　操弄他人觀點最有效的方法，就是先改變對方的自我認知。也就是說，操弄者得「偷走」對方的自我認知，然後植入自己的版本。他們經常會先封殺對方的敘事，然後掌控對方周圍的資訊環境，花幾個月的時間逐漸瓦解對方的「心理復原因子」（psychological resilience factors），讓對方喪失自我。他們會刻意營造一些難以置信的現象，讓目標陷入困惑，相信自己無法掌控環境；也會刻意小題大作，讓目標把每件小挫折都當成世界末日；還會用反敘事消滅對方生活中大大小小事件的意義，讓對方覺得生命一團混亂，所有事情都毫無道理；此外，反敘事還會鼓勵目標彼此猜疑，讓目標難以接觸到那些能阻止他們繼續惡化的救星。你一旦開始覺得身邊的人都在占你便宜、生命中的一切都毫無意義，你就很難繼續忠於既有的體系或群體，從此變得拒絕失敗、逃避風險、不服從命令。

　　但光是摧毀士氣通常還不夠。想誘發叛亂，你還得讓目標產生一些與衝動、莽撞、強迫性有關的負面情緒或負面想法。這樣才能讓目標從怠工、逃避風險、傳謠言這類溫和被動的反抗作風，轉為爭吵、抗命、揭竿而起這類主動為之的破壞行為。例如他們會在南美洲的販毒組織內部挑撥離間，讓成員洩漏資訊、背叛組織、引發內鬨，藉此削弱毒品的供應鏈。滲透的時候，通常會從那些神經質或自戀的人開始下手，因為這些人的抗壓性比較差。其中**神經質的人**容易疑神疑鬼，比別人更容易焦慮和衝動，

往往在三思之前就先依直覺行動；**自戀的人**則是嫉妒心重，容易自視甚高，喜歡挑戰規則、藐視既有的權力位階。這兩類人一聽到騷擾、迫害、有人犧牲、處理不公的謠言，就容易開始過度懷疑組織，然後他們的行動，就會成為操弄者顛覆整個組織的天賜良機。後來的劍橋分析，就是用這種方法在美國引發極右派叛亂。

　　請注意，這些手法都不是在做什麼心理諮商，而是**心理攻擊**。軍事攻擊的目標就是敵軍，發動攻擊之前不需要先取得目標的同意。你可以派一台無人機轟炸把敵軍活活燒死，也可以擾亂敵軍的思維讓他們自相殘殺或讓我方有機可趁。對軍隊的指揮官或情報軍官來說，心理操弄已經比真刀實槍「溫柔」很多了。

　　社群媒體這種東西，讓軍方與安全機構可以直接看到每個人的行蹤，犯罪者與恐怖分子的警衛、女友、手下在想什麼做什麼全都一覽無遺。過去需要好幾個月仔細觀察才能蒐集到的個人資訊，現在只要按幾個鍵就看得到。每個人都用大量生活細節建好了自己的檔案，心理學家很快就可以評估你的個性。這不禁讓許多人開始研究，說不定演算法可以用來剖繪每個人的特質。**如果心理剖繪（Psychological Profiling）可以自動化，相關機構就可以像灑傳單那樣大規模影響民眾，而且為每一個人量身訂做最適合的傳單。**DARPA 在 2011 年開始資助一些計畫，研究如何對社群媒體使用者進行心理剖繪，以及反政府資訊如何散播、線上詐欺怎麼成功，他們聘來臉書、雅虎、IBM 的工程師，找出這些資訊的消費與傳播路徑。同時，俄羅斯與中國政府也各自用自己的計畫來研究社群媒體。

SCL 開始打造「精準投放系統」，
學習操縱人類行為

　　我第一天到 SCL 上班的時候，尼克斯問我有沒有聽過一家叫做帕蘭泰爾（Palantir）的公司。這個消息來自實習生蘇菲·史密特（Sophie Schmidt），後來谷歌執行長艾立克·史密特（Eric Schmidt）的女兒。蘇菲在實習快結束的時候，介紹尼克斯認識了一些帕蘭泰爾的高層，帕蘭泰爾是一家由創投資助的大公司，創辦人之一是著名的矽谷創投業者、臉書獨立董事彼得·提爾（Peter Thiel），這家公司幫美國中情局（CIA）、美國國安局（National Security Agency，簡稱 NSA，負責幫聯邦政府分析涉及國安的情報與資料），以及英國政府通信總部（Government Communications Headquarters，GCHQ，英國版本的 NSA）打資訊戰。尼克斯對此極為著迷，希望 SCL 也能做這種業務。

　　一開始我先跟劍橋的心理學家布倫·克里柯，以及他的朋友塔達斯·尤西卡斯（Tadas Jucikas）一起花幾個月在幾個國家做初步實驗。我在皇家汽車俱樂部（Royal Automobile Club）認識了尤西卡斯，這家私人俱樂部始於汽車只有超級富翁才買得起的 1897 年，之後一直保持奢華優雅的氣質至今，是上流人士社交經商之所。俱樂部的牆上鑲著整排柱廊，並設有酒吧、壁球室、撞球室，我走進俱樂部時，尤西卡斯就站在大廳裡的一台亮紅色骨董跑車旁邊，穿著一件剪裁精美的人字紋西裝，口袋裡插著一條堅挺的方巾，一對雙眼藏在玳瑁太陽眼睛後面。這些細節都不重要，但我很喜歡。

　　他帶我走進俱樂部，一起喝了幾杯，然後去陽台抽雪茄。尤

#時尚模型 #極端主義 #敘事網絡 #心理剖繪 #埃及

西卡斯是立陶宛的農村小孩，小時候親眼目睹蘇聯坦克開進自己的家鄉。他非常聰明，我們坐在陽台上，一邊品嘗雪茄一邊聊人工智慧和資料工作流程，然後尤西卡斯打開包包拿出一份他畫好的流程圖。在我去找尤西卡斯之前，克里柯已經向他解釋了一部分的項目目標，尤西卡斯也以此規畫出一套資料科學的研究流程，解釋如何蒐集人們在線上留下的使用者資料，然後分析、處理、加以運用。他的博士研究就是用模型預測線蟲的行為，現在只要把線蟲換成人類就好。他打算造出一套工具，叫電腦從網路上自動蒐集各式各樣的使用者資料，然後用演算法還原出每個使用者的形象，再用深度學習（deep-learning）神經網絡預測每個人會做出哪些行為。尤西卡斯認為，之後如果還要改變人們的行為，就需要另聘一個心理學家團隊來打造相關敘事，但在那之前我們可以先用他規畫的流程來初步打造這個精準投放系統。不過讓我最開心的事情倒不是這些，而是他把不同工作標上不同顏色，讓整張流程圖看起來就像倫敦捷運地圖。而他解釋計畫的方式，更讓我確定這件事找他做準沒錯。

就這樣，我跟克里柯、尤西卡斯開始合作，然後又說服了蓋特森一起入夥，身邊全都是一群衣著入時、聰明絕頂、怪到掉渣的傢伙。這群傢伙的老大尼克斯是一個露齒而笑的無聊推銷員，他完全不知道我們在做什麼，但沒關係，反正他能用最快的速度把我們的努力成果賣給他想到的買家。在他的帶領下，整個辦公室充斥著傲慢的發言和粗俗的黃腔。

SCL 本來就有一種「怎麼做都行」的氣氛，我們上工幾個月後，這種氣氛更化為實體。通常我都穿 T 恤或帽 T 上班，但倫敦時裝周結束後的某一天，我披著一件酒紅色的 Prada 夾克，穿

著高腰褲，踩著一雙印有骷髏與玫瑰紋身的奶油色馬汀鞋走進辦公室。尼克斯盯著我說，「克里斯，你身上是什麼鬼啊？」

我回道，「穿 Prada 來反恐很讚吧。」

「千里達計畫」：道德淪喪的監控實驗

要先搞到大量資料，才能打造尤西卡斯的那套精準投放系統，這蠻難的，但我們可以從開發中國家下手。世界上有一些最窮的國家，因為貪腐與過去殖民政府留下來的弊病，而無法順利發展傳統的電信設施，於是他們為了解決問題，直接跳過好幾個世代的發展，打造出相當先進的無線網路。

例如肯亞的法律與習俗讓某些人難以開立銀行帳戶，於是他們就用現金購買手機點數，把這些點數當作數位貨幣來交易。其實我們發現很多貧窮國家的人都這樣，這些國家的經濟危機、惡性通膨、銀行倒閉，讓他們並不信任銀行，而改用手機。這也表示，這些地方每個人都要有手機，而且手機要能正常運作，這些需求讓手機基地台很快就遍布全國。

不過覆蓋大量公民的行動網路也產生一個意想不到的後果：追蹤、定位、剖繪、聯絡每個人都變得很簡單。伊斯蘭國、蓋達組織阿拉伯半島分支（AQAP）、博科聖地（Boko Haram）這些聖戰組織都發現了這點，並藉此影響人心、招募成員，徹底改變了戰爭的規則。

有了使用者資料就可以打造系統，但要讓可能會付錢的軍方客戶知道系統有多大的能耐，就還需要另一個東西。我們需要拿

#時尚模型 #極端主義 #敘事網絡 #心理剖繪 #埃及

一個國家來做實驗，而人口130萬的千里達和托巴哥共和國（Trinidad and Tobago）就是完美的目標。它是一個自給自足的島國，包含非裔加勒比人、印地安裔加勒比人，以及少數白人，彼此之間的文化的張力非常值得研究，成為我們絕佳的實驗場地。

　　SCL很久以前就在加勒比海的許多小國設點，他們幫助特定政客上台之後，經常可以跟政府簽訂合約，回收之前投在當地的資金。其中千里達的國家安全部（Trinidad Ministry of National Security）就想知道能不能用電腦來找出潛在的罪犯，甚至能不能預測犯罪時間與犯罪手法。在SCL，我們把千里達政府開出的這項需求叫做「關鍵報告」（Minority Report，就是菲利浦·狄克〔Philip K. Dick〕的科幻小說，裡面有個「預知犯罪部」可以在犯罪之前逮捕嫌犯。史蒂芬·史匹柏後來把小說改編成同名電影）；不過千里達政府想要的不只是降低犯罪，他們知道只要一個工具能夠預測行為，就能用來打選戰。他們除了想逮捕未來的罪犯，還想影響未來的投票方向。

　　我們知道資料一定會爆多，因為千里達政府的高層給了我們完全沒修改過，甚至連姓名都留著的人口普查原始檔。雖然說開發中國家的個人隱私是有錢人的特權，但千里達政府還是侵犯了每一位公民的隱私。

　　人口普查原始檔雖然很強大，但不是能在先進國家拿到的資源，我們得額外用網路蒐集資料，打造一個其他國家其他文化也能用的工具才行。因此SCL就派人到加勒比海地區的電信公司，去問是否能夠即時檢視他們的資料firehose[5]，結果他們竟然同意

5　編注：firehose 是指專門把串流資料寫入資料存放區，以供後續分析的服務。

了。

　　SCL 跟一些其他承包商合作之後，存取千里達的 firehose，然後我們就坐著偷窺每一個千里達人民當下在瀏覽哪些網頁。可想而知，很多都是色情網站，各種你想得到的都有，甚至包括當地特產的「千里達 A 片」。我記得某一天晚上我們圍在螢幕前，發現有一個人一邊查香蕉食譜一邊看 A 片。尼克斯看著這個人的行為，爆出輕浮噁心，幾乎幼稚的笑聲，然後打開谷歌衛星地圖，用這個人的 IP 找出他的住址。

　　我望著尼克斯看著螢幕的樣子，他在有機會嘲笑、利用他人的時候，會陷入一種深沉惡毒的愉悅。尼克斯，或者那些自命不凡的同輩口中的「伯蒂」（Bertie）一直都是這樣，跟很多伊頓公學的人一樣，是取笑、調情、找樂子的高手。SCL 的董事派他主掌公司的副業，在非洲、加勒比海、南亞這些不受重視的國家操弄選舉，而跟這些小國的內閣部長周旋正是尼克斯的最愛。他扮演英國紳士的形象，以大英帝國時代的倫敦規格招待這些政客，讓他們進入皇室與首相經常流連的高級俱樂部，前往專屬的派對，必要的時候再送上幾個思想開放的優雅女伴作陪。

　　尼克斯利用了這些政客對帝國的殖民崇拜以及不安全感。他一旦取得信任，就介紹這些貪戀權位與女人的部長，去認識那些喜歡貪腐交易與捲款潛逃的商人。他發現，主權是一種非常有價值的商品。即使是最小最不起眼的島國，也能提供兩種極為珍貴的東西：護照與免稅。尼克斯坐擁數不盡的遺產，其實根本不用工作，原本可以終其一生追求崇高的目標，或者靠著繼承來的信託基金一輩子悠哉過活。但他卻在強大的權力慾望下情不自禁地選擇了 SCL。他出生得太晚，無法扮演大英帝國的殖民統治者，

　#時尚模型 #極端主義 #敘事網絡 #心理剖繪 #埃及

於是他用 SCL 來玩當代版的殖民遊戲。有一次我們開會的時候，尼克斯就說他必須「扮演白人」，他也曾在電子郵件裡對同事說，巴貝多的那些黑人政客「只不過是一群黑鬼」（nigger）。

於是，我們在千里達政客的掩護下偷窺每個人的生活。螢幕上那些小島人民的所作所為，會讓你覺得遙遠得有點不真實，好像你並沒有真正侵犯人們的隱私，一切都只是某個電腦遊戲。即使今天回想起來，我還是覺得千里達像是一場夢，所有事都沒真實發生過。

但其實全都發生過。千里達計畫讓我犯下生平第一次的嚴重惡行，而且讓我開始自欺欺人。我不願意承認自己真的在偷窺另一群人，這群人並不知道半個地球以外的我們正以取笑他們的日常生活為樂。這也是我首次見識到這種新的數位殖民浪潮，我們帶著高超的科技和淪喪的道德闖進別人家，跟過去入侵他國的帝國軍沒兩樣，而且這次我們甚至從頭到尾都躲在暗處。

埃及政府拜訪 SCL，要用社群媒體鞏固獨裁暴政

我跟尼克斯共事幾個月後，就發現他顯然欠缺商業倫理，個人品德也有問題。他似乎會為了標下案子而不擇手段，而且每次拿下案子就在辦公室裡到處炫耀。此外還用性征服的詞彙描述所有事情，例如在早期協商的時候會說正在「感受對方」或「差一點就釣上了」，交易完成之後會說「我們搞上了！」

2013 年拉巴慘案（Rabaa massacre）之後不久，埃及代表到倫敦開會。那是社群媒體與手機最初在社運扮演重要角色的事件之

一，埃及代表想知道我們的資訊操弄能力是否能打擊他們所謂的「政治極端分子」。我們討論了幾種讓社運內亂的方法，例如用手機散佈謠言、插入內奸喊衝場然後逮捕抗議群眾等等。我不希望 SCL 去接這種案子，而且我認為他們的要求根本就是錯的。我認為他們的「極端主義」（extremism）其實定義非常主觀，那些反極端主義的政府計畫，雖然打擊了巴基斯坦等地的聖戰組織，卻又同時在埃及幫伊斯蘭獨裁政權建立多數暴政。說什麼反極端主義，根本就是偽君子。但尼克斯不管，他只要能賺錢就好。

我跟 SCL 內部愈來愈多的心理學家、資料科學家都面對一個難題：極端主義是什麼？如何定義極端主義者？如何建立他們的模型？如果你想要量化某個屬性然後預測它，就得先把它定義清楚；但這些定義都很主觀，而且埃及政府的版本跟我們的顯然不一樣。我們繞了一圈又一圈，想搞清楚這東西在理論上究竟是什麼意思，最後卻發現**「極端主義」根本可以隨你自己定義**。後來因為 SCL 沒接這個案子，我就放下了這件事，繼續工作。

但我開始躲開尼克斯，而且全公司的人都這麼做，因為他的舉止太噁心了。他想把我拉成他的小弟，讓我學他的一舉一動，但這顯然完全失敗。首先，我們兩個的背景差太多了，即使我可以接受他的傲慢與勢利眼，也不可能打扮成一個「體面的」伊頓公學校友；他一直試圖規定我的穿著言行，卻只讓我更確定應該做自己。威士忌有時候的確能讓我們走得很近，但除此之外我都與他保持距離。

SCL 還是做了一些我很喜歡的好事，例如那個防止中東未婚男性被吸收，軍方暱稱為 YUMs（young unmarried males）的光棍計畫，以及根除聖戰行為的計畫。而且雖然尼克斯顯然是壞蛋，但

#時尚模型 #極端主義 #敘事網絡 #心理剖繪 #埃及

SCL 也有很多好人，我想我可以留下來工作，只要別想太多。

SCL 甚至在健康普查中，偷渡政治調查

2013 年底，他們找我一起與某個非洲客戶開會，說這是個政治案子，目標是影響未來某場選舉的選情。我不太了解那個國家，但我猜應該可以從該國的行動網路或政府那邊拿到夠多資料來建資料庫，於是就說「沒問題」。結果我們走進倫敦一家高級餐廳，發現對方原來是該國的衛生部長。

會議一開始跟我想得差不多，例如客戶需要哪些服務，SCL 如何提供等等，然後我們開始討論錢怎麼付。SCL 建議對方可以先在衛生部裡面啟動一項數百萬美元的計畫，然後偷偷把 SCL 加進承包商名單，這樣 SCL 就可以用該計畫的經費來做政治研究。不久之後，另一位同仁又發來一封電子郵件說「可以用一項包含健康狀況的大型普查，來幫競選活動鋪路」，而且「可以在其中詢問政治問題」，也就是說，他建議衛生部在普查中同時詢問選民的投票意向，以及是否支持現任政府。等等，**用納稅人繳給衛生部的錢來做政治活動是非法的吧？**

開會時我什麼都沒說，但開完會我跑去找尼克斯。「嘿，這一定會違法，」我說。「這些人做哪些事是合法的？」他說，「別傻了，這是非洲耶」。

尼克斯很擅長讓別人懷疑自己。我在上班的時候一直中他的招，幸好其他時候沒那麼容易。有一次他帶我到新龐德街（New Bond Street）的新辦公室頂樓，來一場「男人之間」的對話，說如

果我幫他拉到一個案子，他就送我一匹馬。他應該是養了很多馬吧，但我說我不想要。「喔，好吧，」他說，「那就送你一匹『小馬』[6]好了。」跟他對話我常常不知道該有怎樣的反應才好，不知道究竟是他說的話實在太過分，還是我實在太不經世事。

後來那個非洲案子竟然真的照著計畫開始動。SCL 擬了一份承包提案給該國衛生部，然後錢就進來了，在這個與公衛相關，為時好幾個月的計畫裡，**數百萬美元**預算中的某一部分從頭到尾都沒有進入衛生部。他們把計畫分開，一部分給部長做，一部分給 SCL，然後把 SCL 的錢裝在大使館的外交袋子裡，藉此繞過海關和申報。不過我很早就退出了這個案子，因為它在道德與法律上都越過了線。

我在 SCL 做愈久，就被辦公室文化影響愈深，日復一日，我慢慢開始像他們一樣墮落悖德。每次發現新東西的時候大家都很興奮，但沒有人知道我們到底願意為了這種「新研究領域」做到什麼地步。要到什麼時候才會有人說「夠了，不能再下去了」呢？我不知道，而且我也不願意去想。就在這個時候，尼克斯寄了一封電子郵件給我：「我希望你去找一位來自美國的史蒂夫」。

---

6 編注：這裡是尼克斯暗示要送男人給懷利。

Chapter 4
STEVE FROM AMERICA

第四章

操縱美國的男人

我一定是睡著了，才會被列車長的「劍橋站到了！」廣播嚇到。2013 年 10 月的某一天，我清晨一大早 5 點就爬起來，去國王十字車站趕 6 點 40 分的火車。尼克斯為了少花五英鎊，而給我訂了早一班的票，於是我在車上睡著，被廣播嚇得從座位上跳起來，撞到隔壁的老太太。老太太瞪了我一眼之後，就像英國人那樣抓緊她的錢包，我一邊走下車一邊回頭想說對不起，結果踏出門時踩了個空。「請注意月台間隙！」不，已經來不及了。

我從地上爬起來，才發現把錢包忘在車上，一臉無言地望著火車開向遠方。很好，既沒信用卡又沒錢，我要怎麼去找人？我打給尼克斯拜託他幫我叫計程車，結果他竟然說「自己用走的。你做事太不小心了。」我累到沒力氣罵人，而且聽起來他心情也不好，於是只好照做。我走出車站，走進十月初的薄霧與濛濛細雨，看著劍橋在清晨中甦醒。

見面之前還有好幾個小時，於是我慢慢從小小的帕克公園（Parker's Piece）和晨間練習的運動員們擦身而過，看著遠方的教堂尖塔從樹叢間探出頭來。我走上蜿蜒的中世紀石板路，穿過街上的小店與高聳的大學圍牆，劍橋大學建於 1209 年，是全英國第二古老的大學。接下來，從湯普森路繼續走向劍河河畔，就到了房舍雖小，但顯然相當高級的瓦爾斯蒂旅館（Varsity Hotel）。

初識「覺醒中年」史蒂夫‧班農

軍事承包商裡面什麼怪咖都有，而且大部分做事都「極為謹慎」，很多時候你在初次見面之前根本不會知道自己要見的是

誰。前一天，尼克斯才有點焦慮地走進公司，直接走到我的座位上，雙手撐著我的桌子、湊到我的臉前說，「你明天去劍橋找一個人，我沒辦法說服他，但你應該可以。」

我問他對方是誰，他只說：

「細節等會寄給你。」

但電子郵件裡什麼都沒有，只叫我「帶著資料」去找「美國來的史蒂夫」。

於是我在旅館大廳裡等了一個小時，然後傳了訊息給尼克斯，想問問史蒂夫的手機號碼，但尼克斯已讀不回。15 分鐘過後，一個沒禮貌的傢伙走了過來，把我上下打量了一番。

「所以就你喔？」他問。

「是啊，」我說。根據 SCL 過去的經驗，來接洽的客戶通常都是官員或探員之類。但這次我看見的男人很邋遢，在一件有領襯衫外面又套了一件有領襯衫，彷彿忘了自己裡面穿了什麼一樣。他臉上的鬍子沒刮，頭髮油膩膩的，全身披著一層剛下越洋飛機才會有的塵垢，眼底映著一些亮紅色的斑點，和臉上的酒槽斑如出一轍。整個人看起來如果不是推銷二手車的，就是個瘋子。而且他似乎很累或很恍惚，當時我以為只是因為時差沒調過來。

旅館的古老英式電梯窄到只能勉強擠進兩個人擠進去。我當時全身穿著 Dries Van Noten 名家設計西裝、暗海軍藍的褲子與成套外套，看起來甚至有點像毛澤東軍裝，只好在電梯裡一直小心翼翼地不跟他有身體接觸。

結果他半開玩笑地說，「你跟我想得不太一樣，**你自己穿得也不怎麼樣嘛，嗯……**」

他住在飯店頂樓的套房裡，整個房間除了一張設計大膽的壁紙以外沒有任何裝飾，風格簡約而現代，跟樓下的中世紀風格截然不同。望了一圈沒看到行李有點奇怪，一開始我想應該沒什麼，但突然又覺得不太對勁。**等等，所以我是要跟這個老男人在這個豪華房間裡獨處嗎？** 我看了看雙人床，發現床頭櫃上擺了一小瓶護手乳。**幹！幹！幹！** 所以尼克斯是要我出賣肉體嗎？

我抓緊公事包，希望裡面的筆記型電腦重到他撲上來的時候可以把他打昏。這時候，班農走到床邊的大沙發旁邊，請我過去坐，然後自己拉了一把椅子坐在旁邊，問我要不要喝水。喔，看來沒事了，感謝老天。只不過他一坐下來，整顆肚腩就從腰間凸了出來。

「尼克斯說你在研究文化變遷，」他說，「大概是在研究什麼？」

我說我們在用電腦量化文化趨勢，藉此預測社會可能會在什麼時候走向極端。我想用過去幾十年來社會理論的精華以及電腦的能力，「找出文化的道標」。班農只翻了翻白眼，「好，好，好，跳過這些形容詞好嗎，你實際上到底在研究什麼？」

結果我們接下來一連聊了四小時，從政治聊到流行聊到文化，從傅柯到第三波女性主義的巴特勒（Judith Butler）再到破碎自我的本質。乍看之下班農就像外表那樣只是個異性戀老白男，但一開口就發現他根本就是個覺醒中年，聊了幾句之後，我甚至覺得他挺酷的。後來我們開始討論**文化要如何量化**，我提議先從數據開始，於是打開圖像化分析軟體 Tableau，叫出一張千里達的地圖，然後點一下滑鼠，讓一群亮黃色的點點跳出來，代表各地的人口屬性。「附帶一提，這些資料都是真的，」我說，「現在

這些是人口普查紀錄裡面記載的資料，包括性別、年齡、族群……」。

我又點了一下滑鼠叫出另一批點點，「這些則是他們的網路使用紀錄，例如網頁瀏覽紀錄。」

我繼續點滑鼠，「這些是人口普查資料……這些是社群媒體個人資料。」圖層加得愈多，他的臉靠得愈近，最後整個地圖塞滿了一簇簇五顏六色的小點，讓人完全眼花撩亂。班農問這計畫的錢是誰付的，我說抱歉無可奉告，然後我轉為簡介美國DARPA有在資助好幾類社群網路研究，而他問我能不能在美國做類似的研究。

「似乎沒理由不行，」我說。

班農深知，想要獲取政權，要先控制「文化」

班農 1950 年代初出生在維吉尼亞州的一個愛爾蘭天主教勞工家庭，高中就讀於天主教軍校，在維吉尼亞理工大學（Virginia Tech）主修都市規畫，畢業後在海軍擔任水面作戰軍官，後來幫五角大廈研究全球各地美國海軍的狀況。到了 1980 年代他轉了領域，1983 年在喬治城大學（Georgetown University）拿到國家安全碩士，1985 年在哈佛商學院拿到企管碩士，畢業後在投資銀行做了幾年，然後跑去好萊塢當監製、導演、編劇，參與過 30 多部電影，包含美國前總統雷根（Ronald Reagan）的一部紀錄片。2005 年，他轉入香港的互聯網遊戲娛樂公司（Internet Gaming Entertainment），一年後就帶來了 6,000 萬美元的投資，其中一半來自

前雇主高盛（Goldman Sachs）。後來該公司改名為 Affinity Media Holdings，班農則一直待到 2012 年，然後轉入了布萊巴特新聞網，並且跟人一起創辦了非營利智庫「政府問責研究所」（Government Accountability Institute），研究結果交由布萊巴特特約編輯彼得・施威澤（Peter Schweizer）寫成描述柯林頓家族貪腐的暢銷書《柯林頓搖錢樹》（Clinton Cash）。

布萊巴特新聞網源自安德魯・布萊巴特 2005 年創立的新聞整理網站 Breitbart.com，到了 2007 年改為開始撰寫原生內容。布萊巴特新聞網的內容充滿了「布萊巴特主義」（Breitbart Doctrine）：這位右派評論家認為**政治源於文化，美國保守派如果想要成功圍堵進步革新，第一步就得扭轉文化。**而他創立的新聞網也不只是媒體平臺，是一個設法改變美國思潮的工具。

布萊巴特在 2012 年去世之前，還讓班農認識了大富豪羅伯特・默瑟（Robert Mercer），他死後班農就繼承了他資深編輯的位子以及他的思想。

我們第一次見面時，班農已是布萊巴特新聞網的執行長，他到劍橋來吸收有能力的保守派年輕人進入新設的倫敦分部。他之所以這麼做，是因為美國人把英國文化當成榜樣。我們後來在操作英國脫歐的時候，班農告訴我，好萊塢塑造了一個英國人都知書達禮、溫文儒雅的神話，所以一旦能夠打下英國，打下美國就指日可待。不過在那之前班農碰到了一個問題。雖然布萊巴特新聞網當時已經聚集了許多憤怒之聲，卻全是一群沒人愛的年輕魯蛇在那裡叫囂取暖。他們第一次出馬的文化戰爭，玩家門事件（Gamergate）就是很好的例子：有幾位女性想揭露遊戲業界噁心的厭女傾向，於是布萊巴特新聞網就傾巢而出罵人，並寄出數不

#史蒂夫・班農 #屌絲起義 #母豬教徒 #認知偏誤

盡的死亡恐嚇信，試圖阻止「進步人士」強迫遊戲業接受「女性主義意識形態」。

玩家門事件並不是布萊巴特新聞網煽動的，卻讓班農發現那些憤怒孤獨的白人男性一旦發現自己的生活方式受到威脅，就會跳起來跟你拼命，因此只要讓這些母豬教徒去厭惡那些探索性愛的少女，就可以打造一個強大的仇恨軍團。而且這些人為反對而反對的怒火，以及「屌絲 7 起義」（beta uprising）的呼聲，早就傳遍了整個網際網路，你需要點一把火就行了。問題是，光靠這些「非自願處男」還無法撐起一場班農想要的運動，還需要其他的力量。

一場飛機上的偶遇，改變了世界歷史

在劍橋分析的傳說中，最不可思議的事情之一，就是某一班飛機上的閒聊改變了世界的歷史。我認識班農的幾個月前，馬克‧布洛克（Mark Block）與琳達‧漢森（Linda Hansen）這兩位美國共和黨的顧問在搭飛機時剛好坐在一名退休軍官隔壁，這位軍官退休之後開了一家公司用「網路武器」幫人打選戰。當時布洛克在飛機上睡著了，但漢森跟退休軍官聊了天，從軍官口中聽到 SCL 在作資訊戰的計畫。於是飛機一著陸，漢森就跟布洛克說應該要去聯絡 SCL 的尼克斯，而這位布洛克，不但擔任過赫爾曼‧

7　編注：中國網友用語，有貶低意，指魯蛇中的魯蛇。

凱恩（Herman Cain）[8] 的競選總幹事，認識很多共和黨的非主流族群；本身也認識班農，他一聽到漢森的解釋就知道 SCL 應該會對班農很有興趣。就這樣，布洛克讓班農和尼克斯接上了線，然後尼克斯就派我去旅館套房，認識了這位日後大規模操縱了美國人心的男人。

在我走進 Varsity 旅館大門之前，尼克斯跟班農已經在紐約見過幾次面，但尼克斯並不真正了解這個計畫，無法順利解釋我們在做什麼。他無法順利提供班農想要的東西，因為班農不太在乎研究者的學歷，只在乎研究細節。2007 年，在身為公司大股東的父親去世之後，尼克斯變得更積極，他以中等成績畢業於曼徹斯特大學（University of Manchester）的藝術史系，但比起去畫廊或圖書館，他比較想在有錢親友開設的企業裡大展鴻圖。

SCL 的董事通常都派尼克斯去處理那些「比較軟性」的客戶，尼克斯擅長跟那些英國舊殖民地的部長或商人打交道，通常不會負責聯絡班農這種客戶。班農不需要熱帶國家的第二本護照，而且他既沒興趣在倫敦扮演昔日的殖民主，又不在乎尼克斯的英國口音，更不在意尼克斯身上那套訂製西服的剪裁。班農要的只有**真刀實槍**。尼克斯太習慣用衣不蔽體的烏克蘭女人和伊頓公學式的舌燦笑語來應付那些發展中國家的部長了，所以碰到班農就不知如何是好。

尼克斯一開始建議班農在白金漢宮往北走幾個十字路口的帕摩爾街（Pall Mall）跟我們見面。那裡有一整排宏偉的石製建築，從特拉法加廣場（Trafalgar Square）開始，一直延伸到建於十六世紀

8　編注：共和黨保守派商人，曾角逐 2012 年共和黨總統候選人提名。

並住過好幾位王族的聖詹姆斯宮（St James' Palace），整條街上聚集了全英國許多最高級的私人俱樂部，經常可以看到黑領結的紳士與尼克斯那樣的人在奢華的店中暢飲美酒。尼克斯原本想在卡爾頓俱樂部（Carlton Club）的包廂，讓班農享受一場精心準備的專業晚宴，卻在出發之前被班農拒絕。

不過，尼克斯依然明白每個人都藏著一個無法尚未實現的夢想，班農也不例外。他發現這個美國人漫步在英國的古代名校中的時候，似乎把自己想像成了一個哲學家。所以如果要拉到班農，就得實現他這個夢想。這個時候，我的「學術」氣息就變得非常好用。

如今人人都知道班農的豐功偉業，但我 2013 年坐在旅店房間的時候還對他一無所知，對我而言他還只是「美國來的史蒂夫」。**我們很快發現彼此志趣相投。雖然我們最後都投身政治，但其實喜歡的都是文化**，他在電影界闖蕩，我愛思考時尚。我解構時尚潮流的方法深深迷住了他，我們兩人都認為許多社會規範來自於美學，而且都看到科技與網路領域正在冒出哪些新芽。他聊起遊戲玩家社群、網路迷因、大規模多人線上角色扮演遊戲（MMORPGs，讓一大堆人同時一起玩的遊戲，例如《魔獸世界》〔World of Warcraft〕），甚至還在對話中用了「Pwn」這個玩家才會用的詞，意思是對戰中成功控場或者對手慘敗。我們聊了所有讓我們顯得格格不入的特質，而且我出乎意料地自在，聊天時的他不是什麼政治駭客，只是個終於能暢所欲言的書呆子。

你必須先「量化」文化，才能大規模「改造」文化

然後班農說他想改變文化。我請他先定義一下他所說的「文化」，他良久不語。我說，如果某個東西沒有定義，就無法測量，如果它無法測量，你就不會知道它到底有沒有在改變。

但我不切入理論，而是以刻板印象為例，簡述我們可以怎麼測量文化。世人常說義大利人比較熱情、比較外向，當然不是所有義大利人都這樣（好啦，我跟一個義大利人交往過，這種說法的確有幾分真實），但在義大利能看到的熱情奔放人士，的確比在德國或新加坡多。如果是這樣我們就可以說，義大利人在熱情程度或外向程度上的常模（norm，常態分佈曲線的頂峰）可能會比其他國家的人更靠右邊。

我們會用相同的詞彙跟說法，描述**個人**和**族群**。前者只是刻板印象，因為每個人都不一樣，沒有人完全符合特定的模樣；但後者就可能為真，整體說來義大利文化的確有可能比其他文化更外向。

如果我們能用個人資料來測量或推論出某個人具有哪些特質，然後用這些特質來描述文化，就可以幫每一種特質畫出一張分布圖，大致描述該特質的分布情形。這樣就可以從社群媒體、點擊流、或供應商提供的資料中找出一群特定的影響目標。舉例來說，假設你想讓義大利文化變得沒那麼外向，你可以先從人們消費或使用網路的行為模式中找出最外向的一群義大利人，用資料查出這些人各自是誰，把他們根據外向程度依次排列，然後一個個影響他們，觀察他們的外向程度以及義大利文化整體的外向程度是否隨著時間降低。換句話說，我們可以把文化變遷當成是

#史蒂夫・班農 #屌絲起義 #母豬教徒 #認知偏誤

一個文化的特質分布曲線往右移或往左移。而資料則讓我們可以把文化拆解成個人，從下而上影響他們。

　　班農很健談，但我一說起他有興趣的話題，他就會靜下來，甚至必恭必敬地聽，然後問我要如何實行。舉例來說，如果你要避免某個疾病在社會中擴散，你應該要讓最容易感染的嬰兒跟老人先打疫苗，然後讓經常接觸大量人群，醫生、教師、公車司機打疫苗，避免他們自己撐過疾病卻傳染給別人。改變文化也是一樣，如果你要阻止極端主義，你要先找出哪些人最容易被極端主義的敘事影響，分析他們是因為哪些特徵而容易被影響，然後根據那些特徵設計出反敘事當成疫苗，讓他們在接觸到極端主義之前先相信你的版本。沒錯，理論上這種作法也可以用來培育極端主義，但我當時完全沒注意到。

找出人類的「認知偏誤」，就能大規模操縱心理

　　駭客攻擊的時候會先找出系統中的弱點，然後利用那些弱點。而在心理戰中，弱點就存在人類的思考方式中。如果你想駭進某人的腦袋，就得先找出他有哪些**認知偏誤**（cognitive bias）。舉例來說，如果你隨機找一個人問她「你快樂嗎？」通常對方都會說「是」。但如果你先問她「最近幾年你體重增加了嗎？」、「你的高中同學裡面有人比你更成功嗎？」，然後再問她「你快樂嗎？」那個人就沒那麼容易說「是」了。這個人的人生經歷明明完全沒變，對自己人生的**認知**卻改變了。為什麼呢？因為她心中浮現的某些事情變得比其他事情更重要。

在這個例子裡，我們的提問已經影響了對方衡量資訊的方式，接著改變了對方的判斷。也就是說，我們讓她對人生的看法產生了偏誤。也許你會問，所以她究竟快不快樂呢？答案取決於她在回答前先想起了什麼資訊。這就是心理學所謂的**促發效應**（priming effect），也是心理戰的核心：我們先找出目標重視哪些資訊，然後提醒她注意這些資訊，藉此影響她的感受、信念、與行為。

沒有人能完全理性，除非你爸媽是偽裝成人類躲在地球的瓦肯人。我們每天都受到心理偏誤影響，在主觀認知下錯誤地詮釋資訊，這是完全正常的現象，大部分在日常生活中的偏誤都不會傷到我們。只不過，心理偏誤並非方向隨機的思考錯誤，而是會形成某種模式，系統性地影響我們整套思維方式，讓我們偏離理性。目前心理學已經發現成千上萬種心理偏誤，其中有些偏誤極為常見而直觀，很多人甚至從來沒想過這些思維根本就不理性。

例如有個偏誤是這樣的，心理學家阿摩司·特沃斯基（Amos Tversky）與丹尼爾·康納曼（Daniel Kahneman）問受試者說，「如果你從一篇英文文章中隨機抽一個單字，你覺得比較容易抽到 K 開頭的字，還是 K 在第三個字母的字？」大部分的人都說是 K 開頭的字，例如 kitchen（廚房）、kite（風箏）、kilometer（公里）等等。但其實在常見的英文文章中，ask（問）、like（喜歡）、joke（玩笑）、take（拿）這些 K 在第三個字母的字反而比較多，數量是 K 開頭的字的兩倍。兩位心理學家拿了 K、L、N、R、V 五個字母做實驗，發現無論哪個字母，大部分受試者都說比較容易抽到以該字母開頭的單字。這是因為我們是用第一個字母而非第三個字母，來分類或排序單字的，我們比較容易用這種方式想

#史蒂夫·班農 #屌絲起義 #母豬教徒 #認知偏誤

起單字，於是就誤以為這樣的單字比較常見，結果大錯特錯。這種偏誤叫做「可得性捷思」（availability heuristic），會讓那些經常看到謀殺新聞的人，誤以為社會中的這類犯罪愈來愈多，殊不知過去其實過去 25 來全球各地的謀殺率都在下降。

政治、時尚、資訊戰的經歷讓我一直思考這些東西。**如果你把政治極端主義當成文化活動來看，它就跟流行時尚很像，兩者都是文化資訊在網路節點中擴散後產生的，無論聖戰主義的興起還是卡駱馳鞋（Crocs）爆紅，都是資訊流動的結果。**我在 SCL 研究如何用文化資訊來對抗極端主義時，借鏡了之前許多我用來預測時尚潮流的概念、方法和工具，諸如採用週期（adoption cycle）、擴散率、網絡同質性（network homophily）等等，我用這些東西來預測人們會如何認同文化資訊，又怎樣傳播出去，無論你認同的是某個集體自殺邪教還是某件新衣服。

這些東西班農一聽就懂，還說他也認為政治和時尚其實都是同一種現象的產物。他看待情報蒐集的方式同時具備深度和廣度，顯然與許多我見過的政界人士不同，他的權力大概也是這麼來的。我後來才知道，他之所以會去讀多元交織女性主義（intersectional feminism）和身分流動（fluidity of identity）的論述，並不是因為他願意接受這些人的主張，而是想要利用這些機制，了解人類究竟依附於哪些東西，然後用這些東西來操縱人類。但當時我並不知道他想打一場文化戰爭，也不知道他來找我們這種資訊戰專家，是為了建一座兵工廠。

班農顯然跟我有共鳴，我們聊得非常自然，簡直就像調情（但當然不是，如果是就噁心了）。跟程度相當的人聊天很棒，我離開房間的時候非常興奮，而且覺得終於有人願意聽我說話了。班農

給我的第一印象相當通情達理，甚至可以說是個好人。他不僅喜歡接觸新觀點，探索它們的潛力；而且還是個文化行家兼科技阿宅，這簡直棒透了。我看出他有一點自由意志主義的傾向，但當天我們幾乎沒談什麼政治。

然後我突然想到自己的錢包一直忘在車上。我打給尼克斯說談得很順利，不過我回不來了，麻煩幫我訂一張票。但他卻說「克里斯，我很忙。你自己想辦法」。

美國大富豪羅伯特・默瑟加入，
意圖創造史上第一個人工社會

班農不僅想了解 SCL 計畫的相關知識，自己更提出了一個大計畫。他告訴尼克斯，他也許可以說服一位右派大財主投資 SCL，這位財主就是默瑟。默瑟在有錢人中是個異數，他在 1970 年代初拿到計算機科學博士學位，然後在 IBM 當了二十多年的社畜，1993 年進入一家叫做文藝復興科技公司（Renaissance Technologies）的對沖基金，用資料科學和演算法來投資，藉此賺了一大筆錢。他不是那種熱衷於買賣的精明商人，而是極為內向的工程師，用盡所有的技術能力來鑽研賺錢的理論與技藝。

默瑟多年以來已經向保守派的競選活動捐了數百萬美元，並創辦默瑟家庭基金會（Mercer Family Foundation），由當時 39 歲的女兒麗貝卡（Rebekah）管理，基金會最初只資助研究與慈善事業，後來也開始捐助與政治相關的非政府組織。默瑟的財富與影響力，讓他和柯氏兄弟（Koch brothers）與蕭登・艾德森（Sheldon Adelson）一起擠身共和黨金主之林。默瑟可能願意投資 SCL 的消息讓尼克斯垂涎三尺，默瑟是顛覆金融界的名人，文藝復興科技公司不僅是表現最好的對沖基金之一，更避開了傳統金融界的方法，而是用物理學家、數學家、科學家打造出來的演算法獲利的。但默瑟似乎希望 SCL 做出一個比他自己的公司更顛覆的獲利模式，他希望我們分析國家中每一個人的檔案，得出個性與行為模式，輸入電腦的模擬器中（in silico）來模擬那個社會，藉此造出史上第一個人工社會的原型。如果一個模擬經濟或社會的模擬器裡面，每個人的**分身**都會做出跟現實世界中**本尊**一樣的行為，那個模擬器就是人類所能想像到最強大的市場情報工具。然後如果這個模擬器可以模擬文化行為的話，「文化金融」（cultural finance）這種東西也就不遠了。我們認為，只要找到正確的方法，就可以模擬社會將走向哪幾種不同的未來。**小孩子才做空公司呢，強者要做空整個國家。**

　　默瑟想要的東西遠超過了經濟，但我們當時只想證明 SCL 的能耐。一番討論過後，班農決定我們應該在維吉尼亞州驗證我們的概念可行（proof of concept）。這個州就像整個美國的縮影，有點北，有點南，有山區、有海岸、有軍事鎮、有富裕的華盛頓特區郊區也有遍佈農場的鄉間、有黑人與白人的交界線、也有富人與窮人的交界線。我們可以在這裡第一次實驗如何用資料來影響美國人民。我們像之前我在加拿大自由黨與英國自民黨作的那樣，從定性研究開始，與當地民眾進行非結構性的開放訪談。SCL 團隊裡沒有美國人，我們對維吉尼亞一無所知，它就像是迦納共和國一樣陌生。所以我們先踏進這個州，跟當地人聊天，了解他們如何看待世界，重視哪些東西，讓他們在自己的主場用自

己的方式自我介紹。在稍微了解維吉尼亞人關心什麼、怎麼看待事情之後，我們才能設計一些問題去作定量研究。政治跟文化密不可分，你撇開其中一個就很難成功了解另一個。

所以 2013 年 10 月，我跟蓋特森、克里柯一行人在該州即將舉行大選之時，飛往美國維吉尼亞。我們在焦點訪談中聽到一件事：共和黨的州長候選人，前州檢察長肯・庫奇內利（Ken Cuccinelli）引發了爭議。他是一位超級右派的候選人，反對環保、公開鼓吹削減同性戀權利，而維吉尼亞州有一大批基督教福音派選民，正是庫奇內利不可或缺的票源。但我們在研究中發現，他爭取這些選票時太用力了，結果適得其反。

其中一件事就是他向聯邦法院請願，要求撤銷維吉尼亞州《反自然罪》（Crimes Against Nature）法律的裁決。該州在 1950 年通過該法禁止口交與肛交，到了 2013 年被美國聯邦第四上訴巡迴法院正式推翻，理由是 2003 年最高法院已將成年人之間的合意性交合法化。庫奇內利請願的理由，是要有這條法律才能遏止戀童癖，但他的說法只讓我想起我們在非洲某些地區遇過的怪異政客，整天想著對抗同性戀消滅他們的床笫原罪。唉，看來極端分子跟瘋子滿地都是，傳統美國中產階級也不例外。

共和黨可以接受瘋到掉渣的候選人，只要他「一直那麼瘋」就好

我們焦點訪談的對象都一直說庫奇內利的這項作法有夠詭異，尤其那些充滿精力的美國異男抗議得特別大聲。他們認為同

性戀當然要禁止，**但禁止所有非生殖性的性行為太誇張了吧？**庫奇內利是有這麼反對吹簫嗎？你不覺得這很奇怪嗎？這些大男生一次次地說每次想到庫奇內利和禁止吹喇叭就有多不爽，好吧，我不太意外。總之我們不斷聽到人們抱怨這個，於是決定做個實驗。

五大性格模型告訴我們，保守派的開放性比較低，責任感比較高。一般來說，共和黨支持者不喜歡嘗試新東西，不太探索新體驗（有一些人是沒出櫃的同志，他們例外），他們喜歡結構，喜歡井然有序，討厭出乎意料的事情。至於民主黨支持者則比較開放，但比較沒那麼負責。這就是政治辯論經常把行為與個人責任拿來當討論主軸的原因之一。

我們的定性研究顯示，庫奇內利對吹簫的執著讓維吉尼亞州的共和黨支持者相當不以為然；心理量表則告訴我們，共和黨支持者討厭**不確定性**。那麼我們能不能把這兩個觀察結果結合起來，找出一種方法讓人們對庫奇內利改觀呢？

這時候蓋特森終於大顯身手。他覺得那些人生勝利組的男性選民對庫奇內利產生的複雜情緒相當有趣，但他也知道很難光用分析資訊的方法找出蛛絲馬跡，因此他把重點放在「詭異」這個因素上。那些選民是因為覺得庫奇內利超乎常理才討厭他，那麼如果庫奇內利自己承認自己很詭異呢？我們決定幫他寫一句口號來做實驗：「你可能不同意我，但你至少知道我的立場」。這樣即使選民認為他的立場很不合理，至少也會認為那是一種可預期的不合理。

我們用了焦點訪談小組、線上受試者、線上廣告來測試這句口號，發現這句話明明啥也沒說，效果卻比之前試過的所有方法

都好。這太重要了，**這表示只要根據潛在選民的心理特質來設計候選人的說話方式，就可以改變選民的偏好**。而且既然很多共和黨支持者都有一堆同樣的特質，其他共和黨候選人很可能也能用這種「我就是這個樣子，你知道我會怎麼做事」的說話套路來爭取選票。而且這招對還不確定要投給庫奇內利，責任感特別強的潛在選民更是有用，他們一旦聽到這句話，就會把庫奇內利當成「我們能掌控的壞蛋」，把他的詭異當成一種「可以預測的詭異」。

事實證明，共和黨支持者可以接受一個瘋到掉渣的候選人，只要他**一直那麼瘋**就好。這個發現幾乎影響了劍橋分析公司之後的所有計畫。不過當然啦，如果候選人說他要站在第五大道上拿槍殺人，還是會掉支持度的。

政府販賣的個資，詐欺犯或外國間諜也能買

我們在實驗中蒐集了大量維吉尼亞選民的個人資料。這些資料很容易拿到，只要跟資訊中盤商買就好，Experian、Acxiom 都有在賣，也有一些公司專門蒐集福音派教會、媒體公司之類的資訊，甚至某些州政府也會賣給你狩獵、捕魚、持有槍枝者的名單。州政府有沒有想過這些公民資料會跑到誰手上？沒有，他們不在乎，也沒問過，即使我們是詐欺犯或外國間諜他們也不會知道。

很多人都知道 Experian 是一家報告消費者信用狀況的公司，他們從各地蒐集資訊，根據航空公司的會員資料、媒體公司、慈善組織、甚至遊樂園的資料來分析你的財務狀況，然後幫你的信

#史蒂夫・班農 #屌絲起義 #母豬教徒 #認知偏誤

用評分。此外他們也會從政府蒐集行照駕照、漁獵許可證、槍枝許可證等個人資訊。他們一開始只是用這些瑣碎的資料來評估你的信用狀況，但後來發現如果用這些細節來作市場行銷可以賺更多錢。

　　從 1990 年代開始，政黨的軍師就會購買個人資料。如果你知道某個人開的是哪一款轎車或卡車、會不會狩獵、捐錢給哪些單位、訂哪些雜誌，你就會對這個人有初步印象，對吧？你可以用這個方法，蒐集共和黨或民主黨支持者的資料，讓電腦幫你產生每個支持者的印象，整理成資料庫，這樣就知道想改變選情你該去影響哪些選民了。

　　另外我們也拿到了維吉尼亞州的人口普查資料。發展中國家比較不重視隱私，但美國不一樣，政府不會提供每一個公民的原始資料；但你還是可以拿到整個縣或整個社區的犯罪、肥胖、糖尿病、氣喘的資料。每個普查區域通常有 600 ～ 3,000 人，所以只要用好幾項統計資料交叉比對，就可以用模型分析出每一個人的相關屬性。例如你想知道某區每個人患糖尿病的機率，你可以把該區的年齡、住址、收入資料，跟購買多少健康食品、喜歡去哪些餐廳、健身房的會員卡、是否使用減肥產品等統計資料（這些大部分都記載在美國的消費者資料上）疊在一起分析，得出一個大概的數字。這樣即使人口普查和消費者資料都沒有直接提供數字，你還是可以推估該區每一個人患病的機率。

　　蓋特森跟我花了很多時間隨機亂疊各種屬性。有人既擁槍又加入美國公民自由聯盟（American Civil Liberties Union）嗎？有人既買了交響樂團的長期入場券又是美國全國步槍協會（National Rifle Association）的終身會員嗎？真的有同志支持共和黨嗎？有一天我

們甚至想知道有沒有人既捐錢給反同志的教會，又會去有機食品店購物，於是比對之前測試時蒐集的消費者資料，發現還真的有一些這種人。

這樣的人實在太奇葩了，讓我忍不住想要馬上跟他們聊天，一方面是因為好奇，一方面也是因為想知道我們的資料有沒有錯。我們列出名單，拜託公司的客服中心一個個打電話問他們願不願意跟研究人員聊天。大部分的人都拒絕，但最後還是有一個女性答應。這位女性幾乎在每份統計資料中都有出現，她會去全食超市（Whole Foods）購物、會作瑜珈，但也會去反同志的教堂做禮拜、會捐錢給右派的慈善組織。這真的太神奇了，如果我們的資料真的完全正確，她就是全美國最勁爆的人之一。

信仰基督、佛教、印度教的詭異恐同女

我跟著這位女性的資料，來到費爾法克斯縣（Fairfax）郊區的一棟錯層式房屋。快到的時候我遲疑了一會，「會不會有點不禮貌啊？」不過反正來都來了，我還是走上去按了門鈴，結果頭頂上響起了一陣風鈴聲。不久之後，一位頭髮超蓬、能量四射的金髮女郎來開門，幾乎撲了上來，「嘿！進來吧！」她領著我走進客廳，然後我確定她穿了一件正牌的露露檸檬（Lululemon）瑜珈褲。整個客廳裡盈滿了薰香，而且**同時**擺著佛陀和印度教象頭神甘尼許（Ganesh）的塑像，牆上則掛了一個十字架，這實在太炫了。

她問我要不要喝她自製的紅茶菌（kombucha），我說好。於是她走進廚房打開一大罐**神祕的物體**，倒出一杯超級濃稠有點膠

化的東西給我。

「純天然的益生菌喔」，她說。

我盯著那杯載浮載沉的東西，「呃……看得出來。」

我們開始聊天時，她說了一些「校準她的正能量」之類的新時代運動（New Age）術語，這些概念顯然源自她書架上的迪帕克・喬布拉（Deepak Chopra）。但談到道德問題，她就突然跳成充滿威脅恐嚇的基督教福音派觀點，甚至說她確定同性戀會**直直地**墜入地獄（喔，我沒有在玩雙關語喔），而且就連她表達這些想法的方式都非常拼接：她說同性戀是我們體內一塊充滿罪惡的負能量。我們好像在作某種亂掰出來的心理治療一樣，我一邊抄筆記，她一邊對我傳了兩小時的福音。離開時，我腦中塞滿各種想法。我覺得自己作了一件重要的事情，因為既有的民調分類顯然無法處理這樣的人，這表示我們需要更仔細地找出隱藏在人口統計資料背後的微妙差異。我曾在酒會上見過一次靈長類學家珍・古德（Jane Goodal），她說的某句話我終身難忘。我問她為什麼要在野外，而不是在可以控制環境的實驗室裡研究靈長類動物，她說答案很簡單：因為沒有動物會住在實驗室裡。人類也是一樣。如果想**真正**了解人類，我們就得時時提醒自己：沒有人住在資料庫裡。

我們很容易被自己有興趣的東西困住。SCL 是一家只做大計畫的英國軍事承包商，團隊愈來愈大，大部分都是同性戀，而且大部分都是自由主義的資料科學家與社會科學研究者。所以我們為什麼要跟對沖基金經理、計算機科學家、小眾右派網站的老闆這些三教九流的人合作呢？**因為這會是我們的必殺技。**如果我們的力量大到能夠研究像文化這麼抽象而流動的東西，就可以開創一個社會研究的新領域。如果我們可以在電腦中模擬社會，就可

以開始量化每件事情，可以用模擬器來實驗如何解決貧窮和種族暴力這類嚴重問題。但就像這位女性沒有發現她客廳的神像互不相容一樣，我也沒有發現我的計畫裡有些東西彼此牴觸。

#史蒂夫・班農 #屌絲起義 #母豬教徒 #認知偏誤

Chapter 5
CAMBRIDGE ANALYTICA

第五章

劍橋分析悄悄成立

在 2013 年秋季的家庭訪問和焦點訪談中，我們發現真的可以把維吉尼亞州看成美國的縮影。我們從費爾法克斯縣出發一路往南，穿越整個州來到諾福克和維吉尼亞海灘（Virginia Beach），拜訪當地的酒吧與夫妻經營的餐廳，那裡的美食和氛圍我們都很喜歡。而且說真的，人們的飲食與談吐會透露很多事情。我們發現該州的人之所以對甜食與某些食物帶有病態的執著，背後其實有重要的文化原因。如果說美國傳統上畫分南北的線，是過去區分蓄奴州與自由州的梅森－迪克遜線（Mason-Dixon Line），那麼如今另一條畫分南北的線就是穿過當代維吉尼亞州的某條「甜茶線」。那條線以北的餐廳紅茶不加糖，以南的則加糖，當地人說，穿過了線才是「真正的南方」，梅森－迪克遜線在這裡根本不算數，你至少得穿過里奇蒙（Richmond）才行。

在那裡，我最喜歡的就是在當地人同意下待在他們旁邊，看他們聽他們的日常生活。我坐在沙發上偷聽這些人聊他們那天過得如何、從廣播裡聽到什麼、辦公室有什麼恩怨。我發現人們在看《福斯新聞》（Fox News）的時候充滿憤怒（這是最有趣的事情之一，因為我的祖國沒有《福斯新聞》），更怪的是，這些人竟然會坐在電視前準時等待螢幕裡的「菁英」羞辱他們。《福斯新聞》會讓他們失控暴怒，有時候幾乎像是某種心理治療，就像讓衰爆一整周的人進去洩憤室（rage room）把所有東西砸得稀巴爛。如果把他們的反應跟我朋友們偶爾轉到《福斯新聞》時的反應相比就會更有趣，例如我記得卡麥克看到福斯記者在新聞中脹紅著臉大吼大叫的樣子就說，那根本就像是「挨了耳光的笨蛋」。

我們採訪的一對夫妻說，他們欠了幾千美元的保險自付額，如果某個月得修汽車，那個月就得盡量不看醫生。他們之所以接

受我們採訪，就是因為可以靠我們付給他們的 100 美元去應付一部分下個月的開銷。但他們付不出保險費是誰的錯呢？他們既不覺得是雇主的健保方案太糟，也不覺得是薪資太低，而說是歐巴馬健保（Obamacare）害的。他們真的相信歐巴馬健保是一個巨大的進步派社會工程陰謀，目的是讓更多非法移民能進入美國工作，藉此爭取更多拉美裔的選民支持，讓民主黨繼續執政。而且他們相信這會讓保險費和醫藥費都變得更貴。

　　這些人在看了一小時的「《福斯新聞》洩憤室」之後心情會變好，可以抱怨自己生不逢時，可以說工作與家庭中的所有問題都是別人的錯。《福斯新聞》讓他們繞過生命中的各種掙扎，讓他們不必面對殘酷的現實，不必去對抗那些薪資低到讓他們無法正常生活的爛老闆。他們無法承認天天見面的那些人都在利用自己，那太痛苦了，乾脆就說一切都是他們根本不了解的歐巴馬健保和「非法移民」害的吧。

為什麼民主黨愈攻擊，川普的選票愈穩固？

　　那是我看《福斯新聞》看最久的一次，看完之後我不斷在想這家電視台到底是怎麼把觀眾的身分認同轉化為武器的。《福斯新聞》用超誇張的敘事方式煽動憤怒，讓人在憤怒之下不去查資料，無法思考評估眼前的資訊，陷入所謂的「情意捷思」（affect heuristic）：被情緒影響使用了心理捷徑，因而產生偏誤。我們之所以會在盛怒之下說出之後悔不當初的話，就是因為這種偏誤。盛怒會改變我們的思考方式。

然後當觀眾在情緒中放下戒心，《福斯新聞》就開始宣傳一種「平凡美國百姓」的迷思。這個電視台不斷使用「我們」這個詞，而且讓主持人直接跟觀眾對話，一次次提醒觀眾「我們」都是「平凡的美國百姓」，**真正**「平凡的美國百姓」都是像「我們」這樣思考的。於是觀眾就陷入了「身分認同的動機推理」（identity-motivated reasoning），他們不再去看資訊本身，只根據一項資訊會鞏固他的群體認同還是威脅他的群體認同，來決定要拒絕還是接受。這種動機推理可以讓民主黨支持者與共和黨支持者看同一則新聞之後，得出相反的結論。不過《福斯新聞》更上一層樓，它先在觀眾心中**植入一種身分認同**，然後開始把觀念的辯論說成**是在攻擊這種身分**，藉此引發觀眾的抗拒反應（reactance），讓觀眾一聽到反面的資訊就覺得是在威脅他們個人的自由，結果就更堅信原本的立場。民主黨支持者愈去批評《福斯新聞》的言論，就愈中福斯的計，愈讓觀眾覺得真的有人反對他們，因而變得愈生氣。這套機制讓福斯的觀眾無法接受任何人批評川普的種族主義言論，他們認為所有這類批評都不是真的在批評川普，其實是在批評**他們**。日積月累之後，辯論愈多，這些觀眾就變得愈頑固。

　　這次研究讓我開始用新的觀點去看經濟或社會弱勢的白人。他們受到威脅的感覺顯然加強了種族主義與排外情緒，然後《福斯新聞》這類媒體不斷放送的「警訊」又讓問題火上加油。我發現美國有線電視新聞頻道的熱門政治辯論，分類選民的方式都相當粗糙，只會不斷重複「白人」、「拉丁裔」、「女性」、「住在郊區」這類名詞，把每個名詞當成一個團體，忘記了這些都只是民調專家、分析師、顧問所使用的標籤，無法反映許多人真正的身分認同，結果就讓許多人覺得自己被拋棄。假設你是個必須

睡在車上的白人卡車司機，你聽到電視裡的人不斷堅稱白人擁有超多特權的時候，不會生氣嗎？如果你從小到大都得跟別人分開用廁所，你能夠忍受跨性別人士自由選擇要進男廁還是女廁嗎？如果中下階級的你過去不斷被州政府削減社會福利，有一天聽到政府要把黑人納入社會福利，你會跳起來吼「那**我的**福利在哪裡」也不奇怪吧？我並不是說這些說法是對的，但如果想要理解它們，就得對各種觀點抱持開放的態度，即使有些乍看之下不堪入目。

想要模擬出人工社會，必須搞到更多錢來造資料庫

我們在開始研究美國文化的時候，把重點放在可能會讓美國社會陷入紛爭的兩種機制。第一種是**社會認同受到威脅**是否會助長某些紛爭；第二種則是雖然相關但不太一樣的問題：零和賽局（zero-sum game）。人們經常誤以為世界是一個零和賽局，贏家多得一分，輸家就少得一分，用這種邏輯去看待族群問題，就會誤以為只要社會愈關注「別人的」族群，「我們的」族群就愈會遭到忽視。這兩種機制都會讓人們誤以為自己「陷入威脅」，前者威脅你認同的身分，後者威脅你擁有的資源。如果這種假說是對的，那麼只要能夠降低威脅感，就有可能減少紛爭。於是我們開始做一項實驗，先請受試者想像自己是刀槍不入的英雄，衝進千軍萬馬之中也能毫髮無傷，然後問他們對同志、移民、異族這些經常有人說會造成威脅的族群有什麼看法，發現他們在「威脅性」的評分明顯降低了。如果你是無敵的，你就不怕任何人來傷

害你，就連同性戀也傷害不到你。我跟研究團隊看到實驗結果都非常開心，這表示真的可能設計出一些方法緩解族群之間的緊張關係。每多做一次實驗，我們就更瞭解可以用哪些心理機制來改變人們的行為。

我們在維吉尼亞州的研究，成功地證明了人格特質與投票結果有關，這表示不僅可以預測選民的某些行為，還可以根據選民的心理特徵量身訂做選舉語言，改變選民的態度。當然我們也知道，雖然我們使用的資料集足以應付這個小小的前導試驗，但依然極為粗糙，無法顯示每個人的個性與身分，如果要用電腦模擬整個社會，就必須搞到更多資料，讓資料集更完備。不過這種未來的事之後再解決就好。

這類研究報告通常要兩個月才能寫完，但尼克斯要我們一周交稿。他一秒都不想等，因為他知道這報告將對 SCL 多麼重要。SCL 這種小公司的年度預算約在 700 萬到 1,000 萬美元之間，而班農說默瑟可能願意投資 2,000 萬美元。如果拿到這筆投資，SCL 就要飛天了。

熬了整個周末的夜之後，我們在周一把報告交給班農。他看完報告就知道我們可以完成計畫，全身蓄勢待發立刻打給 SCL 高層，像昏了頭一樣不斷念著「各位，這實在棒透了」。

好啦，接下來只剩說服羅伯特・默瑟。

結識超級有錢的麗貝卡・默瑟

過了幾周，2013 年 11 月底，某天晚上我在家收到尼克斯的

電話。「準備一下，」他說，「明天飛去紐約」。他打算跟我和尤西卡斯一起向羅伯特與女兒麗貝卡報告我們的結果。

尼克斯搭了一早的飛機，但因為某些理由幫我和尤西卡斯訂了晚一點的航班。下午四點左右，我們抵達甘迺迪機場，準備五點的會面。我們排隊進海關的時候，尼克斯打了過來。「他媽的，你們是要拖多久？」

「我們才剛下飛機，」我說。

「對，所以你們遲到了」，他厲聲說，「趕快給我過來這裡。」

我生氣大吼，「所以我是不用檢查護照嗎？」我和他在電話裡吵，吵到整個隊伍的人都轉過頭來看，某位海關官員最後甚至直接命令我把電話掛掉。但掛掉沒多久，尼克斯又不斷打過來，從車上一路打到旅館，就連我換衣服準備會面的時候電話都響個不停。他一直都這樣，事前不計畫好，出了問題就叫我去解決。我一氣之下把手機關成靜音，慢條斯理地準備，故意惹他生氣。然後我跟尤西卡斯搭計程車去麗貝卡位於上西區的公寓，她和法國銀行家丈夫希爾萬‧米洛奇科夫（Sylvain Mirochnikoff）在河濱大道的川普大廈（Heritage at Trump Place）買了六間房，打通成一個有11間臥室的超大豪宅，占滿那棟樓從23樓到25樓的大部分空間，窗戶看出去就是哈德遜河，以及紐約燈光點點的壯麗美景。

但麗貝卡在裡面塞了一堆附庸風雅的瓷像、繡花枕、節慶裝飾之類的雜物，把整間房子搞得很俗氣。客廳的華麗大鋼琴上面甚至放了很多亂七八糟的小玩意和裱了框的全家福。

麗貝卡很有趣，她在史丹佛讀完生物和數學之後，又去拿了作業研究和工程經濟學兩個碩士，然後在父親的文藝復興科技公

司作投資，直到開始在家帶小孩。2006 年，她和姊妹們買下了一家曼哈頓的麵包店，從此生活的重心就是小孩和巧克力片餅乾。她全身能量爆表，是右派的典型模範生，而且因為有一堆錢可以捐，所以在共和黨裡很有影響力。此外，大部分的共和黨人只會憤世嫉俗，但她是布洛克口中的「忠實信徒」，全心相信保守主義是世間正道。

我走進客廳時，麗貝卡和尼克斯正在雙人沙發上有說有笑，看來尼克斯的迷人功顯然有用。其他地方則擠滿了人，有鮑伯[9]、班農、兩個支持脫歐右派政黨英國獨立黨的老男人、還有一群西裝筆挺我以為是律師或顧問的人；此外還有許多默瑟家的人，包括鮑伯的妻子黛安娜、女兒珍妮佛、還有幾個孫子孫女。根本就是家庭聚會。

默瑟的女兒們聒噪俗氣，他則完全相反。他很少盯著任何人，幾乎只聽話不說話，而且明明是在他女兒家吃晚餐，他依然穿著一身樸素的灰西裝。他威嚴逼人，極為嚴肅，大部分的對談都讓女兒或手下處理，即使偶爾打開金口，語氣也相當平淡，只問那些最技術性的細節，並要我提出精確的數字。

輪到尼克斯的時候，他站了起來演講，從 SCL 的淵源講到與軍方的關係，然後又說什麼公司通常不會像現在這樣呵護客戶（才怪！），是因為默瑟抓住他不放才勉為其難特別服務等等，聽得我一直白眼連連。接下來他開始介紹我，簡介我們的計畫，內容卻錯得離譜，顯然是沒有細讀那份厚報告，只要碰到研究結果就自己腦補。我知道默瑟一眼就能看穿這些鬼話，所以把話搶

9　編注：鮑伯（Bob）是羅伯特‧默瑟的暱稱。

過來說，講我們在維吉尼亞州做的研究，害得尼克斯在麗貝卡旁邊坐下，死瞪著我。為了吸引默瑟家的其他人，我在描述中加入一些有趣的軼事，在我提到紅茶菌小姐，說她是一位熱愛瑜珈與有機食品的基督教福音派信徒時，麗貝卡脫口接道：「**我就是這樣！終於有人理解我們了！**」

默瑟為什麼要砸錢模擬人工社會？

我也提到 SCL 在中東、北非、加勒比海這些地方的計畫。在講千里達計畫，以及其中用電腦模擬整個社會的想法時，我看到班農在點頭，而且也特別引起了默瑟這個工程師的注意。我剛進 SCL 沒多久就發現，其實美國 DARPA 資助的資訊傳播研發計畫，就是要預測文化的演變趨勢。之所以先用演算法蒐集社群媒體的使用者資料，是為了之後要分析每個使用者的行為特徵，然後大規模模擬人們之間的溝通與互動。這讓我想起 1990 年代的社會學界一小群人在作的「人工社會」（artificial societies）實驗，也就是試圖用很原始的多代理人系統（multi-agent systems）在電腦中「培養」一個社會。我十幾歲的時候讀到的艾西莫夫（Isaac Asimov）《基地》（*Foundation*）系列也有類似的描寫，故事中的科學家從社會中蒐集大量的資料集，發展出一個叫「心理史學」的領域，不但可以預測未來，甚至可以控制未來。

在見面之前，默瑟已經從文藝復興科技公司找了一些人去研究 SCL 最初的業務範圍。尼克斯非常想要資金，加上我們這個計畫初期本來就需要對沖基金資助，所以每個人聽完之後都覺得

這筆生意大有可圖。簡單來說，如果我們可以複製每個使用者的資料，就可以搞出一個像是遊戲《模擬人生》（Sims）一樣的模擬器，把一個個真人資料貼進去，然後預測整個社會和市場的未來。這似乎正是默瑟要的。如果我們能造出這個人工社會，就能擁有史上最強大的市場情報工具之一，開啟一整個新領域：一種文化金融與趨勢預測的對沖基金。

默瑟希望從程式工程師轉變成社會工程師，重新設計一個社會，並且改良裡面的成員。他的興趣之一就是作火車模型，而我總覺得他想叫我們造一個社會模型給他不斷修改，直到完美為止。當他量化了夠多人類行為與文化互動的固有屬性，總有一天他可以搖身一變成為資訊戰產業的 Uber。Uber 光用一款應用程式就摧毀了百年歷史的計程車業，默瑟的公司也想用類似的方法摧毀人類的民主。

班農的目標則完全不同。他不是傳統的共和黨人。他認為羅姆尼（Mitt Romney）那類共和黨人一切崇尚資本主義的思維索然無味，艾茵・蘭德（Ayn Rand）[10] 則是把人化約成了商品。班農認為經濟體需要具備更高的目標，有時候他甚至自稱為馬克思主義者，但不是因為認同馬克思的意識形態，而是跟馬克思一樣認為人類需要為目標而努力。他自稱信奉印度教與佛教所說的「法」，也就是宇宙的秩序以及和諧恰當的生活方式。他覺得自己必須幫美國找出使命。金融危機中的一些跡象以及國家體制日益失去人民信任的趨勢，讓他覺得社會的業力即將引爆，是掀起革命的良機。若蒼天已死黃天當立，他這個救世主就得帶領國家走出困

10　編注：俄裔美籍小說家、思想家，重要著作為《阿特拉斯聳聳肩》。

局。

　　班農跟默瑟一樣都反對「大政府」，但他的理由是國家不應該搶走社會傳統與文化扮演的角色。其中最糟糕的就是歐盟，用僵化的官僚體制取代了傳統，讓歐洲淪為了無生氣的經濟市場。西方世界似乎迷失了方向，拋棄了自己的文化傳統，倒向空虛的消費主義與面目模糊的國家政府。他認為這樣不行，必須掀起一場文化總體戰。這位先知想要一支望遠鏡，去窺探人類可能的未來，而他口中「臉書的上帝視角」正是那個能夠鉅細靡遺地看見人民，讓他幫每個人量身訂做無上正法的工具。對他而言，我們的研究帶著一種神聖的味道。

擁有一間帕蘭泰爾公司，你就能一夜暴富

　　尼克斯、班農、默瑟都很崇拜帕蘭泰爾公司，這家資料探勘公司的創辦人是彼得・提爾，名字 Palantir 其實就是《魔戒》（Lord of the Rings）裡面可以看到世界任何一個角落的真知晶球。當時這幾個人似乎都想要投錢在 SCL 打造一個他們自己的帕蘭泰爾，例如默瑟這樣的投資人就想預測人們購買什麼和不買什麼，如果你能夠預見股市會在何時崩盤，或者有一個能預言整個社會的真知晶球，你絕對可以一夜暴富。

　　我簡介完之後，麗貝卡請大家移步到餐廳。廚房的工作人員端出了一盤盤精心裝飾的菲力牛排，麗貝卡知道我不吃肉，又請廚師特別幫我準備一道菜，不過上了才發現是烤起司三明治──好啦，至少她已經努力避開肉了。她伸手到我的盤子裡抓了一

塊，咬了一口，心滿意足地嘆了口氣，「其實我準備這個，是因為我自己也想吃啦」。

「話說啊，」她說，「你願意給我們機會真是太好了。我們需要更多**像你這樣的人**。」

「啊？怎樣的人？」我故意裝傻，要她直接說出那個詞。

「同性戀啦——話說我很喜歡你們喔！」

她真的很好玩，如果她既愛同性戀，又支持壓迫同志的教會，難道不會有心理衝突嗎；不過轉念一想，我在很多晚宴上都看過人們一邊大啖牛排一邊說自己多愛動物。

麗貝卡想吸收更多 LGBT 的人加入共和黨陣營，認為這會增強共和黨的力量，然後又說她喜歡我的夾克，問我之後要不要一起上街瞎拚。看著這麼天真的人被尼克斯玩弄於股掌之間，我差一點都要同情她了。可惜我沒有。

吃完飯，鮑伯請大家離開，只留下尼克斯、麗貝卡和那群律師。鮑伯決定要用自己的錢投資 1,500 萬到 2,000 萬美元。尼克斯聽了便說，「這樣我們可以打造一個真正的真知晶球，直接看見未來的模樣。」

2,000 萬美元入帳，「劍橋分析」悄悄成立

2,000 萬美元入了袋。尼克斯走路都像在飄。會面結束之後，他帶我和尤西卡斯去麥迪遜公園十一號餐廳（Eleven Madison Park）這家擁有拱型天花板的紐約米其林名店慶祝。他坐下來炫耀地翻了翻酒單，然後請服務生開一瓶 2,000 美元的拉斐紅酒（Château

Lafite Rothschild）。

　　「喜歡什麼就點喔，」他闊氣地揮了揮手。這真罕見。尼克斯雖然很有錢卻非常小氣，會在幾毛錢的文具開支上東扣西扣，有一次甚至因為有人買了「太多」螢光筆而拒絕整張報銷單，說「你只需要一支就夠了」。但今晚他點了幾十道菜，搞得像是亞瑟王的盛宴，顯然是覺得自己完成了豐功偉業。

　　服務生上了酒，幫我們斟好酒杯之後不久，尼克斯就在說話的時候不小心揮動手臂把整瓶酒打翻到地上，數百美元的酒灑得到處都是。服務生還沒來得及拿毛巾擦乾淨，尼克斯就喊道「再來一瓶！」。我當時一定是盯得目瞪口呆，因為他對我眨眨眼說「我手上有 2,000 萬耶，幹麼在意這點小錢？」

　　那晚他把餐廳搞成了酒池肉林，甚至不知道從哪裡叫來了幾個緊身衣的女人，把其他客人都嚇了一跳。「克里斯，你要一個嗎？」他問我，我只好大發慈悲地提醒他我對女人沒興趣，結果他卻說「那我幫你找個小鮮肉吧？」我完全不知道該如何回應，但尼克斯的嘴巴完全不想閉起來。他之後又說了他在伊頓公學的往事，以及那些上流男孩都做什麼事情來取樂。整個場面簡直僵到不行，而且沒有下限。

　　到了後來，餐廳的經理們被迫想辦法處理我們。但我們的帳單已經疊到好幾萬美元，他們不能在結帳前把我們趕出去。當時尤西卡斯和尼克斯已經瘋到救不回來，只剩我在座位上看著餐廳裡所有人的注目禮。過了不久，十幾個服務生突然一同散開，各自到每一桌對客人耳語，然後其他桌的客人就全都同一時間站起身來，移到隔壁的空間用餐，接著服務生把吃到一半的餐點和酒端過去，精精巧巧地讓客人遠離我們搞出的大災難。

之後回頭看，那個晚上就是整件事情的凶兆。後來，我確定班農的黑暗兵法宗旨就是要製造混亂與分裂，他相信必須讓社會先亂後治，美國社會才能走上正道，重新恢復平衡。他很愛讀「孟子黴菌」（Mencius Moldbug）的文章，這位極右派的名人是個電腦科學家兼空想哲學家，寫了很多長篇大論去攻擊民主，以及攻擊現代社會的各種大大小小規則。孟子黴菌對「真相」的看法影響了班農，也影響了之後的劍橋分析。班農極為同意他的一段名言：「**鬼扯比真相更能組織人民**」孟子黴菌認為，「每個人都願意相信真相；但願意信你鬼扯的人肯定已經效忠於你。鬼扯是一種政治制服，當你有了制服，就有了一隊大軍。」

就這樣，默瑟的錢變成了一間 SCL 的分支公司，班農將它命名為「劍橋分析」。我真好奇如果鮑伯和麗貝卡知道大家怎麼拿他們的錢去享樂，他們會怎麼想。倒是班農可能會很喜歡。

促成劍橋分析的布洛克，是顛覆體制的慣犯

那天紐約晚餐的幾個月後，2014 年春天某個晚上 10 點，我們開車飛馳穿過田納西的鄉村。開車的布洛克菸不離手，把車裡搞得菸霧迷漫，坐在後座的蓋特森和我只好打開車窗，讓又促又急的涼風沖洗腦袋和肺葉，在人煙罕至的公路上，飛馳過身邊的漆黑森林。當時我回到美國，在布洛克的指引下開始劍橋分析的第一個計畫。布洛克就是把 SCL 引介給班農的人，他認為這項計畫潛力無窮，雖然他沒辦法跟我們一起打造模型，但卻對美國瞭如指掌。

#心理戰公司　#文藝復興科技公司　#羅伯特・默瑟

「行李箱有一些啤酒喔，」他邊開車邊說，「自己拿吧」。好啊，我想，就這樣一路開了啤酒聊了起來。布洛克是我見過最有趣的極右派人士之一，這個中西部人帶著溫暖微笑，極為和藹，而且歷練十足，早從尼克森時代就在共和黨初露鋒芒。

「尼克森是最好的總統之一。知道為什麼嗎？」他突然說。

「不知道。為什麼？」「因為他上過很多老鼠（fucked rats）。」「原來如此——等一下，他上了老鼠？」

「民主黨啦！他成功騙過了一大坨民主黨人（fucked Democrats），」他大笑，「那時候真好啊，做啥都不會被罰。」

「喔，好吧。」

從此以後，我們都把公司叫做布洛克幹老鼠（Block RF）。

布洛克曾經因為在威斯康辛州法官競選連任期間涉嫌從事不正當交易，而被該州選委會禁止從事選舉活動，後來他繳了15,000 美元的罰金解除了禁令，但不承認自己有任何不當行為。他在負責柯氏兄弟底下的「美國要繁榮」基金會（Americans for Prosperity，根據 501(c)(4) 條款登記為「社會福利」團體）期間，打造了一個龐大的右派組織，大到監督者稱其為「布洛克的八爪」（Blocktopus）。麗貝卡這種政治信徒認為政治是實現理念和政策的工具，但對布洛克來說這些都是狗屁。在他手下，政治就是游擊戰，而他就是切·格瓦拉。

布洛克的另一個大戰功，則是用「吸菸影片」（smoking ad）讓赫爾曼·凱恩快速爆紅。他當時是凱恩 2012 年競選總統時的幕僚長，在拍競選廣告時隨便胡扯了一些話，但重點不在這裡，重點是鏡頭一拉近他的臉，就拍到一堆被香菸燒焦的灰鬍子凌亂地覆在他面無血色的嘴唇上。

他在廣告最後一邊輕輕搖頭一邊說，「我真的相信赫爾曼·凱恩可以讓美利堅合眾國（United States of America）重新團結（United）起來」，結束的時候盯著鏡頭吸了一口菸，在克麗絲塔·布蘭奇（Krista Branch）〈我就是美國！〉（I Am America!）的歌聲背景中漫不經心地吐出來。很多人看到這一幕都嚇了一跳，因為美國聯邦通信委員會（Federal Communications Commission）早在 1971 年就禁止電視與廣播出現香菸廣告。但這正是布洛克的拿手好戲，他大辣辣地跟政治正確對著幹，吸引了大量注意。

跟布洛克一起混很好玩。這個人很有趣，一邊會問你過得怎麼樣，一邊會毫不猶豫地在選戰中背刺你一刀。聊愈多，我就愈覺得他並不真正相信極右派那些邪惡的思想，他只是中二，喜歡永遠跟人唱反調而已。他的作風在共和黨裡有穩定的少數需求，也讓我因為喜歡挑戰體制而和他玩在一起。

這就是劍橋分析的起源。我們後來成功改變了歷史，讓英國脫歐、讓川普當選、讓人民失去隱私，把美國各地搞得菸霧瀰漫烏煙瘴氣。

美國人總以為自己與眾不同，並沒有好嗎

劍橋分析在 2014 年初第一次派人去美國研究，他們全都是社會學與人類學家，而且都不是美國人。這是故意的，因為美國人很容易認為自己的國家與眾不同，但我們希望把它跟其他國家一視同仁，用相同的語言與社會學方法來研究。這種研究方式很有趣，像我本身就不是美國人，我認為自己應該可以更跳脫那些

習以為常的文化假設，發現美國人自己看不到的東西。美國人聽到其他國家的新聞，就會說「部落」、「政權」、「走極端」、「宗教極端分子」、「種族衝突」、「地方迷信」、「儀式」什麼的，彷彿人類學適用於所有人，但唯獨不適用於美國一樣。他們把自己的國家當成「山巔之城」（shining city upon a hill），這個詞因為前美國總統雷根從聖經故事〈登山寶訓〉（Sermon on the Mount）中引為己用而廣為人知。

但我看到的美國不是光輝的山巔之城，而是福音派到處宣傳末日將近不信神的人有禍了；是威斯特布路浸信會（Westboro Baptist Church）用網站宣傳「上帝恨同性戀」；是比基尼女郎在槍枝展上大秀半自動步槍；是白人口口聲聲大罵「搶錢的黑人」（black thugs）和「福利女王」（welfare queens）；是一個國家被族群衝突和極端宗教困得分不開身，即將汨汨冒出武裝衝突的毒泡。美國人一直拿美國例外論騙自己，久了真的以為自己與眾不同。但很抱歉，其實它跟其他國家沒兩樣。

美國有些地方跟世界上其他地方一樣詭異。在默瑟決定投資之前不久，我跟尼克斯、尤西卡斯才剛去維吉尼亞鄉下找過一位可能的金主。當時我們坐上一台車，從華盛頓 DC 一路開過富裕的郊區，沿著一條長長的路鑽入森林的盡頭，最後來到一塊數英里內杳無人煙、只有一棟小屋的農地。開車的人啥也沒說，我們的手機也斷了訊，簡直就像恐怖電影的開頭。

農舍的主人把我們帶進一間沒有窗戶，天花板上掛著高科技螢幕的會議室。然後一群美國步槍協會的人走了進來，每個人像齒輪一樣先後掏出一把槍放在桌子上。在那之前我只在波士尼亞看過一次這種畫面，而且波士尼亞那群人還是把槍整整齊齊地放

在槍架上，但眼前的人完全把會議搞得像黑手黨電影或者阿富汗軍閥。那次我啥都沒說，畢竟一群人把槍放在桌子上的時候，你很難直接說「抱歉，這些槍看起來太兇狠了，讓我不太舒服」吧。

美國有獨特的創世神話，也有獨特的極端主義團體。我在SCL看過了數不清的ISIS和肖想成為非洲軍閥的人拍的宣傳影片。美國步槍協會盲目崇拜槍枝的方式，就跟那些聖戰組織一模一樣。如果我們真正要研究美國，就得像研究部落衝突那樣搞，我們得描繪這個國家的各種儀式、迷信、神話、族群衝突。

2014 年劍橋分析就發現，美國已經瀕臨精神崩潰

我們派去美國的研究人員中，蓋特森是最成功的人之一。他在2014年的春夏兩季走遍了美國各地，做了許多焦點訪談，跟當地人聊天，把報告寄回倫敦，然後我們用這些報告推出量化分析時需要的理論與假設。蓋特森這個英國人非常迷人而風趣，很容易打開人們的話匣子，而且很快就發現美國人相當不懂政治的運作實況。例如他們很常提到國會議員任期的問題，很多人都說中央政府的問題就是政客的任期太長，很容易被收買。蓋特森還記錄到，北卡羅萊納的一個焦點訪談小組裡面有幾個人使用了「抽乾沼澤」（Drain the swamp）[11] 這個詞，於是公司決定用多變量測試（multivariate test）來實驗看看，網路上的目標選民對這個詞有

---

11 編注：「Drain the swamp」原指沼澤環境容易滋生蚊蟲，為了控制瘧疾的傳播，有人認為應該抽乾沼澤，從根本上改善環境。川普自2015年宣布參選總統後，就常常喊出「Drain the swamp」的口號，誓言徹底整肅華盛頓的政治生態。

#心理戰公司 #文藝復興科技公司 #羅伯特・默瑟

沒有共鳴。

　　蓋特森在六周內走過了路易斯安那州、北卡羅萊納州、奧勒岡州、阿肯色州，在每個州都認識了當地人，而且這些人願意開車送他旅行，幫他準備必需品。我請他一下研究交織性問題（intersectionality），研究有哪些人在政治分類時通常會被歸為同一群，但其實政治觀點並不相同。於是他決定要找拉丁裔的共和黨支持者、拉丁裔的民主黨支持者，以及拉丁裔的中立選民一起做焦點訪談。而我們也像在維吉尼亞州那樣，讓市調公司來招集志願者。

　　實驗結果讓人大吃一驚，甚至連在美國待很久的人都嚇了一跳。根據蓋特森在旅途中傳來的報告，這個國家已經瀕臨精神崩潰。

　　例如在紐奧良的拉丁裔中立選民焦點訪談中，有一個死忠的保守派說，「我才不會說自己是共和黨人呢，我是**正港的**保守派耶！不要看到我的拉丁裔名字，就以為我比較不美國喔！」同一群人的另一端則是一個秘魯裔的女性，皈依了伊斯蘭教，戴著頭巾參加訪談。

　　討論到槍枝控管的時候，這位女性跟前面那位男性說，如果全國步槍協會是由她這種人領導的，她可能會對該問題改變看法。這位男性卻只說「沒差，反正我還是會再買一把槍」。過了不久，這位女性暫離大家，找了一個空房間去禱告。這位保守派的超級硬漢看得不知所措：「呃，我該怎麼做？我覺得她這樣不對，但我不該直接跟她說妳不該禱告。」

　　到了路易斯安那州，敏感問題就不只有宗教和槍枝了。那裡的族群非常多元，移民問題很容易引發激辯。該州雖然是很好的

研究材料，但幾場焦點訪談幾乎引起了鬥毆。

例如裡面有個叫洛伊的男性帶有強烈的卡津（Cajun，該州的法裔加拿大人後代）口音，強烈到蓋特森幾乎完全聽不懂的程度，他非常明確地表示自己極度反對該區的學校停止教學生法語。這種政策讓他的孫女無法學習卡津人的「文化與遺產」，他對此非常憤怒。

但不到 15 分鐘，這位洛伊卻開始痛罵拉丁裔的人為什麼到了美國還繼續說西班牙語。而整群人不知道為什麼都沒注意到他自相矛盾，為什麼你自己可以一直說很難聽懂的卡津語，哀嘆自己的文化傳統斷絕，拉丁裔的美國人卻不能說西班牙語？

有時候，族群與種族問題甚至變得相當醜惡。某個焦點訪談裡大家都在抱怨歐巴馬，蓋特森聽完之後就問，「所以這邊有任何人**沒對**歐巴馬失望的嗎？」房間一片鴉雀無聲，只見某位一直彬彬有禮的年輕人舉起了手。

「我沒有失望」，他說。「喔？為什麼？」

「畢竟他是第一位黑人總統啊，我本來就不抱任何期望。」

那個訪談團體裡的人都對這句話沒有反應，但其他團體就不一樣了。當然，大多數受訪者還是會盡量避免衝突，即使明顯反對別人的意見也很少直接對罵。阿肯色州的斯密司堡（Fort Smith）是個例外，那邊有個穿著講究的女士一看到歐巴馬的照片就說「等一下，我要去車裡拿槍。」另一個年輕男性立刻喝道「妳說話小心點！這是我們的總統，不要開這種玩笑。」

在蓋特森看來，這位女士大概幾輩子都沒想過會有人糾正她對這位總統的態度吧。

美國人真的很愛槍。即使是奧勒岡州波特蘭市這種自由派的

堡壘，也會有紋身的時髦人士在講到進步改革願景的時候突然停下來說，她擔心歐巴馬政府會不顧一切沒收她的槍。還有一次，蓋特森幫奧勒岡州的焦點小組辦了一場搶食物遊戲，結果他的司機竟然把重型手槍放在駕駛座上，然後就直接衝進 Subway 搶潛艇堡。蓋特森後來跟我說，「那是我第一次看到真槍。然後我在想，那台車沒鎖耶，如果旁邊有人看到槍，打開車門拿走怎麼辦？我是不是應該把它收起來啊？旁邊好像有個槍架，我插進去比較好嗎？會不會不小心讓它走火啊？我不知道該怎麼辦，只好整整兩分鐘盯著那把槍，好像車裡有顆炸彈似的。」

那些跟公司聊過的奧勒岡州人，很多都沉迷於大政府和「大環保」的問題。其中一個是奧勒岡州共和黨主席艾特·羅賓森（Art Robinson），他競選了好幾次眾議員都失敗，但默瑟家族依然繼續支持他的政治生涯。我去該州穴紐市（Cave Junction）森林深處的家中拜訪他，發現他的腦袋即使以極右派的標準來看也真的有洞。

羅賓森是一位生化學家，之前曾跟諾貝爾化學獎得主萊納斯·鮑林（Linus Pauling）共事。除了做實驗之外，他還喜歡研究管風琴和尿液，他從世界各地的教堂蒐集廢棄的十九世紀管風琴，花費大量時間拆成零件一台台重新組裝起來。

此外他還蒐集了數千人的尿液，想從裡面找到人類生病與長壽的祕密。自從妻子羅樂莉 43 歲突然死於某種當時未知的疾病之後，他就開始研究保健與衰老，在自己家裡成立了一個「奧勒岡科學與醫學研究所」（Oregon Institute of Science and Medicine），用一台巨大的光譜儀來分析尿液的成分。他家塞滿了各種動物，活的死的到處都是，貓、狗、羊、馬在屋外到處跑，屋內的牆上掛

著斑馬皮、鹿頭、水牛頭，屋樑上滿是蜘蛛，整個屋子充滿動物的腥味，以及好幾台從零件搶救回來組合完成的管風琴。

羅賓森幾乎完全瘋了，他不但堅稱氣候暖化是謊言，還說低劑量的游離輻射可能有益人體，然後飛機的化學凝結尾是特定組織對人類放毒的陰謀。你可以想像一下我當時聽到這些話的表情。附帶一提，幾年後川普政府一度想找他當科學顧問。

默瑟資助「劍橋分析」，
是要蠶食共和黨、改造美國文化

世界上的富豪可以分為兩種，第一種永遠都嫌錢不夠，第二種賺了幾輩子花不完的錢以後就會想要開始改變世界。默瑟就是第二種。劍橋分析公司雖然名義上是一個營利事業，但我後來發現老闆根本就沒有想要賺錢，而是要用它來蠶食共和黨，改造美國文化。劍橋分析剛成立的時候，民主黨利用資料的能力遠勝於共和黨，他們多年以來一直在選民投票網絡裡維護一個資料蒐集系統，供所有民主黨競選活動使用。相比之下，共和黨則什麼都沒有。所以劍橋分析就派上用場了。

默瑟認為勝選的關鍵在於社交工程（social engineering），「將社會撥亂反正」的方式則要透過電腦模擬：如果我們可以在電腦中模擬現實社會，改變模擬器中的系統，又可以用同樣的方式改變現實世界，我們就可以把美國打造成默瑟想要的樣子。他投資劍橋分析，除了是看上科技能力與整體文化策略，這招在政治上也相當聰明。因為當時有人告訴我，劍橋分析是公司，而非政治

行動委員會（Political action committee）這種利益集團，默瑟無論投資多少錢都不算是政治獻金，所以他既可以用劍橋分析來影響選舉，又不會受制於政治宣傳資金上限的限制。而且誰都看不出他就是幕後黑手。

　　這個新公司刻意把組織結構設計得極為複雜，讓裡面的工作人員也很難知道真正的老闆到底是誰。「劍橋分析」公司設立在美國的達拉威州，名義上登記成 SCL 集團的一家美國子公司，其中默瑟投資 1,500 萬美元，獲得劍橋分析 90% 的股權，剩下的 10% 則屬於 SCL。這樣的設計是為了讓劍橋分析能夠在美國營運，同時讓 SCL 這家英國「母公司」既不需要通知英國國防部以及其他政府機構客戶知道 SCL 新設了一家子公司，也不需要讓這些機構知道默瑟的存在。接下來詭異的是，SCL 把名下的許多智慧財產權都贈送給劍橋分析，讓這家子公司掌握母公司的核心資產；然後讓劍橋分析跟 SCL 簽下一份獨家代理協議，把拿到的所有合約都轉包給 SCL，這樣一來，就由劍橋分析來負責接案，由 SCL 的員工實際執行。可是工作所需的智慧財產權都在劍橋分析手上怎麼辦？沒關係，劍橋分析又簽了另一份合約，把 SCL 原本送給它的那些智慧財產權全都授權回去給 SCL 就可以了。

　　尼克斯最初的說法是，這套結構之所以要設計得像迷宮一樣，是為了不要引起注意。默瑟那些金融界的競爭對手都緊盯著他的一舉一動，一旦它們知道默瑟收購了一家心理戰公司，很可能就會猜到他接下來將會研發精密的趨勢預測工具，或者挖走其他公司的關鍵員工。至於班農，則說他是基於個人興趣，想要跟布萊巴特一起合作一個計畫，但這當然是鬼扯，他想打造一個選

戰軍火庫。我在猜默瑟說不定一開始根本不知道劍橋分析可以造出多強大的工具，當時他只是像那些新創公司的投資人一樣，把錢扔給有創意的聰明人玩，希望他們能造出一些寶藏而已。

班農自己就是「劍橋分析」第一個犧牲品

幾乎沒人知道，其實劍橋分析第一個用假消息騙到的人就在我們之中。還記得我跟班農第一次見面的時候嗎？當時他拒絕去帕摩爾的私人俱樂部，所以我們改約在劍橋。尼克斯一直很在意這件事，他知道高級俱樂部、貴鬆鬆的葡萄酒、大支雪茄那些討好客戶的老招數都對班農無效，班農認為自己是知識分子，喜歡待在劍橋的哥德式大廳與寬敞的草皮。所以劍橋分析剛設立，尼克斯就像奇幻故事中的變形怪一樣，決定要造一個假象來玩班農。

他告訴班農，雖然 SCL 有倫敦辦事處，但我們跟劍橋大學密切合作，所以我們的總部在劍橋。當然這全都是捏造的，但對尼克斯而言，真假由他說了算。他在說了劍橋設了一間辦公室之後，就一天到晚提到它，催班農趕快來看。

「可是尼克斯，我們沒在劍橋設辦公室啊，」我被他搞得有點火大，「你在鬼扯什麼？」

「喔，我們當然有，只是現在還沒開幕而已，」他說。

在班農來英國的幾天前，尼克斯叫倫敦辦公室的員工在劍橋找一間房間，租了一些家具跟電腦來當假的辦公室。然後在班農抵達的那天對大家說，「好啦，我們今天去劍橋辦公室工作！」

就這樣，我們收拾好東西前往那個假辦公室，尼克斯甚至還找了一群臨時工和幾個穿得很露的女孩扮成假員工，演一整齣戲給班農看。

　　這整件事荒謬透頂。一路上我都跟蓋特森在訊息裡互傳波坦金村（Potemkin village）的連結。1783 年，俄國沙皇時期的大臣波坦金為了取悅出巡的凱瑟琳大帝，在路途上造了好幾個紙糊的村莊，從此世人就將那些裝門面的假建設稱為波坦金村，我們也把劍橋的那個辦公室叫做波坦金陣地，取笑尼克斯怎麼會搞這麼白癡的主意。可是我跟班農一起巡這間假辦公室的時候，我卻看見這人眼中閃爍著光芒。他完全愛上了眼前的假東西，而且完全沒發現有幾台電腦甚至沒插電，有幾個臨時雇來的女孩甚至不會說英語。

　　每次班農來英國，尼克斯就會再布置一次這個波坦金陣地。也許班農從來沒發現，或者他根本不在意。畢竟這符合他的願景，在我們要決定新公司名字的時候，班農說它應該叫做劍橋分析，「因為劍橋會是我們的基地」。結果劍橋分析誕生之後，第一個就騙到了班農自己。打從波坦金陣地開始，**劍橋分析就始終如一：你想看什麼我們就給你看什麼，東西是真是假不重要，重要的是改變了你的行為。**這招總是屢試不爽，即使是史蒂夫‧班農這種人也因為這招死在尼克斯這種人的手上。

Chapter 6
TROJAN HORSES

第六章

你的電腦有內鬼

「國防高等研究計畫署有贊助他們一些計畫，」布倫·克里柯跟我一起從倫敦搭火車到劍橋的時候說，「想新聘人的話，就去找他們吧。」克里柯是 SCL 聘的心理學家，經常一邊應付公司的工作，一邊在劍橋大學的心理學實驗室做研究。他跟我一樣相信公司要做的計畫潛力無窮，所以願意為公司推薦世界頂尖的心理學家。劍橋大學心理學系在用社群媒體使用者資料做心理剖析方面有幾項突破性成果，而且引起了政府研究機構的興趣。而它們的研究成果，後來也變成劍橋分析這個以該校為名的公司的核心主力。

人人覬覦的商機：用心理剖繪預測人類行為

劍橋分析的工作就是蒐集大量資料，然後設計出量身訂做的消息，大規模影響公眾輿論。當然，在那之前你得瞭解目標受眾的心理特質，而臉書的權限監控程序很鬆散，我們很輕易地就拿到了所需的資訊。我一開始在 SCL 上班的時候就是做這類事情，當時劍橋分析這家美國子公司還沒成立。那時克里柯帶我參觀劍橋大學的心理計量研究中心（Psychometrics Centre），我讀了他跟許多同事的論文之後，覺得他們結合機器學習與心理計量的新方法很有趣。他們研究的問題似乎跟我在 SCL 做的一樣，只是目的略有差異——或者說，當時我以為只是略有差異。

好幾本心理學頂級期刊，包括《美國國家科學院院刊》（Proceedings of the National Academy of Sciences，PNAS）、《心理科學》（Psychological Science）、《個性與社會心理學期刊》（Journal of Person-

ality and Social Psychology，*JPSP*）都有刊登用社群媒體資料來推論使用者心理傾向的論文。研究結果清楚顯示，按讚、狀態更新、群組、追蹤、點擊模式都是彼此獨立的線索，可以準確地推論出使用者的人格特質。臉書經常贊助這種研究使用者心理的研究，也會讓學術研究者去存取使用者的隱私資料。2012 年臉書還在美國申請了一項專利叫做《從使用者在社群網路上的通訊與特質，來推斷其個性的方法》（*Determining user personality characteristics from social networking system communications and characteristics*），說明書中還說，該公司之所以對心理剖繪有興趣，是因為「研究推論出的使用者個性與他們的個人資料有關，這些資料可能可以用於精準投放、廣告排序、為使用者推薦適合的產品等等。」**心理剖繪潛力無窮，國防高等研究計畫署（DARPA）想用它研發資訊戰，臉書想用它提高線上廣告的銷售率。**

我們走近唐寧街大樓時，我看到牆上貼著一塊「心理學實驗室」的小牌子。整棟建築的氣氛極為老舊，裝潢至少從 1970 年代起就沒換過。我們爬了幾層樓梯，走進狹窄走廊盡頭的辦公室，克里柯介紹我認識亞歷山大‧科根（Aleksandr Kogan）博士，他在劍橋大學當教授，研究如何用電腦模擬心理特徵。科根看起來就像大男孩，衣服跟動作都很拙，站在房間中央咧著嘴傻笑，四周堆滿他在香港讀書時留下的論文與各種裝飾小東西。

我一開始完全沒發現科根是東歐人，他的英語雖然抑揚頓挫過強，但口音跟美國人完全一樣。後來才知道他出生在蘇聯即將解體時的摩爾多瓦，小時候在莫斯科待過好幾年。1991 年蘇聯解體之後不久，他們全家移民到美國，他在柏克萊讀大學，在香港拿到心理學博士，然後到劍橋大學任教。

克里柯之所以要讓我認識科根，是因為科根的研究對 SCL 非常有用。但他在知道尼克斯一貫的招待風格之後，就決定我們自己用葡萄酒跟幾道開胃菜來吃飯聊天就好。尼克斯陰晴不定，經常因為不喜歡對方繫的領帶或選的餐廳而完全否定一個人。所以克里柯決定繞過尼克斯，自己訂了王十字車站旁邊大北方旅館（Great Northern Hotel）樓上的一家酒吧請科根吃飯。科根當天去了倫敦，在回劍橋之前抽空向我們介紹他的工作。尼克斯大白天就喝到醉醺醺是常有的事，但聊天時就很自戀，那次是我第一次看到別人說的話可以讓他聽得如癡如狂。我們聊的是社群媒體。

「臉書是世界上最了解你的東西，甚至比你老婆都懂，」科根說。

尼克斯一聽到這句突然醒了過來，變成他平常那副討人厭的樣子。「可是有時候最完美的老婆最好別知道一些事情吧，」他一邊啜飲著酒一邊開玩笑，「為什麼我得讓電腦，或會想讓電腦洩漏我的事情呢？」

「也許你不想洩漏，」這位教授回道，「可是廣告商想看」。

科根去上廁所的時候，尼克斯又叫了一杯酒，一邊喝一邊挖苦道，「這傢伙很有趣耶。可是我怎麼覺得他一點也不劍橋啊？」

「因為他就不是劍橋**出來**的啊！喔拜託，他是在那邊**教書**！」

這不禁讓克里柯翻了白眼，尼克斯真的很容易把話題歪到無關的細節去。不過後來他回公司讀完科根的研究之後，就想立刻讓科根去試做一些事情。當時 SCL 剛拿到默瑟的錢，正準備在美國開子公司。但尼克斯認為科根在進入這個黃金項目之前，還是得先去加勒比海證明自己。

科根加入劍橋分析，
引入新的「計算心理學」模型

　　2014 年初，科根與聖彼得堡大學（St. Petersburg State University）的研究人員合作，拿俄羅斯政府的公共研究經費作了一個心理剖繪計畫。聖彼得堡的團隊蒐集大量的社群媒體使用者資料，用來研究惡意的網際網路挑釁行為如何發生，而科根是該團隊的顧問。鑑於俄羅斯研究社群媒體的重點是人們的適應不良行為與反社會特徵，SCL 認為這些研究結果對千里達的案子很有用，因為千里達的國土安全部很想打造一個模型，預測每個國民的犯罪傾向。

　　某位 SCL 的員工在寫給千里達的國土安全部與國安會，關於「透過攔截資料來剖繪犯罪心理」的信中講到，「我們想多討論一下科根幫俄羅斯作的有趣研究，看看如何用在你們的項目上」。

　　科根最後同意幫 SCL 處理千里達的案子，他根據過去的研究結果建議我們該如何打造那些與反社會與行為偏差有關的心理結構模型；同時要求 SCL 提供資料給他用，以及讓他能用千里達 130 萬人的資料來做他自己的研究。我喜歡科根的一點是，他喜歡速戰速決，不像大多數的教授那樣幾百年才產出一篇著作。他給人的印象是誠實、進取、有話直說，偶爾帶點天真，一碰到思想與學術就非常興奮。

　　我一開始和科根處得很好。他跟我一樣都對新興的計算心理學（computational psychology）與計算社會學（computational sociology）很有興趣，可以花好幾個小時聊如何用電腦模擬人類的行為，而

且聊 SCL 的時候他也相當興奮。另一方面，科根有點古怪，同事經常背地裡對他冷嘲熱諷。但我覺得這沒什麼，甚至覺得他跟我更像了，畢竟我自己也受過很多冷嘲熱諷，而且能在 SCL 工作的人有哪個是完全正常的呢？

科根在 2014 年 1 月加入千里達計畫時，我們和班農也啟動了一個新的美國研究計畫。我們想要檢驗一下之前從量化研究得出的假說是否可靠，但需要更多資料來作心理剖繪。那些從航空會員、媒體、大賣場的消費者資料中分析出的訊號，不足以預測我們想要知道的心理特質。這很正常，我不可能光從你在沃爾瑪消費就知道你是怎樣的人，消費者資料只會顯示你的年齡性別以及財務狀況，不會顯示你是內向還是外向。這個研究需要的資料集，除了得包括夠高比例的美國人口，還得包含一些與個性明顯相關的屬性。我們猜，也許這得從 SCL 在其他國家的研究項目中使用的社會資料，例如點擊流或者人口普查裡面的變量找才能找得到，而科根剛好就在做這樣的東西。

科根一開始參與了千里達計畫，但對美國的計畫更有興趣。他說如果讓他來做美國計畫，我們就可以跟他心理計量研究中心的團隊合作去填補變量跟資料類別的漏洞，讓模型更可靠。同時他也希望讓他看看我們的訓練集（training set），也就是用來訓練電腦辨認模式的樣本資料集裡面是不是漏了什麼東西。但其實重點不在這裡，克里柯告訴他，我們已經打造了初步模型，也選好訓練集，目前需要的是大量的資料。我們需要的資料集必須**既**含括夠多人，**又**包含一些可以用來推測心理特質的變量，只是一直找不到這種東西。科根說他可以幫忙去找，條件是這些資料也要給他用。他說只要讓他來做美國的案子，我們就可以在劍橋大學

打造史上第一個計算社會心理學國際研究所，我一聽就同意了。心理學、人類學、社會學這些社會科學的困境之一就是量化資料太少，因為你很難測量量化整個社會的抽象動態或社會動態，除非——除非你可以用電腦模擬社會裡的每個人，然後測查他們的動態。聽起來我們手中就握著一把開啟嶄新研究方法的鑰匙。我能說不嗎？

寫一個臉書程式，拿到 3 億份個人資料

　　2014 年春天，科根帶我們認識了心理計量研究中心的幾位教授。當時大衛・史蒂威爾（David Stillwell）和麥可・科辛斯基（Michal Kosinski）正在研究從臉書那邊合法取得的大量資料，兩人都是用社群媒體來作心理剖繪的先鋒。其中史蒂威爾在 2007 年寫了一個叫做 myPersonality 的程式，可以簡單分析使用者的個性，而這個程式算出的結果，也會留一份副本供研究使用。

　　2012 年，兩位教授發表了研究臉書的第一篇論文，很快引起學術界注意。科根介紹我們彼此認識之後，史蒂威爾和科辛斯基表示，他們從多年的臉書研究中獲得了大量的資料集；而且美國軍方研究機構 DARPA 也有贊助他們的計畫，因此他們很適合和軍事承包商合作。互動過程中，史蒂威爾很少發言，但科辛斯基充滿野心，經常設法催史蒂威爾多說一點。科辛斯基知道他們手上的資料價值連城，但沒有史蒂威爾的首肯，這些資料就不能給我們用。

　　「你怎麼弄到這些資料的？」我問。

直接從程式裡拿就可以了，他們說，畢竟程式就是他們兩個寫的，臉書不會干涉。臉書喜歡人們來它的平臺做研究，因為它愈了解使用者，就能從使用者身上賺愈多錢。聽著兩位教授在解釋資料蒐集方法，我確定臉書的權限與資料控管極為寬鬆。如果你使用了史蒂威爾和科辛斯基寫的程式，他們兩個不僅能看到你的臉書資料，還能看到你每一個朋友的臉書資料。**臉書沒有規定應用程式在蒐集你朋友的資料之前得先徵詢他們的同意，它認為光是使用臉書就已經算是同意別人蒐集你的資料了，所以即使那個應用程式偷偷蒐集到你朋友的資料也無所謂。**那麼每個臉書使用者有多少臉友呢？平均是 150～300 個。我一邊聽一邊想說，班農和默瑟一定愛死這個點子了，然後他們愛死的東西，尼克斯一定也愛死了。

　　「所以你們是說，」我說，「如果我寫了一個臉書程式，吸引了 1,000 個人來用，我就可以看到……大概 15 萬份個人資料？**真的假的？臉書真的讓你這樣搞？**」

　　「就是這樣啊，」他們說，「如果幾百萬人下載了這個程式，扣掉每個人的共同好友之後，我們就可以拿到大概 3 億份個人資料。」天啊，這個資料集大得很誇張耶。在那之前我看過最大的是千里達的資料集，裡面有 100 萬人，我覺得已經夠大了，但跟這個完全不能比。如果是在其他國家要蒐集到這個數量的資料，則得透過特殊管道，不然就只能花好幾個月的時間作苦工，而且拿到的份數只有數千或數百分之一。

　　「所以你們要怎麼吸引人來下載這個程式呢？」我又問。

　　「給錢就好啦。」

　　「要給多少？」

「一人一美元，大不了兩美元。」

好喔。你還記得嗎，有人投資了我們公司 2,000 萬美元，這些錢放在身上會咬我們。而眼前這兩位教授說，我大概砸 100 萬下去就可以拿到……幾千萬份臉書個人資料。該怎麼做不需要我說了吧。

我問史蒂威爾能不能先測試一下他們手上的資料，看看是否能重現出我們用千里達的網際網路瀏覽紀錄模擬出來的結果。如果臉書的使用者資料真的這麼強大，我們就不僅能用它打造出默瑟想要的工具，還可以將計算心理學這個嶄新的研究領域推向學術主流。我光是想到我們可能會成為行為模擬的研究先鋒，內心就澎湃不已。

臉書量化了所有人類行為，沒有任何系統能贏過它

臉書在 2004 年成立的時候，只是個讓大學生彼此聯絡的平臺；短短幾年之後卻已成為全球最大的社交網絡，幾乎每個人都會在上面分享照片、舉辦活動、發布無關痛癢的狀態更新，就連你爸媽也不例外。使用者會在朋友的貼文、商品品牌，或者在議題文章上「按讚」，藉此形塑自己的網路形象，並即時追蹤那些品牌、樂團、名流的最新動態。臉書把這些按讚跟分享的動作稱為「社群」的基礎，當然，這也是該公司獲利的基礎。臉書提供資料，讓廣告商精準地把廣告放送給適合的目標受眾；而且推出應用程式介面（application programming interface，API）將使用者導向臉書上的各種應用程式，同時讓這些程式存取使用者的個人資

料，量身訂做「更好的使用體驗」。

研究者偷看一下你的臉書頁面，就知道你在真實世界中的行為，而且你不會發現。你的每一次滑鼠捲動、每一個動作、按的每一個讚，臉書全都記得清清楚楚。你有哪些興趣、喜歡什麼東西、討厭什麼東西，全都可以量化。這表示臉書資料的生態效度（ecological validity）愈來愈高，愈來愈接近真實世界，因為它不是研究者問出來的，而是你自己留下的，不會像訪問資料那樣留下研究者不經意的偏誤。也就是說，人類學與社會學的傳統被動質性方法還是很有用，但碰到那些可以用數位資料來量化的部分，就可以改用量化研究來提高通用性。以前只有銀行或電信公司才有人們的數位資料，而且這些機構都受嚴格監管，防止有人竊取個資。但社群媒體不一樣，幾乎沒有法律規定你能在上面看哪些使用者資訊，你想看多細都可以。

很多人都以為網路世界跟現實世界（in real life，IRL）是分開的，但社群媒體上的資料都是來自真實世界，無論是你對該季影集大結局的看法，還是週六晚上出去嗨的照片，全都是現實生活。說白一點，你的臉書資料**就是**你的真實資料。而且當手機與網際網路在生活中愈來愈常見，兩者就愈來愈接近。**如今的分析師根本不需要做問卷了，只要能用演算法從客戶每天自己製造出的資料中尋找模式，就能拿到他要的答案**，而且很多答案可能是他從來都沒想過的。

臉書使用者把生活中大小事全都放在同一個臉書的表格裡。我們既不用比對千百個資料集，也不必用複雜的數學找出資料的空白處，只要連上資料，就可以看到每個人即時更新的自傳。如果想要造一個系統從零開始觀察人類，你不太可能贏過臉書。

只要 300 個「讚」，我們就比你配偶更了解你

　　事實上，吳悠悠（Wu Youyou，音譯）、科辛斯基、史蒂威爾在 2015 年的研究就發現，電腦模型可以用臉書上的「讚」相當準確地預測人類行為。這個模型只要蒐集你的 10 個「讚」，預測你行為時就比你的同事更準；如果有 150 個「讚」，就比你家人更準；有 300 個「讚」，就比你配偶更了解你。這有一部分是因為你跟朋友、同事、配偶、爸媽之間的關係會制約你的行為，他們通常只能都看到你的其中一面。妳爸媽大概從來不知道你在凌晨三點嗑了兩顆搖頭丸之後會多瘋，你朋友可能永遠不知道你在老闆辦公室裡有多乖順拘謹，他們對你的印象都略有差異。但臉書看得到你的人際關係，躲在你的手機裡如影隨形，追蹤你在網路上看的網頁跟購買的東西，比家人朋友的判斷都更接近你的「真面目」。某些時候，電腦模型甚至比你自己更了解你的習慣，上述研究者不得不提出警告：「電腦判斷人格特質時比人類更準，心理評估、行銷、隱私等領域都將出現重大機會與嚴重挑戰。」

　　拜臉書資料所賜，人類終於可以嘗試在電腦中模擬整個社會。這如果成功，威力將難以想像，例如理論上你可以打造一個未來的社會，輸入族群衝突或貧富差距等問題，看看它如何演變，然後不斷回溯修正，直到找出減緩傷害的辦法。也就是說，你可以在這個模擬出來的**電腦遊戲**裡面尋找現實問題的出路。對我來說這酷爆了。科根提出的那個計畫讓我魂牽夢縈，想盡辦法要讓它成真。而且不光是我們在嗨，其他地方的教授聽到也興奮不已。科根在哈佛開完會後寄了一封電子郵件敘述與會人士的反應：「他們認為這會從此改變社會科學的遊戲規則，掀起整個領

域的大革命」。可惜的是，雖然史蒂威爾與科辛斯基一開始也很興奮，科根卻說溜了嘴，講出劍橋分析有 2,000 萬美元的預算。這個事實讓一切學術合作關係立刻嘎然而止。

科辛斯基在給科根的電子郵件上說，要合作的話先付 50 萬美元，之後使用他們所有臉書資料時還要付 50% 的「授權金」。這根本就是獅子大開口，當時他們的資料還沒有通過實地測試，而且預付的金額實在太高。尼克斯叫我拒絕，但科根擔心這會讓一項大好計畫胎死腹中，所以在我們拒絕科辛斯基之後的第二天，科根就說他要自己跟我們合作。科根的條件跟他最初開的一樣：他幫我們找到要蒐集的資料，劍橋分析以成本價購買，然後讓他拿這些資料做自己的研究。科根說他有辦法用更多程式從臉書那裡找到資料，那些程式與史蒂威爾與科辛斯基有相同的好友資料蒐集權限。這讓我聽得有點起疑，擔心他是不是其實想暗中從那兩人的程式裡面偷資料。但科根堅決表示他會自己寫一個程式。「好吧，」我說「證明給我看，寫出程式拿資料來吧。」為了確保資料不是來自其他人的程式，我們給了科根一萬美元寫新程式，他不但同意，還不索取任何額外報酬，只要拿到的資料留一份副本給他就可以。

科辛斯基後來表示，當時如果談成，他將把我們付的臉書資料授權費捐給劍橋大學。但由於劍橋強烈否認它與任何臉書資料計畫有關，至今仍不知校方是否知情，也不知道它們會不會接受這項捐款。

性向測驗＋臉書按讚，幾乎能 100% 預測人類行為

　　一周後，科根寄了成千上萬份臉書資料給 SCL。我們測了一下那些資料的價值是否足夠，結果發現超乎預期。裡面有成千上萬名臉書使用者的姓名、性別、年齡、所在地、狀態更新、按讚、朋友，幾乎等於他們的**所有資訊**。科根說，他的程式甚至還能擷取使用者的私人通訊。「沒問題了，」我說，「一起開始作吧！」

　　剛開始和科根合作時，我們想馬上建立一個機制來儲存蒐集到的臉書、點擊流、消費者資料，供心理學家、人類學家、社會學家、資料科學家，以及任何感興趣的學者使用。科根甚至讓我加入幾項穿著風格與審美喜好的欄位，用來作我在倫敦藝術大學的博士研究，我的指導教授聽到大概會很開心。我們想去世界各地的大學找人合作，不斷累積資料集，開始用模擬的方法來研究社會科學。像某些哈佛醫學院的教授就建議我們去存取他們數百萬名患者的基因圖譜，這點子就連我聽了都吃驚。科根要我想像一下，如果一個資料庫可以連結每個人的基因資料庫和他們當下的行為，它的威力會有多大。他非常興奮，有了基因資料庫我們就可以做很多重要的實驗，解開天性與教養之謎。我們知道自己站在歷史的轉捩點上。

　　我們用一個叫做 Amazon MTurk 的小工作發包網站（micro-task）拿到第一批資料。這個網站原本是亞馬遜用來訓練該公司的電腦識別圖像的，它們找真人來幫圖片貼標籤，當成正確答案讓演算法學習，這樣電腦就愈來愈能辨認圖片中的各種東西。每貼一個標籤，亞馬遜就給一美分，吸引了成千上萬的人加入。

　　亞馬遜發現這大有商機之後，就在 2005 年把 MTurk 拿出來

賣，稱其為「**工人智慧**」（artificial artificial intelligence），讓其他公司花錢請人在空閒時間做各式各樣的小工作，例如掃描收據、辨認照片等等，簡單來說就是讓人來作機器的工作。光 MTurk 這個名字就是一個哏，它是 Mechanical Turk 這種十八世紀機器的簡稱，當時這種箱子可以「自動」下西洋棋，觀眾看了都不可思議，但其實箱子裡躲了一個人，每一步都是他用特製的槓桿移動的。

靠 Amazon 用超低成本，拿到超過 3 千萬人個資

　　心理學家和研究人員很快就發現可以用 MTurk 來找人填性向測驗。研究人員不再需要四處找大學生填表，然後哀嘆樣本沒有代表性了，如今可以直接從世界各地招募各式各樣的受試者。他們可以請 MTurk 的使用者花一分鐘接受測驗，結束之後系統會寄出一份兌換碼，使用者只要將其輸入亞馬遜網頁，帳戶就會收到一小筆錢。

　　科根的程式也是同樣原理：用一小筆錢讓使用者同意作一個小測驗。只是使用者想拿到錢，就得從臉書下載科根的應用程式，輸入代碼，在程式中做完測驗，然後存入表單。但這個程式同時會將該使用者的所有臉書個人資料存入另一份表單中，並將他或她每一位臉友的資料存進第三份表單中。

　　我們會請使用者填各種不同的性向測驗，而且在測驗之前都先作一份稱為 IPIP NEO-PI 的性向量表。這是一份通過同儕評鑑且在各美國都有效的量表，包含「我會與人保持距離」、「我喜歡聽見新想法」、「我先行動再思考」等幾百道問題。用這些問

題去比對臉書上按的讚，就可以做出可靠的推論。例如外向的人更喜歡電子音樂，開放的人更喜歡幻想類電影，神經質的人更喜歡「我討厭父母看我手機」這類臉書專頁。但光靠這些還無法推論每個人的特質。當然，在小甜甜布蘭妮、MAC化妝品、女神卡卡的臉書頁面上按讚的美國男性的確比較可能是同性戀。你無法光從一個「讚」預測任何事情，但有了數百個「讚」加上選民和消費者資料，預測就能相當有力。我們只要訓練電腦作心理剖繪，確認足夠準確，就可以用來分析使用者的臉書好友資料庫。雖然我們沒有讓這些臉友作性向測驗，但看得到他們按讚的頁面，這足以讓演算法預測他們在測驗中將如何回答每一題。

那年夏天我們測試了各式各樣的項目，科根的建議也開始完全符合班農的要求。科根認為我們應該開始研究人們的生活滿意度、公平程度（對別人有多公平、有多懷疑），以及「聳人聽聞的偏激興趣」（sensational and extreme interests）。「聳人聽聞的偏激興趣」是犯罪心理學研究偏差行為的方法，它研究人們有多喜歡軍武（槍枝、射擊、武術、弩、刀）、激烈的神祕事物（毒品、黑魔法、邪教）、作不作需要動腦的事（唱歌、作音樂、國外旅遊、環保）、是否輕信怪事（超自然現象或飛碟等）、作不作有益身心的嗜好（露營、園藝、健行）。其中我最喜歡的是「相不相信星座」的五等級量表，辦公室裡的幾個男同志開玩笑說，乾脆用它來寫一個「接受占星程度」功能，然後連結到男同志社交軟體Grindr上好了。

科根的程式不但拿到了細緻有意義的資料，讓我們訓練出夠好的演算法，更額外拿到了好幾百個使用者臉友的個人資料。每一個使用者只花了我們1～2美元，我們結束第一輪資料蒐集時，預算都還沒花完。專案管理界有一條黃金法則：你一定得在**便宜、**

快速、**優質**之間捨棄一個，想要快速便宜地完成高品質專案，只會拿到空集合。有生以來我第一次看見這條法則失準，科根的程式讓這個案子同時執行得比我想像的更快、更好、更便宜。

資料像洪水般匯進「劍橋分析」，我們全都嗨爆了

我們在 2014 年 6 月推出招募項目。當時辦公室很熱，明明即將入夏，尼克斯還是為了節省開銷堅持關掉冷氣。我們花了幾周校準所有細節、確保程式正常運作、可以蒐集到正確的資料、資料匯入內部資料庫時不會出任何問題。每位使用者的回應，平均來說可以產生 300 個其他人的紀錄。而每個人都按過幾百個讚，我們只要追蹤整理這些讚就可以。而整個臉書上有多少物件、照片、連結、專頁可以按讚呢？好幾兆個。舉例來說，某個名不見經傳的奧克拉荷馬州樂團臉書專頁可能只有 28 個讚，但這些讚依然構成了一個特徵集合（feature set）。處理資料集的過程中可能出錯的地方多不勝數，所以我們花了很多時間找出最合適的方法，直到確定沒有問題才正式推出招募項目。我們在 MTurk 的帳戶中存入 10 萬美元，然後等人來應徵。

我們幾個站在電腦旁邊，科根則在劍橋按下「開始」鍵。我聽到有人說了一聲「耶」，一切開始上線。

一開始完全沒有任何回應，它變成了史上最冷清的項目。過了 5 分鐘、10 分鐘、15 分鐘，半個影子都沒。有些夥伴開始在房間裡踱步，尼克斯更是直接大吼「他媽的這是怎樣？我們通通站在這當白痴嗎？」但我知道得等一段時間，才能讓 MTurk 的

#臉書API #小測驗竊個資 #計算心理學

使用者先看到這份問卷，填完問卷，安裝程式，最後領到錢。果不其然，尼克斯開始抱怨之後不久，就有第一個人填完了。

很快地，資料如洪水般匯入。沒隔幾秒就從第一份變成第二份，然後變成第二十份、第一百份、第一千份。尤西卡斯知道尼克斯喜歡聽那些白癡的效果音，而且很容易被科技泡泡騙得如癡如醉，所以隨便幫計數器設定了一個音效，結果超搞笑的，計數器飛快轉動時，尤西卡斯的電腦叭叭叭地叫個不停。而且程式開始擷取使用者的臉友資料之後，表單數量更是以指數方式增加，計數器在一個零後面追加另一個零。在場每個人都興高彩烈，我們這些資料科學家更是像打了腎上腺素一樣，簡直要嗨爆了。

這時候，我們可愛的技術長尤西卡斯拿起了一瓶香檳，這位熱情洋溢的派對領袖總是在辦公室準備一箱香檳，以備這種時刻之需。他在蘇聯末期立陶宛的一個赤貧農場中長大，花了很多年的時間重新活成一個華麗絢爛的劍橋菁英，彷彿今朝有酒今朝醉，明日君將不復存。只要有尤西卡斯在，你不愁不夠浮誇。他甚至在辦公室裡擺了一把拿破崙戰爭時期的骨董軍刀。這一天他終於把刀子抽了出來，當你可以用骨董軍刀開香檳的時候，誰還需要開瓶器？

他抓起一瓶他最愛的皮耶爵花漾年華香檳（Perrier-Jouët Belle Epoque），打開軟木塞外面的鐵絲，傾斜酒瓶，舉起軍刀向下一劃——整顆軟木塞砰的一聲掉了下來，香檳噴湧而出。我們斟滿酒杯向彼此對敬，那晚就這樣一瓶瓶地開下去。尤西卡斯邊喝邊說，砍香檳不是靠蠻力，而是要搞懂瓶子的結構，優雅精準地攻擊最脆弱的地方，如果一切正確，你只需要一點點力氣就能靠瓶子本身的設計弱點，讓它自己裂開。

擁有上億人的資料，就像就監控了一整個國家

　　默瑟投資第一筆錢時，我們以為這個計畫要好幾年才完成。但班農很快就打破了這種想像，「9月前要作好，」他說。我指出時間不夠，他說「我不管。我們給了你幾百萬，時間到就得生出來。自己想辦法。」當時 2014 年的美國期中選舉即將到來，他希望他所謂的「里彭計畫」[12]（Project Ripon，以共和黨成立的威斯康辛州里彭市為名）可以立刻上線。我們很多人都不想理班農，自從錢進來之後他就愈來愈怪，但我們當時覺得只要哄住他的政治怪夢，就可以作自己的研究，讓科學突飛猛進。**我們一直對自己說，只要結果正當，手段就沒有問題。**

　　計畫開始之後，班農愈來愈常跑來倫敦盯我們的進度。我們剛推出程式不久他就來了一次。所有人回到會議室盯著前方的超大螢幕，然後尤西卡斯簡短報告進度之後，轉身望著班農。「隨便說個名字。」

　　班農完全搞不懂對方在幹麼，但還是說了個名字。

　　「好，隨便說一個州。」

　　「內布拉斯加？」

　　尤西卡斯輸入人名和州名，螢幕上立刻跳出一整排連結，每個都是內布拉斯加州裡面叫那個名字的人。他點進去其中一個，就跳出了那個人的照片、工作地點、住處、孩子、孩子的學校，以及她開的車。這位女性在 2012 年投給羅姆尼（Mitt Romney）、

12　編注：里彭（Ripon）是一款劍橋分析公司特別設計給員工和客戶使用的遊說軟體程式。這款軟體可以幫助需要挨家挨戶拜訪的選戰工作人員或是電話拜票人員，讓他們在接近選民的住家或是打電話給選民時，直接看到該選民的個人資料。

喜歡凱蒂‧佩芮（Katy Perry）、開奧迪、有點平庸……一切都在螢幕上一覽無遺，很多資訊甚至即時更新，例如只要她一上臉書，我們馬上就知道。

我們除了拿到她所有臉書資料，還把臉書資料跟我們買下的所有商業資料、州政府資料，以及從美國人口普查推算出來的資訊結合起來。所以我們知道她有多少貸款、賺了多少錢、有沒有買槍。然後我們從飛行里程紀錄知道她多久搭一次飛機。此外還知道她有沒有結婚（她沒有）、健康大致如何、從 Google 地球的衛星照片看到她房子長怎樣。我們在電腦中輸入了她所有的生活細節，而她對此一無所知。

「再來一個名字吧，」尤西卡斯說。他聽到，輸入，跳出另一個人的資料，一遍又一遍。跳出第三個人的時候，之前一直心不在焉的尼克斯突然坐挺了身子，黑框眼鏡後面的眼睛睜得大大的。

「等一下，所以我們總共拿到幾個名字？」

「啊？」班農有點抓狂地瞪著尼克斯，不敢相信他竟然跟計畫這麼脫節。

「目前有幾千萬個了，」尤西卡斯回答，「照這種速度，只要資金足夠，年底會達到兩億個。」尼克斯又問，「然後我們真的對這些人的每件大小事瞭若指掌？」

「沒錯，」我說，「這才是關鍵。」

燈又亮了，尼克斯到了現在才終於了解我們在做什麼。他對「資料」和「演算法」毫無興趣，但螢幕上跳出的真人以及大大小小的生命細節激發了他的想像。

「我們知道他們的電話號碼嗎？」尼克斯問道。我說我們

有。接著他突然靈光一閃，按下電話的擴音鍵，跟尤西卡斯要號碼，照著撥出去。

電話響了幾聲，一位女性的聲音出現，「哈囉？」尼克斯立刻換上他最優雅的腔調，「小姐您好，非常抱歉這時候打擾您。我是劍橋大學的研究人員，正在作一項市調。請問珍妮・史密斯小姐在嗎？」對方說她就是，然後尼克斯立刻開始讓這個人親口證實我們蒐集到的資料。

「史密斯小姐您好，請問您對《權力遊戲》（*Game of Thrones*）影集看法如何？」她說她愛死了──她在臉書上也這麼說。「請問您在上次大選中是投給米特・羅姆尼嗎？」她說是。尼克斯又問她的小孩是否上過某某小學，對方繼續說是。我望向班農，他的臉上堆滿燦爛的笑容。

尼克斯一掛上史密斯小姐的電話，班農立刻說「我也要玩！」，然後房間裡每個人都各自玩了一次。我們在倫敦一邊看著這些愛荷華、奧克拉荷馬、印第安納居民房子的衛星照片、家人照片，以及所有個資，一邊讓這些人坐在家中的廚房跟我們聊天，感覺一點也不現實。而且回想起來，2017 年當上川普顧問而惡名昭彰的班農，兩年多前竟然會坐在我們的辦公室跟隨便挑出來的陌生美國人問私人問題，更是難以置信。更扯的是，電話那邊的人竟然都非常樂意回答那些問題。

總之我們成功了。電腦裡的美國人資料已經有上千萬筆，而且很快就會破億。這是見證奇蹟的時刻，我對我們的成果相當自豪，確信它將是未來數十年津津樂道的話題。

Chapter 7
THE DARK TRIAD

第七章
喚醒「黑暗三元素」

在2014年8月，也就是我們推出這款程式的兩個月內，劍橋分析已經蒐集了超過 8,700 萬個臉書的完整帳號，大部分都來自美國。MTurk 給的使用者名單很快就用光了，我們只好去找另一家位於猶他州的民調平臺 Qualtrics 買資料。結果劍橋分析立刻成為該公司的頂級客戶，甚至開始收到一袋袋貼著 Qualtrics 商標的糖果。尤西卡斯在完美剪裁的薩佛街西裝底下，總是穿著一件「我愛 Qualtrics」的 T 恤，我們看著都忍俊不禁。而從 Provo[13] 寄來的發票上，每一項「臉書資料收集」服務，蒐集的使用者都是兩萬筆。

帕蘭泰爾虎視眈眈，尋求與劍橋分析合作

劍橋分析剛開始蒐集臉書使用者資歷的時候，就引起了帕蘭泰爾高階經理的注意。臉書一直只是被動讓我們收集這些資料，但帕蘭泰爾一發現我們蒐集了多少資料之後，就想知道我們到底在做什麼，很快地就主動聯繫我們，想看看我們手上的東西。

當時帕蘭泰爾還有在接美國國安局（NSA）和英國政府通信總部（GCHQ）的案子，他們說與劍橋分析合作，也許可以讓他們利用一個有趣的法律漏洞。2014 年夏天，在帕蘭泰爾英國蘇活區總部舉辦的會議中，他們就提到，無論是政府安全機構還是帕蘭泰爾這種承包商，都無法合法大量蒐集美國公民的個人資料；但民調公司、社群網路、私人公司卻可以。而且他們還說，

---

13 編注：Qualtrics 總部所在地。

#自戀 #馬基維利主義 #病態人格 #迴力鏢效應

雖然法律禁止政府直接調查美國公民，但美國情報機構依然可以讓美國國人或美國公司「自願」配合，藉此蒐集資訊。尼克斯一聽到這句，就探過身子來咧嘴一笑，「你是說……**像我們這種**美國民調公司嗎？」當時我以為大家都只是開開玩笑而已，但我很快就發現其實每個人對這種資料都虎視眈眈。

帕蘭泰爾某些員工發現，美國國安局能拿到的最安全的監控工具可能就是臉書，因為監控資料都是由另一個機構「自願」提供的。只不過這些都是猜測，我們既不清楚帕蘭泰爾是否真的知道這些討論細節，也不清楚當時它有沒有拿到任何劍橋分析的資料。他們的員工告訴尼克斯，如果劍橋分析把蒐集到的資料給他們看，至少在理論上他們就可以合法地把資料傳給國安局。尼克斯聽了就說，我們需要立刻跟帕蘭泰爾員工達成協議，「捍衛我們的民主」。不過尼克斯當然不是因為這理由，才讓他們拿到數億美國公民的所有個資，他的夢想從我們第一次見面開始就沒變過：他要當「政治宣傳的代言人」。

在那之後，帕蘭泰爾的某位首席資料科學家開始定期前往劍橋分析，和資料科學團隊一起打造分析模型。他有時候還會帶著同事，但全程都對劍橋分析的其他員工保密，甚至連帕蘭泰爾的人可能都蒙在鼓裡。我不能猜測原因，但這位帕蘭泰爾員工登入劍橋分析資料庫時用了幾個非常明顯的假名，例如「房地美博士」（Dr. Freddie Mac，名字源於 2008 年房地產金融危機中接受聯邦政府紓困的那家抵押貸款公司）之類。此外我知道，自從帕蘭泰爾的資料科學家開始自己寫程式蒐集臉書個資之後，尼克斯也開始要求劍橋分析的員工加班寫程式，拿到與科根的程式相同的資訊。劍橋分析不只寫臉書程式，也開始嘗試用一些乍看人畜無害的瀏覽

器外掛程式，例如小算盤或日曆來擷取使用者的臉書 cookie，然後用他們的身分登入臉書擷取他們與臉友的資料。而這些外掛全都通過了幾個主流瀏覽器的獨立審查，順利上架。

我至今不知道這些帕蘭泰爾高層到底有沒有「正式訪問」劍橋分析，帕蘭泰爾後來也聲稱只有一名員工以「個人身分」到劍橋分析工作。在這方面，我真的不知道該相信哪些人或哪些說法。尼克斯通常都是像他和非洲承包商打交道那樣，把整袋的美元現金帶到辦公室，對方一邊工作，尼克斯就一邊坐在辦公桌前數鈔票，每幾千美元裝成一個小袋，最後交給對方。有時候承包商甚至一周可以拿到數萬美元。

多年前尼克斯曾想進入英國情報局軍情六處，卻未成功。他經常拿這件事開玩笑，說自己是因為沒有無聊到可以跟人打成一片才被拒絕，但這件事顯然深深刺痛了他。如今他幾乎不在意誰能看到劍橋分析的資料，只要對方說一些話崇拜他，他就願意把資料拿給任何人看。

我以為自己是在貢獻學術，卻催生了人心中的惡魔

到了 2014 年春末，我們已經靠默瑟的錢招募了一大批心理學家、資料科學家、研究人員。尼克斯組了一個新的團隊來管理研究工作，雖然我名義上還是研究主任，但新團隊的經理們有權直接監督規畫這塊快速增長的業務。這時候幾乎每天都會冒出新工作，有時候甚至還不確定目的與實行方法，計畫就啟動了。我抱怨自己愈來愈不知道每個人各自在做什麼事，但尼克斯不覺得

這是問題。他的世界裡只有錢和名聲，跟我說大部分人如果頭銜不變，責任減輕，工作變少，應該都會開心才對。

這時候我開始覺得每件事都怪怪的，但我們只要一跟同事聊天就會安撫彼此，並幫所有事情找藉口。尼克斯會說一些見不得人的事，但大家都知道他本來就是這樣。麻煩的其實是班農跟默瑟。我忽略了默瑟安插班農之後出現的一些明顯警訊，班農有他自己的「小眾」政治目的，但嚴肅的默瑟似乎完全不把那些無聊的雜耍當一回事。我們的研究也許可以讓默瑟的公司賺到錢，所以他才會砸大把經費去作風險這麼高的計畫。他在我們實際拿到任何美國人資料或寫出任何軟體之前，就給了我們數千萬美元，無論是哪個投資者都會認為這是高風險的種子投資（seed capital）。但劍橋分析也知道默瑟不但不是傻子，更是精算風險的達人，當時公司裡有很多員工都認為，默瑟一定是算出我們的研究有機會讓他的對沖基金進一步爆富，才會冒這麼大的財務風險讓我們證明自己的想法。換句話說，大家都相信我們的任務不是掀起極右派叛亂，而是幫默瑟賺錢，而且尼克斯的見錢眼開更是加深了所有人的信念。

當然，現在我們知道大家都想錯了。對此我只能說，當時我比自己想像的更天真。雖然當時我的閱歷跟同年齡人比已經相當豐富，但畢竟只有 24 歲，對很多事情都還不了解。我剛加入 SCL 時的工作是研究反極端化（counter-radicalisation）這類新領域，幫英美與其盟國抵禦網際網路上新興的威脅，也就是從事資訊戰。這行的工作環境怪怪的，跟你平常會看到的朝九晚五辦公室都不一樣，裡面有很多現象從外人看來都不對勁，但我入行久了以後就習以為常。我們經常遇到怪事，每個同儕也都多多少少有

點古怪，每當有人問起某個遙遠國家的祕密任務有沒有道德問題，其他人就會拿其他地方的「殘酷現實」來笑他太過天真。

　　劍橋分析給了我第一次機會，無視各種無聊的辦公室政治和人們的奚落，去探索全新的領域。尼克斯雖然是個混帳，但的確很放任我去嘗試新東西。科根加入之後，劍橋大學的許多教授也都一直認為這個計畫可能讓心理學與社會學往前跳一大步，更讓我覺得這項計畫充滿意義。要是他們在哈佛或史丹福這類學校的同儕也有興趣，我們當時一定會相信自己是時代先驅。科根提議的資料分享制度讓我耳目一新，而開放資料給各領域的人研究所能創造的價值，也超乎我的想像。雖然說起來很老土，但當時我真的覺得自己身負重任，我不只是在幫默瑟賺錢或幫劍橋分析工作，而是在為科學做出貢獻。但我放任自己沉迷於這種感覺中，做出了許多不可原諒的事情。我告訴自己，如果要真正了解社會，就必須深入研究社會的黑暗面，如果不去研究種族歧視、威權心態、厭女行為，就不可能了解如何解決。但我沒有發現很多時候我不僅是研究這些現象而已，更**主動催生**了它們。

「非自願處男」：長久潛伏在美國社會的反動力量

　　後來班農掌握了公司的大權。他是個野心勃勃且極其老練的文化鬥士，注意到民主黨支持者的身分認同比共和黨支持者更薄弱，民主黨的認同主要來自族群或種族問題，共和黨則通常會堅稱美國人的身分超越了膚色、宗教、性別。那些必須住在旅行拖車裡的美國白人並不認為自己享有特權，但其他人卻會因為他的

#自戀 #馬基維利主義 #病態人格 #迴力鏢效應

白皮膚而這麼看他。每個人的思想都包含許多不同層面，而班農的新任務就是找出方法鎖定關鍵受眾，然後影響他們。

我告訴班農，劍橋分析最驚人的發現就是美國不只有同性戀覺得自己必須躲在衣櫃裡而已，很多其他人也有這種感覺。我們最初是在焦點團體訪談時注意到這個現象，後來又以量化研究分析線上訪談，證實了這個假說。白人異性戀男性，尤其是年紀較大的，在成長過程中接受到的價值觀都認為他們在社會中具有特權。這些白人異男並不覺得某些關於女性或有色人種的言論是錯的，因為他們身處的環境認為偶爾來點種族歧視或厭女無傷大雅。但隨著美國社會規範逐漸改變，這些特權逐漸消失，許多人活了一輩子的習慣開始受到挑戰。在工作場所跟女祕書「隨便調情一下」可能會讓你丟工作，把非裔美國人稱為城市中的「暴徒」會讓同事敬而遠之。這些事常常讓他們不知如何自處，而且威脅到他們「正常男人」的地位。

於是那些還不習慣克制自己的衝動、肢體、語言的男性，就開始怨恨這個世界為什麼要一天到晚糾正他們在公眾場合的表現，逼他們額外作一堆心理勞動與情緒勞動（mental and emotional labour）。而我覺得有趣的就是，這些憤怒的直男發表的言論，竟然跟男同志追求解放的言論極其相似。這些直男開始體驗到「出櫃」有多難，為了「符合社會的期待」需要做出多少改變。雖然社會妨礙同志出櫃的原因，與阻止公開討論種族主義與厭女的原因之間有很多差異，但這些白人直男的確主觀上覺得自己的思想受到壓迫。他們摩拳擦掌想要打破衣櫃、逆轉時間，讓美國（對他們而言）再次偉大。

「你看喔，」我對班農說，「茶黨的造勢口號跟同志遊行其

實是一樣的，都是『**不要踩在我身上！讓我做我自己！**』」那些憤怒的保守派男性擔心未來不能繼續當「真男人」，擔心幾千年來「真男人」的行為模式即將被女人擇偶時唾棄。他們為了取悅社會，只好隱藏真實的自己，並為此感到憤怒。在他們的眼中，女性主義把「真男人」關進了衣櫃裡。這些人感到羞辱，而班農知道羞辱會給人最強大的力量，迫不及待要找出方法充分利用這種心理狀態。

於是他看上了「非自願處男」（involuntary celibates，INCEL）這個群體，這群人是爭取男性權利運動的某種分支，在劍橋分析剛成立的時候剛剛聚成氣候。他們認為社會（尤其是女性）不再重視一般男性，並因此忽視甚至傷害了他們，其中又以七年級以後的年輕男性特別嚴重，他們一出生就面臨經濟不平等的困境，很難獲得父執輩的高薪工作；同時現實世界與社群媒體崇尚的完美體態又愈來愈高不可攀（而且社會在公開場合期待男人維持外表的壓力比女人更高），愈來愈多人光是因為照片不夠好看就連第一次約會機會都拿不到。除此之外，這時候的女性也愈來愈經濟獨立，對伴侶的標準愈來愈高。這些「一般男性」既沒有金城武的外表又沒有連勝文的身家，只能在求偶過程中連戰連敗。

於是他們有些人就聚在 4chan（類似台灣的 PTT）這種網路論壇上，而 4chan 就在日益分化的社會中逐漸成為一個聚集各種網路迷因、詭異幻想、小眾 A 片、流行文化，以及受挫的年輕人所產生的反主流文化（countercultural）的地方。2010 年代初期，這些孤單寂寞覺得冷的人開始變成網路酸民，搞出一堆新名詞來描述自己的處境，例如「魯蛇」（beta，下等男人）、「溫拿」（alpha，上等男人）、「自願處男」（vocel）、「非自願處男」（incel）、「米

　#自戀　#馬基維利主義　#病態人格　#迴力鏢效應

格道」（Men Going Their Own Way，MGTOW，鼓勵男性走自己的路，不要跟女性認真戀愛，尤其不該結婚）、「機器人」（robot，非自願亞斯處男）。

無法獲得性愛的白人異男，燒出嚴重的美國社會厭女風氣

　　這群人明明擁有異性戀白人男性的社會特權，卻缺乏身分認同與方向感，覺得自己沒有用。只要有東西能給予歸屬感與團結感，他們就立刻死抓不放。他們認為自己注定一輩子魯下去，有些人就用《駭客任務》裡的藥丸譬喻，提出「黑色藥丸」（black pill）的思想，認為自己永遠無法獲得性愛與浪漫關係。有些人還會拿自己被不斷拒絕的實例來「死上加油」（suicide fuel），強化他們絕望而醜陋的世界觀。這些絕望的怒火，把許多非自願處男燒出了極為嚴重的厭女傾向。

　　「黑色藥丸」是一種無路可出的思想，認為女人只在意外表，而種族等某些特徵會直接永久降低你的男性魅力。「非自願處男」會用許多圖表與觀察結果去證實白人男性先天具有優勢，所有種族的女性都會接受白人男性，相比之下亞洲男性嚴重不利，而胖子、窮人、年老、身障、有色人種則直接讓你掉進美國最沒人要的一群。不是白人的非自願處男有一句名言叫做「反正是白人就贏了」（just be white，JBW），用這種方法來解釋自己的挫折，讓心裡好過一點。當然，這個社會上有非常多人公開承認白人擁有社會特權，但非自願處男認為白人男性永遠都是贏家，

至少在擇偶時無法逆轉取勝。

他們不斷用各種笑話與迷因來嘲笑自己的處境，揚言要試圖發動「屌絲起義」重新分配性愛的權利。但這些怪異幽默的背後，是他們不斷被拒絕之後的怒火。我一邊看他們的受害者敘述，一邊想起極端主義聖戰軍招募新血的文宣，兩者都訴諸一種天真的浪漫情懷，鼓吹被壓迫的人站起來掙脫愚蠢的社會枷鎖，成為光榮的反抗英雄。同樣地，這些屌絲也跟聖戰軍一樣不可思議地欣賞社會中的「贏家」，他們用扭曲的世界觀期待川普或米羅·雅諾波魯斯（Milo Yiannopoulos）這些其實在過度強調競爭的社會中壓迫了他們的超級人生勝利者，去帶領他們改變世界。很多這樣的年輕人都等著要用心中熾熱的怒火將社會燒為灰燼。班農則想讓他們在布萊巴特新聞網上大肆洩憤，而且試圖利用這些年輕人，當成他未來發動叛亂的第一批預備軍。

具備黑暗三元素的人，
就是「劍橋分析」最佳煽動對象

劍橋分析在 2014 年夏天剛成立時，班農想要用臉書資料、演算法、敘事來改變文化，藉而改變政治。當時離川普競選還有好多年，我們已經研究了人們在意的所有重要概念。我們先用焦點團體訪談以及質性觀察去了解每個群體的觀點，了解人們在意的東西——例如任期限制、「深層政府」（the deep state，一種陰謀論，認為一群有錢有勢的政商與官僚以非民主的方式掌控了政府）、「抽乾沼澤」、槍枝問題、美墨圍牆等等。接下來就根據觀察建立假說，

找出影響輿論的方法，然後用線上或線下的方式對目標族群做實驗，看看是否符合我們的預期。我們還蒐集了臉書上的個資，歸納其中的模式，試圖用神經網絡（neural network）演算法幫我們預測輿論的走向。

世界上有一小撮人具備以下任一心理特質：**自戀**（narcissism，極端的自我中心）、**馬基維利主義**（Machiavellianism，又譯為好弄權術，為了利己而無情地操弄他人）、**病態人格**（psychopathy，缺乏同理心）。世界上每個人多多少少都具備之前提到的五大性格特質（開放、負責、外向、合群、神經質），但只有少數人具備這「黑暗三元素」（dark triad），這些人難以順利溶入社會，比其他人更容易做出反社會行為，也更容易犯罪。根據劍橋分析蒐集的資料，我們發現既神經質又具備黑暗三元素的人，比別人更容易在憤怒下衝動，也更容易陷入陰謀論。

劍橋分析會找出這些人，用臉書群組、廣告、貼文來看看我們在內部實驗有用的方法，是否能成功煽動他們，增加他們的臉書互動度。當時臉書的演算法有個特徵，如果你追蹤沃爾瑪這種大眾品牌或八點檔情境喜劇的粉絲頁，你的動態消息（newsfeed）不會有啥變化；但只要按了激進團體的讚，例如驕傲男孩（Proud Boys，美國的極右派團體）、屌絲解放軍（Incel Liberation Army）等等，臉書演算法就會注意到你，開始推相同主題的東西給你。這表示性質類似的故事與粉絲頁會因為演書臉算法而愈來愈吸引到同一群人，而這都是為了增加你的互動度。**互動度是臉書唯一在乎的東西，因為互動度愈高，你盯著該頁面的時間就愈長，這樣就愈適合下廣告。**

這就是矽谷很愛的「使用者互動」的黑暗面。社群媒體為了

提高互動，往往會劫持我們的心理機制，事實上互動度最高的項目，也通常都是恐怖或令人憤怒的。演化心理學家認為，人類為了適應前現代的環境，會極為誇張地重視潛在威脅，本能地注意地上屍體腐爛的血跡，而無視頭上美麗的天空，藉此提高存活機會。演化讓我們過度在意威脅，**只要你是人類**，你就無法忽視血腥暴力的影片。

社群媒體平臺還會利用我們腦中的「玩樂迴路」（ludic loops）和「變動獎勵策略」（variable reinforcement schedules），也就是一種不規律地頻繁給你獎勵的模式，讓你期待獎勵，但不知道獎勵何時出現，於是不斷自我強化出一種不確定、預期、得到回饋的循環。吃角子老虎就是好例子，它毫無策略可言，也無法事先規畫，唯一確保中獎的方式就是繼續玩下去，而且它的中獎頻率剛剛好高到足以讓你在連續輸錢之後中一次獎就能補回來繼續投錢。賭博也是一樣，你玩愈多輪，賭場就賺愈多錢。社群媒體靠你點擊的次數賺錢，所以它們會放無限多則動態消息，讓你一篇篇捲動下去，動態消息的捲軸其實幾乎就是吃角子老虎的拉桿。

只要心控一小撮人，就能操弄每一個人

2014 年夏天，劍橋分析開始在臉書等社群媒體上製造以假亂真的論壇、群組、新聞假頁面。這是劍橋分析的母公司 SCL 在其他國家煽動叛亂時的老招，雖然我不清楚到底是公司裡的誰下令叫員工放這些假消息，但長年在各地跑案子的老員工對此早就司空見慣。過去的美國或英國客戶都會要他們去煽動巴基斯坦

#自戀 #馬基維利主義 #病態人格 #迴力鏢效應

人或葉門人，如今只是改成煽動美國人而已。就這樣，公司在美國許多地區打造了很菜市場名的右派粉絲頁，例如「史密斯郡愛國者」（Smith County Patriots）、「我愛我的國家」（Love My Country）等等，利用臉書演算法的推薦機制，讓這些頁面出現在喜歡類似主題的使用者面前。使用者一旦加入這些假群組，公司就在群組裡發布各種影片和 PO 文，煽動他們的怒火，讓他們在留言串裡大聲叫囂，不斷重複事情有多糟糕或多不公平。一切目的就是要打破社交障礙，把陌生人搞成同溫層，然後就可以實驗資訊要怎麼寫，才能讓這些使用者互動得最熱烈。

這些使用者是劍橋分析用來操弄選舉的王牌，他們有三個特徵：一、認為自己屬於某個極端群體。

二、被動接收資訊。

三、會被資料操弄。

很多報導劍橋分析的文章，都讓人覺得我們心控了每一個人，事實上我們只操弄了**一小撮人**。因為大部分的選舉都是零和遊戲，只贏一票也是贏。而且劍橋分析只要用假敘事感染一小撮人，之後假敘事自己就會傳播出去。

然後只要某個群組聚了夠多成員，劍橋分析就舉辦線下活動。我們會挑咖啡店或酒吧這種擁擠的小空間，營造熱鬧的感覺。擁有 1,000 人的臉書群組算不上大，但只要裡面有一小群人出現，就是幾十個人，而 40 個人塞進任何一個小咖啡廳都立刻擠爆。出席的民眾會發現其他人跟自己一樣憤怒偏執，於是自然而然地以為自己身處巨大的運動浪潮當中，然後進一步餵養彼此的偏執與陰謀恐懼。有時候劍橋分析員工會用軍方煽動焦慮情緒的方法，混進人群裡面當「暗樁」；但大部分時候根本不需要暗

椿，環境就會自然生成。劍橋分析用性格特質來選擇要邀誰出席活動，因此在事前就猜到他們會如何互動。**公司從共和黨最早舉辦初選的州開始，在美國各地舉辦這種活動，讓人們心中「非我即敵」的怒火愈燒愈大。**讓線上的那些假敘事，從人們過去各自在深夜臥室裡點選的網頁連結，變成了他們身處的現實。讓他們有血有肉地出現在彼此面前，活生生地對彼此說話。這時**敘事**本身是真是假已經不重要了，只要**感覺**夠真實就好。

劍橋分析這招，最後成了美國與其盟友想要用數位方式大規模自動影響其他國家時的標準作法。我剛進 SCL 的時候，SCL 正在作某個南美國家的反毒案子，其中部分策略就是從內部瓦解反毒組織。公司所做的第一件事就是找出最容易下手的目標，也就是心理學家認為最容易變得乖僻或偏執的人，找到之後就開始進讒言，說什麼「老大在侵占你的錢」、「他們要推你出去頂罪」之類的，促使他們去反抗那個組織。所謂三人成虎，有時候一件事聽了夠多次，你就會相信。

一旦有夠多人接觸到夠多這種說法，公司就會安排他們見面，讓他們組織起來。這時候他們就會開始互傳謠言，把彼此都搞得更偏執。這時候你就進入下一個階段：找出那些最容易聽信謠言的人，動搖他們的心，然後一步步從內部蠶食掉整個組織。劍橋分析操弄美國人的方法也是同一招，只是改用社群媒體打頭陣，先讓某個縣的人自己組織起來，再介紹他們認識隔壁縣的類似組織，然後一連十，十連百，最後就成了遍及全州的神經質陰謀論公民運動：極右派。

#自戀 #馬基維利主義 #病態人格 #迴力鏢效應

班農要解放全美國的「種族歧視者」

　　內部測試也發現，劍橋分析推出的數位廣告與社群廣告可以有效增加線上互動度。公司推出的線上廣告，專門瞄準那些線上資料與投票紀錄相符的人，公司既知道他們的真名，也知道他們在「現實世界」的身分。所以公司可以研究這些廣告的互動率如何影響最後的投票行為。某份內部文件指出，公司曾對前兩次都沒有投票的選民進行實驗，估計結果顯示，這些選民點了劍橋分析放出的訊息之後，只要有 25% 去投票，共和黨在幾個關鍵州的得票率就會增加 1%，如果選情膠著，很多時候這就足以逆轉乾坤。班農對此當然愛不釋手，但他要讓劍橋分析獲得更大也更黑暗的力量：**測試美國人的心理可塑性**。他要求我們在研究中使用一些帶有種族偏見的問題，看看能影響人心到什麼程度。於是公司開始問受試者一些關於黑人的問題，例如如果沒有白人幫忙，黑人究竟是能夠自己成功，還是天生就註定會失敗。班農認為非裔民權運動限制了美國的「思想自由」，而他要揭開關於種族的「禁忌真相」，解放這個社會。

　　班農懷疑「種族主義者」的標籤在美國產生了寒蟬效應，劍橋分析發現這的確為真：美國有很多種族主義者都因為害怕被社會排斥而保持沉默。除此之外，班農的野心不只有搞極右派運動，還包括批評民主黨。

　　雖然「典型的民主黨人」支持少數族群的論述說得很好，但班農發現那背後藏著一種與他們的理念矛盾的父權思維。班農認為民主黨都是「坐在豪華名車裡的自由主義者」（limousine liberals，1969 年紐約市長競選時出現的詞，民粹主義者用它來詆毀唱高調的民

主黨人），這些白人一邊支持用校車接送學生，一邊把自己的孩子送到以白人為主的私立學校；一邊聲稱自己關心舊城區，一邊住在戒備森嚴的帝寶。班農在某通電話裡說「民主黨人永遠都把黑人當成小孩子，幫他們設計計畫、給他們福利、提供優惠性差別待遇、叫白人小孩送食物到非洲。但民主黨永遠不敢面對一個問題：**為什麼黑人需要這麼多無微不至的照顧？**」

他認為這些民主黨白人的行為，其實不經意透露出他們對少數族群的偏見。雖然這些民主黨人認為自己**喜歡**非裔美國人，但並不**尊重**非裔美國人，而且很多政策都預設了非裔美國人無法自力更生。1999 年麥可・格爾森（Michael Gerson）幫當時總統小布希撰寫的演講稿裡，就有一個詞把這種觀點說得非常好：「一種給予過低期望的軟偏見」（The soft bigotry of low expectations），它認為民主黨人其實並不相信少數族群的學生有辦法與其他人並駕齊驅，因此製造出一堆輔具，反而讓許多少數族群的行為更糟、成績更低。

班農的想法更尖銳激進：他認為**民主黨只是在利用美國少數族群議題來搶政治權力**，在非裔民權運動之後出現的社會契約，也就是民主黨獲得非裔美國人的選票並給予他們公家補助，並不是因為民主黨比較有良知，只不過是精明的算計。根據他的說法，民主黨只有一種方法可以成功捍衛這種社會契約的黑暗面：高舉**政治正確**的大旗，每當「理性人士」討論到這種「種族現實」，就把他們批鬥一番。

#自戀 #馬基維利主義 #病態人格 #迴力鏢效應

「黑人智商本來就比白人低」
很多美國人都這樣想，只是不敢說出來罷了

　　「種族實在論」（Race realism）是種族主義老飯新炒的最新版本，它主張某些族群先天優於其他族群。舉例來說，種族實在論者認為美國黑人的大考分數比較低的原因，既不是考試偏袒某些人，也不是黑人必須克服長期以來的壓迫與偏見才表現不佳，只是因為黑人的智商本來就比白人低。許多相信白人至上的人都相信這種偽科學，它源自數百年來的「科學種族主義」，在歷史上一路造成了各種悲劇、奴隸制、種族隔離、大屠殺。但班農與布萊巴特掀起的極右派運動卻把它當成思想的基礎。

　　班農想要成功解放他所謂的「自由思想者」（free thinker），所以得想出辦法讓他們無視政治正確。因此，劍橋分析不只研究那些**公開表現出來的**種族主義，也開始研究種族主義的其他形式。我們通常都以為種族主義等於明顯的仇恨心態，但其實不僅於此。嫌惡型種族主義（aversive racism）會讓人有意識或潛意識地避開特定族群，例如住在戒備森嚴的社區裡、避免與某些人發生性行為或戀愛關係；象徵型種族主義（symbolic racism）則會讓人對特定族群抱持負面偏見，例如形成刻板印象或雙重標準。由於當代美國社會認為「種族主義」相當可恥，許多白人都會忽略或壓抑自己的內在偏見，一旦被說成是種族主義者就進入防禦心態。

　　這就是所謂的「白人的玻璃心」（white fragility）：北美社會不歧視白人，白人也一直知道自己不會被種族歧視，因此比較無法回應種族問題的壓力。我們的研究發現，這種認知失調（cognitive dissonance）讓白人無法面對心中潛在的種族偏見，而且經常過

度強調自己對少數族群有多友善，藉此說服自己「不是種族主義者」。例如我們虛構了一系列自傳，每一份都貼上「作者」的照片讓受試者評分，其中某些自傳的內容根本就一樣，只是貼上的照片不同，結果就發現有些之前在隱性種族偏見得分較高（偏見比較嚴重）的受試者會給予少數族群的自傳較高分，相同內容的白人自傳較低分。彷彿在說「**你看！我給黑人的分數比較高，我不是種族主義者。**」

這種認知失調讓班農有機可趁：很多受訪者之所以說自己絕非種族主義者，都不是因為他們會小心不對他人造成結構性壓迫，而是為了保護自己的社會地位。班農認為這件事足以證明他對民主黨人的理論：民主黨只是在嘴巴上支持少數族群，心底其實跟其他美國人一樣歧視他們。差別只在於每個人各自活在怎樣的「現實」中而已。

植入新思想：
「政治正確」只是菁英分子爭奪資源的手段

班農想了一個辦法讓帶有種族主義的白人逃離束縛，成為「自由思想者」。他 2005 年加入香港的互聯網遊戲公司時，該公司雇用了一大批的中國低薪玩家去農《魔獸世界》遊戲中的道具，在網站上賣給西方玩家獲取利潤。通常玩家都會認為這種買賣行為是作弊，該公司也因此在線上被玩家圍剿，並遭到民事訴訟。也許班農就是在這時候認識到鄉民之怒的，據說當時有些評論的確是「惡毒的反華言論」。在那之後，班農就經常關注

Reddit 和 4chan，發現人們一旦能在網際網路上匿名發言，怒火就會宣洩而出。他認為這是因為匿名環境不受「政治正確」的影響，人們可以說出「真話」，展現真實的自己。班農讀著鄉民文，就發現這些網路論壇、匿名仇恨言論、匿名騷擾很可能非常好用。

其中，匿名仇恨言論上演得最激烈的就是 2014 年夏末的玩家門事件（Gamergate controversy），那件事不久之後班農就跳槽到 SCL，在很多意義上，玩家門事件都是後來極右派運動的概念前身，這場事件讓班農發現網路上有一大群年輕男性的心底一直隱隱揣著緊張與怒火。後來，他就靠鄉民言論和網路霸凌成功掀起極右派革命。不過班農作的不僅於此，他還讓劍橋分析大規模地分析美國人在虐待霸凌時，究竟是怎麼削弱受害者抗壓能力的，然後把這種方法用在網軍上。在班農底下，劍橋分析變成了用演算法霸凌別人，以及大規模虐待別人心理的工具。公司先找出一系列可能會與人們的潛在種族偏見交互作用的心理偏誤，然後以實驗驗證假說，打造各種心理武器，系統性地佈署在各大社群媒體、部落格、群組、網路論壇上。

班農給我們的第一個任務，就是找出政治正確會壓抑哪些人的心理。劍橋分析發現，由於人類經常高估他人對自己的關注程度，因此社交中的尷尬場合經常可以成功地引發人們的種族偏見。念錯別人的外國名字就是個好例子，劍橋分析試過最有效的讕言之一，就是請受試者「想像某一天，每個美國人的名字你都不會念」。研究人員會給受試者看一連串罕見的名字，然後問說「你覺得這個名字有多難念？你有碰過人們因為念錯了少數族群的名字而被大家恥笑的事情嗎？你是否認為某些人主張政治正

確，其實是為了顯得別人很笨，自己高人一等？」

　　人們一旦發現那些「自由派」是在找各種新方法嘲笑羞辱他們，或者政治正確是一種迫害手段，反應就會相當激烈。劍橋分析的餵毒老招之一，就是讓白人受試者看「沃爾瑪大媽」（People of Walmart）這種專門嘲笑白人的部落格。班農多年來不斷觀察 4chan 或 Reddit 上面的網路社群，深知年輕的白人男性有多常氣噗噗地轉貼那些「自由派菁英分子」嘲笑「美國死老百姓」的文章。全美國一直都有各種出版品在嘲笑那些「歧視別人的鄉巴佬」，但有了社群媒體之後，這些「美國死老百姓」終於找到機會可以對海岸菁英分子的勢利眼嗤之以鼻。

迴力鏢效應：讓傷人者自傷的必殺技

　　劍橋分析開始利用這種關係來傳播一個概念：種族問題是一場零和遊戲，是各個種族在搶奪社會的注意力跟資源，他們搶到的愈多，你們擁有的就愈少，他們高舉政治正確大旗，你們就無法發聲。這種說法會產生一種「**迴力鏢效應**」（boomerang effect），讓反面的敘述無法動搖你的受眾，且讓受眾對原本的偏見或信念更堅信不移。只要你的受眾在接觸相反的論述前先聽過這套說法，把反對種族主義的論述跟身分的差異綁在一起，之後他們看到候選人或名流在螢幕裡批評種族主義，就會覺得那些人是在用政治正確威脅他，心中的種族主義就更變本加厲。這是班農的必殺技，這招一用下去，目標受眾就對反面的論述具有免疫力。它讓整群受眾陷入一個邪惡的迴圈，只要有人來批評，整個群體就

更深信自己的種族主義觀點是對的。其中的部分原因，可能是我們的大腦在處理強烈信念時最活躍的腦區，與它思考我們是誰、身分為何的腦區相同。後來川普因為種族主義或厭女言論而在媒體上受到的批評，可能也在支持者心中產生了類似的效果，支持者可能把炮轟川普的炮火都當成在攻擊他們。

在用這種方式激怒人們的同時，劍橋分析也研究了相當廣泛的資料，發現憤怒會妨礙人們蒐集資訊，所以很多人會在氣頭上「驟下結論」，事後又對決定悔恨不已。我們做過一項實驗：先讓受試者看一些簡單的長條圖，主題都是手機使用率、某型汽車的銷量這類不會引起爭議的事情，這時候大部分受試者都可以正確讀出圖表中的資訊；但受試者不知道的是，圖表中的數字其實都來自爭議性的政治議題，例如收入不平等、氣候變遷、被嫌犯拿槍殺死的人數等等。所以接下來，我們就把**完全相同的長條圖**換上它們原本的爭議性標題，結果那些被身分威脅所激怒的受試者，就比其他人更容易誤讀自己之前曾經讀過的資訊。

劍橋分析發現，受試者一旦生氣，就會顯著地更不在乎解釋是否完整、是否合理。最明顯的就是，生氣會讓人們不分青紅皂白地把錯怪到別人，尤其是怪到外群體身上。此外，生氣會讓人低估負面效應的風險。劍橋分析因此發現，即使美中貿易戰或美墨貿易戰將讓美國人失去工作與利潤，那些憤怒的人也會為了懲罰移民族群以及高舉普世價值的天龍人，而願意讓美國同胞承受這些損失。

班農相信，只要你讓人們看見政治正確的「真正含意」，人們就會覺醒。因此劍橋分析開始問受試者，你的女兒嫁給墨西哥移民會不會讓你不舒服，如果受試者說不會，研究人員就再追問：

「你覺得自己必須這麼說嗎？」並且允許受試者換答案，其中很多受試者都換成了「會」。在臉書上做完調查之後，劍橋分析就進一步把白人男性女兒的照片跟黑人男性的照片放在一起，讓白人男性親眼看看「真正的政治正確」是什麼樣子。

正當化種族敵意：
黑人之所以受苦，都是他們自己的錯

此外，劍橋分析的研究小組也發現人們的態度與「公正世界假說」（just-world hypothesis，JWH）這種心理偏誤有關。很多人都深信世界是公正的，善有善報惡有惡報，宇宙中存在某種「道德平衡」。我們虛構了一些性侵故事觀察受試者的反應，發現具有這種偏誤的人特別容易譴責受害者，他們相信真正的好人不可能在路上踩到狗屎，所以壞事發生在你身上一定跟你之前做的事情有關。對某些人而言，譴責受害者是一種心理防衛機制，這樣面對無法控制的環境威脅時就不需要那麼焦慮，而且可以繼續安慰自己說，世界**對他們而言**依然很公平。

劍橋分析發現公正世界偏誤會影響到很多東西，但最明顯的就是種族主義。表現出公正世界偏誤的人更容易相信少數族群是因為自己的問題，社經地位才比較差。他們相信黑人一直都有機會出人頭地，只是能力太差才無法成功。劍橋分析碰到這樣的受試者就火上加油地說，也許少數族群無法成功並非某種**種族偏見**，而是一種**事實**。

劍橋分析後來還發現，那些信奉福音派世界觀的人特別容易

有公正世界偏誤，他們相信只要遵守上帝的教誨，上帝就會讓你成功。也就是說只要走上正道，即使是黑人也一定能擺脫之前的困境，獲得成功。劍橋分析碰到這類人，就會用話術灌輸他們更誇張的宗教信念。「上帝是公平公正的，對吧？有錢人一定是做對了什麼，才會得到上帝賜福，對吧？上帝不會偏袒任何人，那些少數族群抱怨自己得的太少，其實可能只是他們之前做錯了什麼吧。難道你想質疑上帝嗎？」

　　劍橋分析靠這種心理偏誤增強受眾對於「他者」的敵意。如果世界是由公平公正的上帝統治的，難民就一定是做了什麼壞事才會受苦。他們跟受眾聊得愈久，受眾就愈不在乎有多少人合法取得美國難民身分，反而愈在乎申請難民身分的人本身有什麼問題，應該如何讓這些人自作自受。有時候，難民申請身分的理由愈強，受眾的反應甚至愈惡劣。聊得愈久，這些受眾就愈不在乎研究人員虛構出來的難民，反而愈來愈用力地讓自己的世界觀保持一致。如果你深信世界是公正的，各種不公不義的事件就可能嚴重刺傷你的心。

　　對班農的「自由思想者」來說，種族之間的差異不只是世界的現實，更是上帝的真理。這種觀念在美國歷史悠久，打從人們第一次把奴隸帶到美洲，傳教士就用《以弗所書》的「你們做奴僕的，要懷著敬畏和戰兢，以忠實的心順從自己在世上的主人」來證明蓄奴是一種神聖的權利。十九世紀初的聖公會主教史蒂芬・艾略特（Stephen Elliott）說，那些想推翻奴隸制的人對神不敬，認為這些人應該要想想，「干擾奴隸制度是不是在阻礙幸運的奴隸得救」，畢竟成千上萬「尚未完全開化的人」都「因為成為了黑奴而認識到他們的救主……習得通往天堂的道路！」。美國內

戰結束之後，南方各州頒布「黑人條款」（black codes）來限制黑人剛剛獲得的自由。在孟菲斯與紐澳良這類城市，白人政客與政府官僚用散播恐慌的方式煽動武裝衝突，導致數十名黑人喪生。十九世紀末到二十世紀初的《黑人歧視法》（Jim Crow laws）讓公共場所在未來幾十年內一直實施種族隔離。人頭稅（Poll tax）讓許多南方的黑人無法投票。三Ｋ黨在內戰之後一度幾乎絕跡，但二十世紀初又捲土重來，部分原因是它把自己包裝成一個全國性的愛國組織。

美國黑人權利在 1964 年的《民權法案》（Civil Rights Act）和 1965 年的《選舉權法》（Voting Rights Act）中大幅躍進，這些法案確保了黑人的投票權、強制廢除公共設施的種族隔離、制定許多聯邦層級的計畫給予平等的就業機會以及消除歧視，試圖糾正過去長久以來對黑人社群的各種錯誤行為。但它在政治上也開啟了新篇章，讓人開始毫無下限地煽動白人的恐懼。

1960 年代末，尼克森（Richard Nixon）的「南方戰略」（southern strategy）就利用種族之間的恐懼與張力，讓白人的選票從民主黨轉向共和黨；並在 1968 年的總統大選中主打「州政府的權利」（states' rights）與「法律與秩序」（law and order），以這兩個精心設計的口號吸引種族歧視者的共鳴。雷根（Ronald Reagan）在 1980 年的大選中多次提到「福利女王」（welfare queen），用一個黑人婦女靠政府補助的錢買了一台凱迪拉克的都市傳奇，來煽動選民仇視那些領取福利的人。小布希（George H. W. Bush）的競選團隊則在 1988 年打出惡名昭彰的威利・霍頓（Willie Horton）廣告，以一個蓬頭散髮的黑人罪犯在服刑時暫時獲得自由的時候再次犯案的故事來抹黑黑人，恐嚇白人選民。

找出被壓抑的歧視者，點一把火，讓美國社會爆炸

　　班農想找出美國人心中最醜陋的偏見，讓那些有偏見的人相信自己是受害者，長期以來一直被迫壓抑心中的真實感受。他很久以前就覺得美國的靈魂深處潛藏著矛盾，隨時可能爆炸，如今他終於有了證據。班農相信歷史會站在他這邊，拿到正確的工具就能加速實現預言。擁腫的政府與腐敗的金融體系剝奪了年輕人的機會，他們注定要造反，只是還不知道而已。在班農的預言裡，年輕人將引領一整個世代的歷史「轉向」，成為規畫新世界的「藝術家」，在「大解體」之後重新打造一個充滿意義與目的的新社會，但他們得先了解自己的角色。他認為歷史上的重要人物都是藝術家：佛朗哥與希特勒是畫家，史達林、毛澤東、賓拉登都是詩人。**運動將為社會帶來全新的美學**。班農說，為什麼獨裁者都會先把詩人和藝術家關起來？因為通常他們自己就是藝術家。班農想用這場運動實現他的預言，以此流傳千古，把他最喜歡的那些書中的說法化為現實，例如《第四次轉向》（ *The Fourth Turning*，暫譯，無繁體中文版）認為危機即將到來，然後被遺忘的一代將掀起革命；《聖徒的營地》（ *The Camp of the Saints*，暫譯，無繁體中文版）則認為如果移民大規模入侵西方國家，西方文明就會崩潰。

　　但在那之前，班農需要先打造一支渾沌軍團，他不擇一切手段，只為了讓起義的渾沌戰士能夠完全忠誠，願意奉獻一切。對班農來說，利用認知偏誤來影響人心，只不過是把受眾從味同嚼蠟、毫無意義的社會中解放出來，讓他們不再被那些「制約」所「洗腦」的方法而已。他希望他的受眾「尋回自己」，「長出真正的模樣」。但劍橋分析在 2014 年打造的工具都與實現自我毫

無關係，反而都會挖出人心最深處的惡魔，實現班農的那場「運動」。我們找出那些有特定心理缺陷的人，讓他們加入一個由假先知領導的**邪教**，從此不必再接觸那些他們不願面對的說法，也幾乎不再會被理性與事實所傷害。

班農在最後一次跟我聊天時說，如果你想徹底改變社會，「就必須打破一切」。他想要的也正是如此：打破既有的「體制」。班農認為「大政府」和「大資本主義」抑制了人類經驗中非常重要的一塊：隨機性。因此他想把人們解放出來，不再讓權力大幅擴張的行政國家（administrative state）幫每個人把屎把尿，剝奪人們的生命意義。史蒂夫・班農既不願意也不能容忍美國的命運被政府決定，他要招來渾沌，終結行政國家的專制暴政。

Chapter 8
FROM RUSSIA WITH LIKES

第八章

俄羅斯的按讚入侵術

像劍橋分析這種幫外國搞資訊戰的公司，倫敦總部幾乎每天都有新人物出現也不稀奇。公司成立之後，就成了許多外國政客、中間人、安全機構、商人的旋轉門，經常有人帶著衣著暴露的祕書造訪。其中有不少人跟想要影響外國政府的俄羅斯寡頭政客有關，但他們的需求幾乎都毫無意識形態，通常都只是想把錢藏在外國的某個隱密角落，或者拿回被凍結在某個外國帳戶裡的錢。公司叫我們別管這些人的來去，也別問太多問題，但員工們還是會在內部聊天訊息中開他們的玩笑，尤其是興趣千奇百怪的俄羅斯客戶，因為公司在調查這些潛在客戶時，我們就會從小道消息聽到這些當權大頭有什麼神奇嗜好或者詭異性癖。當然，我自己也對這些鬼鬼祟祟的客戶睜一隻眼閉一隻眼，我知道尼克斯對很多事情都不在意，但如果我問了太多問題，他就會給我帶來麻煩。在 2014 年春天，也就是美國總統大選前兩年，這些俄羅斯人的需求都還落在公司一貫以來的骯髒範圍之內，並沒有什麼可疑之處，只有一家客戶例外。這家客戶讓劍橋分析高層嗨了起來，而且開始變得不太對勁。

俄羅斯石油公司為何想買美國人個資？

2014 年春，俄羅斯大型石油公司盧克石油（Lukoil）聯絡了劍橋分析，開始打聽事情。一開始都由尼克斯與他們接洽，但盧克石油的高層沒過多久就開始問一些尼克斯答不出來的東西。他給了盧克石油執行長瓦吉特・阿列克佩羅夫（Vagit Alekperov）我之前寫的一份在美國進行目標定位（data targeting）的計畫白皮書之

後，盧克石油就希望雙方能見個面。尼克斯說我也該出席，他在一封電子郵件中寫道，「（你那份很棒的白皮書）讓他們發現精準投放在選戰中有什麼用途，但他們不知道選民跟他們的客戶有什麼關係。」

呃，其實我也不知道這兩群人能有什麼關係。盧克石油是世界上的重要角色，也是普亭這個盜賊政權（kleptocracy）底下全國最大的私人公司，但我不懂一家俄羅斯的石油公司去看我們在美國的案子是想幹麼。尼克斯則是一問三不知，「啊，事情就是那樣嘛，」他說，「你把裙子撩起來一點點，他們就會給你錢。」也就是說，他對細節毫無興趣，反正盧克石油要資料，我們賣就是了，幹麼管他們買去作啥呢？

跟盧克石油第一次洽談後不久，劍橋分析就起草了一份備忘錄去分析我們自己的能耐，然後寄給尼克斯。這份文件以委婉的說法討論，如果有人需要特殊的情報服務，或者想要在社群媒體上大規模放假消息，理論上我們公司可以做到什麼程度（此外，由於這是公司內部備忘錄，它提到了 SCL。畢竟劍橋分析其實就是 SCL 開給美國客戶用的品牌，員工全都來自 SCL）。這份備忘錄說，「SCL 養了一些從以色列、美國、英國、西班牙、俄羅斯退休的情報人員與國安人員，他們全都是實作與分析的老手。根據我們的經驗，很多時候在社群媒體或『外國』出版品上『揭露』對手的祕密，都比利用可能帶有偏見的當地媒體來放消息更有效。」此外備忘錄也說 SCL 可以用「情報網」去蒐集「有害資訊」藉以「滲透」反對者的活動；以及大規模「製造臉書與推特上的假帳號，藉此吸引粉絲並建立可信度。」對很多 SCL 的客戶來說，這些用社群媒體上的假帳號刺探隱私、進行賄賂、勒索、滲透、仙人

跳、放假消息的服務早就司空見慣；對 SCL 來說，則是只要你出得起錢，SCL 就願意不擇手段幫你打贏選戰。而且如今 SCL 有了更多資料、更強的 AI 能力，以及天文數字的投資，新成立的劍橋分析當然不只如此而已。

盧克石油的高層來倫敦開會時，尼克斯準備了一套投影片。我往椅背上一靠，看看尼克斯能說出什麼好戲。最前面幾張投影片都在簡述 SCL 如何在一個叫做〈選舉：預防接種〉（Election: Inoculation）的奈及利亞案子中，破壞選民對公家單位的信任，如何散播謠言和假消息影響選舉結果。尼克斯播放一段影片，螢幕上整群奈及利亞選民激憤地深信未來的大選已經被操弄了。

「但其實這消息是我們放出去的，」他開心地說。

然後他繼續秀出幾張投影片，講述 SCL 後來怎麼解決奈及利亞的選舉問題，以及各種可能爆發暴力與動亂的謠言讓選民有多麼擔心。「其實那些謠言也是我們放的，」尼克斯說。

我默默地看著那些俄羅斯高層，他們一邊作筆記一邊漫不經心地點頭，彷彿眼前的一切都是例行公事。接下來，尼克斯開始用投影片介紹我們手上的數位資料，只不過我們最大的資料集來自美國，盧克石油的主要客戶卻都位於俄羅斯或獨立國協，我們沒有那邊的資料。說完這些，尼克斯就開始講精準投放、人工智慧，以及劍橋分析怎麼利用我們手上的資料。

我聽完還是霧煞煞。投影片放完之後，盧克的高層問我有什麼看法，我無言了一下，說「嗯，我們是掌握很多地方的經驗跟資料……但你們到底為什麼會對這些東西感興趣啊？」

其中一個高層說他們還在研究，我們只要繼續說劍橋分析有多大能耐、掌握多少資料就好。但我只是愈聽愈不懂。為什麼一

家幾乎沒做美國業務的俄羅斯石油公司會想看我們手裡的美國資料？如果他們是想用資料賺錢，為什麼尼克斯要在投影片裡面介紹公司在非洲用假消息影響選戰的事情？

更奇怪的是，公司不只展示了自己擁有的資料，還急著讓對方知道公司多麼了解美國軍方的內部資訊。在另一次開會時，他們拿了一組美國空軍在維吉尼亞州蘭利（Langley）的精準投放中心（US Air Force Targeting Center）作的投影片，這是公司以某種方式拿到的，內容是美國已經「將社會文化行為因子納入戰略規畫」，試圖「把目標受眾『化為武器』，增強對抗敵國的非動能武力」。這時尼克斯依然遲遲不說他要幹麼，讓我覺得非常不對勁。之前他只要一寫好賄賂部長或設局仙人跳的計畫就會拿來說嘴；這次卻說不清楚，或者一直不願意解釋我們為什麼要不斷聯絡這家「客戶」。在開會的時候甚至一直跟對方說「我們已經派人到現場了。」

劍橋分析竟然開始調查普亭的在美支持度

在跟盧克石油開第一輪會議的幾個月前，劍橋分析聘了一位叫做山姆・帕騰（Sam Patten）的人，他在各國做政治遊說，生活多采多姿。帕騰 1990 年代曾在哈薩克的石油公司工作，之後進入東歐政壇。劍橋分析雇用他時，他才剛幫一個親俄的烏克蘭政黨做完案子，在跟俄羅斯聯邦軍隊總參謀部情報總局（GRU）前官員，康斯坦丁・克里姆尼克（Konstantin Kilimnik）合作。雖然帕騰說他沒有給過克里姆尼克任何資料，但後來有人發現曾任川普

競選總幹事好幾個月的曼納福特（Paul Manafort）曾經在別的地方把美國選民投票資料給了克里姆尼克。帕騰在 2000 年代初的莫斯科認識了克里姆尼克，後來在烏克蘭幫曼納福特的公司工作，帕騰進入劍橋分析之後，兩人成為了正式的商業夥伴。

帕騰是處理黑暗國際事務的完美人選，而且跟當時劍橋分析裡愈來愈多的共和黨人很熟，所以他一進公司就被分到美國工作，負責管理美國研究計畫所需的資源，例如焦點團體訪談、資料蒐集等等，同時也負責設計一些民調問題。2014 年春，他去奧勒岡接手蓋特森的一些案子，研究美國人的社會與心態。

不久之後，我發現公司的研究怪怪的。某天我在倫敦檢查田野報告時，注意到公司竟然在美國做了一個為俄羅斯設計的實驗。當時美國的業務如雨後春筍增長，為此也新聘了一些人，很難追蹤每一項研究分別有誰碰過。我猜，也許這是因為有人開始研究美國人對國際問題的看法吧，但我一打開問卷與資料庫，卻發現全都跟俄羅斯有關。奧勒岡的團隊竟然在問美國人這樣的問題：「你覺得俄羅斯有權擁有克里米亞嗎？」、「你覺得普亭的領導稱職嗎？」而且還給焦點團體看普亭的各種照片，請受訪者指出看起來最強壯的地方。我不禁點開幾個焦點團體訪談的影片紀錄，發現真的很詭異：工作人員放出普亭的照片和俄羅斯版本的敘事，然後問這些美國選民對螢幕上的強大領導者有什麼感覺。

有趣的是，雖然俄羅斯跟美國作對了幾十年，美國人依然相當欽佩普亭的領導能力。

一位受訪者說，「他有權保護他的國家，做他認為對國家最有利的事情」；另一位則說克里米亞之於俄羅斯，就像墨西哥之

於美國，只不過歐巴馬啥都沒做，普亭卻採取了行動。我一個人坐在下班之後黑漆漆的辦公室裡，看著這些美國人討論俄羅斯對克里米亞的主權，決定拿起電話打給當時在美國的蓋特森，問他能不能透露這些關於普亭的訪談究竟是誰批准的。但他也不知道，「它們就這樣突然出現了，」他說，「我以為是上面某個人授意的。」

當時我腦海不禁閃過帕騰跟東歐政圈之間的關係，但沒有繼續多想。到了 2014 年 8 月，某位帕蘭泰爾的員工寄了一封電子郵件給我們的資料科學小組，信中某條超連結顯示俄羅斯人竊取了海量的網路瀏覽紀錄。對方鬧著我們說「還說你們最會找資料呢，要輸了喔！」兩分鐘後，我們的一名工程師立刻回道「這招我們也會啊。」我不知道他是不是在開玩笑，但根據之前給尼克斯的內部備忘錄，我確定公司當時已經跟俄羅斯前情報單位官員簽約合作了其他案子。

科根從 2014 年 5 月起擔任那個案子的首席心理學家，當時他正訪問聖彼得堡與莫斯科。他沒有透露自己在俄羅斯做了什麼，但我知道他在對社群媒體使用者作心理剖繪。那項俄羅斯研究主要是要找出偏差人士，研究他們可能會用哪些方法在社群網路上惡意挑釁。他在國立聖彼得堡大學拿俄羅斯政府的經費研究黑暗心理三要素，以及這些要素與網路霸凌、挑釁言論、網路騷擾之間的關係；同時也探討臉書上的政治議題，發現病態人格得分較高的人最有可能發文討論獨裁政治。他的團隊在某份研究簡報中表示，科根與臨床心理學家和計算心理學家合作，「用一種特殊的線上程式來研究美國與俄羅斯的臉書使用者個人資料」。到了夏末，科根開始在俄羅斯教課，主題是社群媒體的心理剖繪

可能的政治應用。我記得他跟我說過，他在聖彼得堡的工作與在劍橋分析的工作「有重疊之處」，但可能只是巧合。我在國會質詢中表示，我個人認為科根完全沒有惡意，只是天真而且過於粗心而已。

客觀來說，私人資料的資安都很差。

早在科根出現之前，劍橋分析的母公司 SCL 就用是用網路散佈政治宣傳的老手；但科根卻專門研究具有威權特質的選民，找出哪些說法可以爭取他們的支持。在科根加入之後，劍橋分析的心理學團隊就開始重複他在俄羅斯的一些實驗，去剖繪那些黑暗三元素很強烈的神經質人士。這些人比較衝動、容易相信陰謀論、只要用對方法推一把就會萌發極端思想與極端行動。

我隱隱然覺得不該跟公司簽長期合約

所謂上樑不政下樑歪，尼克斯與劍橋分析就是好例子。尼克斯除了在威脅別人的時候相當快樂以外，更是傷害別人的天才，知道怎樣說話能讓人最痛苦。例如他一天到晚叫我「瘋子」或「怪胎」，讓我覺得自己一無是處。雖然我很恨他，卻會為了證明他是錯的而更努力幫他工作。我們最後猜想他之所以不斷惡言惡語虐待每個人，是因為他相信唯有「說出事實」才能讓別人像他想要的那麼認真工作。此外他還以貶低員工為樂，總像龍捲風那樣在辦公室裡颲來颲去，看到誰都罵一頓。

有一次我們幾乎以為尼克斯要出手打人。我記不得當時發生了什麼，但總之他突然抓狂，把所有東西都從實習生桌上掃下

來，緊貼著實習生的臉大吼，口水都濺上了對方的臉頰。我們裡面最高大的尤西卡斯忍不住站起來走了過去，「尼克斯，你該喝點酒了。去酒吧跟我喝一杯吧。」尼克斯離開之後，實習生還待在原地不斷大聲喘氣，直到另一位同事建議他離開避避風頭。結果等到我們幾個把他弄亂的東西收拾乾淨，尼克斯開開心心地回來了，好像什麼都沒發生過一樣。

有時候他發完脾氣之後甚至會把責任怪到對方身上，說什麼「你總是逼得我大吼大叫」，好像他無法控制自己情緒似的。其中最讓我害怕的是，在我被罵完還驚魂未定的時候，他已經進入下一個狀態，然後完全否認自己剛剛發過脾氣。這很恐怖，他會平心靜氣地告訴你，讓你不開心的事情從來沒有發生過，久而久之你就會開始懷疑自己是不是瘋了。尼克斯會說「你該學著長大，不要那麼敏感。如果你一直說我在生氣，我會沒辦法信任你啊。」

劍橋分析的爆發式成長，最後造成了短期與長期影響。公司剛成立時我一直拒絕簽約，雖然簽下去就能獲得股份，但跟這家公司建立長期關係讓我緊張。頭頂上一直有個聲音叫我別這麼做。

我的遲疑不決令尼克斯大發雷霆，最後直接板起臉把我關進房間，對我大吼痛斥。但我依然不為所動，於是他一抬手就掀翻了我旁邊的椅子。他打開房門之後，我立刻逃出辦公室，兩個禮拜都沒回去。尼克斯和我都知道默瑟要的東西只有我造得出來，事實是他比較需要我，而非我比較需要他；但他依然固執傲慢到不願意親口說一句對不起。過了一陣子之後他找了尤西卡斯向我表達歉意，我心不甘情不願地回來工作，但還是拒絕跟公司簽約。

成為右派大本營，各種道德淪喪的案子都接

　　劍橋分析的客戶名單最後變成了美國右派的星光大道。川普與克魯茲（Ted Cruz）的團隊各自都付了 500 多萬美元。競選密蘇里州參議員的羅伊・布朗特（Roy Blunt）和阿肯色州的湯姆・柯頓（Tom Cotton）也跟公司合作。當然還有那位在家裡蒐集尿液和教堂管風琴，競選奧勒岡州眾議員失利的艾特・羅賓森。2014 年秋天，傑布・布希（Jeb Bush）孤身一人拜訪公司；尼克斯找蓋特森一起來開會，因為他不想了解美國政治，儘管默瑟給了天文數字的投資。傑布・布希告訴尼克斯，如果他決定競選總統，他希望能用**自己的方式**來選，不需要向「黨內那群瘋子獻媚」。

　　尼克斯想在談話中虛張聲勢，便回道「當然好，當然好」。談完之後，他興高采烈地覺得可能又簽下了一個大客戶，堅持立刻打電話告訴默瑟家族這個好消息，但顯然忘了默瑟家族支持克魯茲。電話的另一頭是麗貝卡・默瑟，尼克斯撥出電話，按下擴音，這下每個人都聽得到麗貝卡對剛剛那場精彩萬分的會議有何反應了。

　　「傑布・布希州長剛剛來我們公司，說要跟我們合作。你覺得如何？」尼克斯驕傲地問。麗貝卡頓了一會之後斷然回道「嗯，我希望你說你們絕對不會同意。」然後立刻掛了電話。哇喔，還真狠。

　　除了總統候選人，其他人也找上劍橋分析。福音派領袖拉爾夫・里德（Ralph Reed）就是個例子，他來洽談時，尼克斯在帕摩爾牛津劍橋俱樂部（Oxford and Cambridge Club）的豪華餐廳安排了一頓午餐，里德花了兩小時解釋他要做什麼，劍橋分析可以怎麼

幫美國對抗同性婚姻這種道德淪喪現象，怎麼幫忙處理其他文化問題。聊完天時尼克斯已經有點醉了，他回到辦公室就用一貫的蠻橫口氣宣布：「各位，我們接了一個跟同志有關的案子，如果那算是跟同志有關的話」。

我在 SCL 與劍橋分析工作時，通常都覺得眼前的一切很不真實，原因之一就是我眼前的東西都是虛擬的。這會讓工作像是某種解謎挑戰，像某種不斷打怪升級的電腦遊戲。這樣做會怎樣？能不能把這個紅角色變藍，藍角色變紅？當你坐在辦公室裡盯著螢幕，就很容易陷入深沉黑暗的漩渦，看不見自己到底在做什麼。

不過我最後還是無法對眼前的一切視而不見。當時出現了一種叫政治行動委員會（Political Action Committee，PAC）的怪東西，其中的佼佼者約翰・波頓（John Bolton），也就是後來川普政府的國安顧問，給了劍橋分析 100 多萬美元要我們找方法在美國年輕人中推廣軍國主義，他擔心七、八年級生「道德過於軟弱」，不願意跟伊朗這類「邪惡」國家開戰。

尼克斯開始要我們在美國客戶的案子裡改用假名，並聲稱研究是幫劍橋大學做的。我寫電子郵件給同事試圖阻止，「說謊是不對的，」我說，而且可能會吃上官司。但沒人理我。

我覺得自己被一個既不了解也無法控制的東西逐漸吞噬了，而這個東西的本質極為噁心。但另一方面，我也相當失落，無路可出。我開始去夜店或派對通宵狂歡，有時候傍晚離開辦公室鬧個整晚，徹夜沒睡就直接回來上班。倫敦的朋友們發現我失去了自己，蓋特森最後也問我，「克里斯，你還好嗎？你看起來怪怪的。」不，我很好，我只是心如死灰。好幾次我都想去找尼克斯

吼回去，但卻每次都阻止了自己。於是我只能一個人出去，用震耳欲聾的音樂和不斷舞動的身體接觸提醒自己這一切都是真的而不是夢境。而且當音樂夠大聲，你就可以放聲嘶吼，沒有人會發現。

公司明確在誘發種族歧視，我已忍無可忍

　　劍橋分析的工作似乎變得一天比一天邪惡，他們接了一個叫做「推開選民」（voter disengagement，又稱「壓制選民」，voter suppression）[14] 的案子，專門針對非裔美國人。這些共和黨客戶擔心少數族群的票變多，跟日益老化的白人基本盤相比，有色人種的威脅愈來愈大，於是共和黨就開始想辦法把有色人種搞糊塗、削弱他們的投票動力、讓他們覺得自己沒有力量。我發現公司接了壓制選民的案子時，有如摘膽剜心。我想起自己 2008 年去看歐巴馬競選造勢大會的往事，不禁自問**我現在為什麼會變成這副模樣**。我告訴一位新上任的經理，無論客戶想要什麼，壓制選民的案子可能會觸法；結果對方也把我當耳邊風。我打電話給公司在紐約請的律師，留言請他們回電，結果石沉大海。

　　2014 年 7 月，我收到了一封貝瑟維爾律師事務所（Bracewell LLP，就是前紐約市長朱利安尼〔Rudy Giuliani〕曾合作的事務所）寄給班農、麗貝卡‧默瑟，以及尼克斯的內部機密備忘錄副本。劍橋分析問他們，外國人影響美國選舉會遇到那些法律問題，於是他們

14　編注：藉由阻止特定人群投票來壓低對手選民投票率的策略。

備忘錄簡述了《外國代理人登記法》，並強調美國嚴格禁止外國人影響美國的選舉或政治行動委員會，無論影響的是地方級、州級還是聯邦選舉。這份備忘錄建議尼克斯立刻從劍橋分析的一切實質管理行為中抽身，直到他們找出「法律漏洞」為止；同時也建議劍橋分析「濾掉」所有外國員工，只讓美國公民繼續做這類工作。我一讀完立刻把尼克斯拉進房間，勸他注意這個警告。

當時劍橋分析已經開始要求外國員工飛往美國之前簽一份棄權書，聲明如果違反了任何選舉法律都由自己承擔，而這些員工全都不知道貝瑟維爾事務所寄來備忘錄的事。我氣炸了，立刻衝過去找尼克斯理論。

「尼克斯，他們被告上法庭怎麼辦？」我對著他大吼，「你要負責嗎？」

「喔，那是**他們的**問題啊，跟我又沒有關係，」他說，「他們是大人了耶，總該懂點法律，自己決定要怎麼做吧。」

才怪，有問題的不是這些員工的決定，是尼克斯的決定。幸好我並不孤單，心理團隊的某位同事向我簡介新研究計畫時也提出了類似的疑慮，擔心公司似乎是想用研究成果來強化，而非降低目標受眾的種族主義。他說「我覺得這項研究不該繼續下去」。

種族問題是公司最早開始研究的主題之一。這種研究本身很正常，畢竟種族衝突就是美國文化與歷史的重要元素。參與這類計畫的心理學家一開始都以為公司要用研究結果來被動蒐集人們的種族偏誤，甚至是要用來降低這些偏誤的傷害。但由於我們不像傳統的研究機構那樣先做倫理審查，沒有人想過這類研究可以如何用來為惡，沒有人知道事情會變成現在這樣。

我知道班農總是不斷在嫌美國變化太快，他深信未來即將發

生一場大衝突，並且用近乎拜物式的東方主義去誤解印度哲學中的「法」。公司裡有很多人都不理他，只把他當成動物園裡另一個需要安撫的瘋子。很多劍橋分析的員工之前都在 SCL 遍布世界的資訊戰案子中見過各種大風大浪，班農跟那些牛鬼蛇神相比只是小綿羊。

但在默瑟投資之後，公司發展一日千里，我無法充分了解那些與種族問題相關的案子究竟成長到什麼規模。尼克斯與班農雇用的那些新經理開始阻止我跟他們一起討論，新案子也不再自動找我開規畫會議。我當時以為那只是尼克斯的另一套弄權把戲，所以雖然生氣卻未起疑。直到團隊中的某位心理學家過來找我，給我看幾項新的種族問題研究計畫為止。其中某份計畫的主要文件列出了它對美國受試者問了哪些問題，看得我膽戰心驚。**原來公司已經在設法利用認知偏誤，改變人們對外部群體的觀感；已經非常明顯地利用誘導性的提問與照片，引發受試者的種族主義。**在某段現場實驗（field experiment）的影片中，男性受試者聽完了劍橋分析研究人員的誘導性問題之後大發雷霆，噴出一連串種族歧視的髒話。過去我曾協力打造的東西，如今變成了我的敵人。

我不禁想著，史丹利・米爾格蘭（Stanley Milgram）在看著實驗受試者的時候是不是也有一樣的感覺[15]。我們在幫那些價值與我們完全相反的人賣命。班農與默瑟很喜歡找那些他們要傷害的人：酷兒、移民、女性、猶太人、穆斯林、有色人種來上班，這樣就能利用我們的觀點與經驗更有效地壓迫我們。這家公司已經

---

15 編注：指米爾格蘭在耶魯大學執行的「權威服從實驗」（Obedience to Authority Study）。研究結果發現，多數受試者都會服從權威，執行違背良心的命令。

不是在對抗那些束縛女性、虐待不信教的人、折磨同志的極端分子了；現在它的老闆**就是**一群極端分子，他們想把美國和歐洲變成夢想中的反烏托邦。尼克斯心知肚明，但毫不在乎，他願意為了多接幾個案子而對那些偏執狂和恐同者卑躬屈膝，他希望員工不僅睜一隻眼閉一隻眼，最好還能**出賣自己的同類**。

於是我們打造了一台機器，在美國散佈仇恨與瘋狂的妄想。這些敗德與違法行徑最後終於讓我忍無可忍，我不要再為虎作倀。

確定離職，尼克斯氣炸

到了 2014 年 8 月，發生了一件恐怖的事。某位在 SCL 做了很久，同時也是尼克斯知心好友的員工，從非洲回來時得了嚴重的瘧疾。走進辦公室時眼睛都是血絲，滿頭大汗，含含糊糊地說著一些瘋言瘋語。當時尼克斯還在因為他遲到而對他咆哮，我們其他人全都勸他立刻去醫院。但他還沒走到醫院就倒了下來，一路滾下樓梯，頭重重地撞在水泥地上陷入昏迷。他的腦腫了起來，醫生切除了部分頭骨，說認知功能可能會永久受損。

尼克斯從醫院回來之後，就去問人資部門該如何避開責任險，以及他還得幫這位忠實朋友付多久的醫藥費。這簡直冷漠至極。在那一刻，我確定尼克斯是個怪物。更糟的是，怪物不只有他一個。

班農也是怪物，而我擔心如果繼續待下去，我很快也會變成怪物。

短短幾個月前讓我做得很開心的社會與文化研究，如今催生出了這種恐怖的惡魔。那種氣氛很難解釋，就像每個人都混混沌沌不知自己在做什麼，但我醒了過來，發現一個噁心的意念正在化為現實。在清醒之後，我不斷擔心尼克斯那些邪惡的願望會造成多麼可怕的傷害，晚上不斷盯著天花板無法入睡，深陷痛苦與昏亂之間。某天晚上，我在凌晨三點打給加拿大的爸媽問他們該怎麼辦。「答案就在你面前，」他們說，「如果你一直睡不著，整天亂打電話找人求助，那其實你早就知道該怎麼做了。」

我告訴尼克斯我要走了。我想盡快擺脫他跟班農的病態心理，否則我可能也會變得跟他們一樣。

結果尼克斯開始綁架我的忠誠心，讓我以為如果我拋棄了公司裡的朋友，我就是個壞人。畢竟班農案子裡的員工都是我找來的，他們信任我，我也不想背叛他們。

「克里斯，不要留我一個人在尼克斯旁邊，」蓋特森說，他加入公司的主要目的就是想跟我一起工作。「你要走的話，我也一起走。」

我不想離開朋友和同事，但劍橋分析以及它在世上的所作所為已經變成了我厭惡的怪獸。我告訴尼克斯我可以逐漸從公司退場，退場方法可以談，但我辭意已決。結果他做了一件再習慣不過的事：中午找我去吃飯。

我們去了一家位於綠園（Green Park）的餐廳，附近就是白金漢宮。兩人剛坐下來，尼克斯就說，「好吧，我知道我們兩個總有一天會談到這件事。所以你要多少錢？」

我說這不是錢的問題。

「別裝了，」他說「這家公司我管很久了。我知道所有事情

都是錢的問題。」

　　他說好幾個同事都要求過加薪，而我卻相反，明明他給我很少薪水，我卻從來沒提過加薪。事實的確如此：我是全公司薪水最低的人之一，只有其他人的一半，反觀里彭計畫新員工的薪水都是其他人的三到四倍。但我搖了搖頭。結果尼克斯說，「好啦。我把薪水提到現在的兩倍，這樣可以了吧。」

　　「尼克斯，我不是在跟你談薪水，」我說，「我要辭職了。這邊的事情讓我受夠了，我不想繼續待在這裡。」我的聲音愈說愈低，尼克斯似乎也發現事情不對勁，於是貼過來說「可是，克里斯，**這家公司是你的孩子啊。我知道你是怎樣的人，你不會把自己的孩子扔在大街上吧？**」當時我大概是動搖了，於是他趁勝追擊：「它才剛出生，你不想親眼看著他長大嗎？不想看看它會進哪一所學校嗎，說不定會進伊頓公學耶？你不想看看它會活出多豐富的人生嗎？」

　　他似乎很喜歡這種比喻，但我一點也不感動。我說與其把我形容成父親，還不如說是捐精者，我無法阻止這個孩子長成怪物。結果尼克斯立刻換一招說，不然劍橋分析新成立一個「時尚研究」部門好了。

　　「天啊尼克斯，你開玩笑嗎？都有心理戰跟茶黨了……你現在要把手伸到時尚界？尼克斯，你太誇張了。」

　　說到最後他火了起來，「好啊，到時候你就變成披頭四的第五人（the fifth Beatle）吧。」

#奈及利亞　#精神虐待

第五隻甲蟲（The fifth beetle）？ [16] 那是啥？某種埃及聖甲蟲寓言嗎？隔了好幾秒我才想到，他是在說在我出生 30 年前的那個搖滾樂團。

我後來妥協說，我等 11 月初期中選舉結束再離職，但尼克斯還是要說我有多不明智。

「克里斯，你不知道你在這裡創造的東西有多偉大，」他說，「等到我們全都進了白宮，只留你一個人在外面，你才會發現自己犯了多大的錯。」

白宮？即使以尼克斯的標準，這也太浮誇了。他說我的名字原本會出現在白宮西廂辦公室的，我卻蠢到自己放棄一切。

「你要走就走吧，」他說，「不要給我回來。」

操弄選舉不合法，但在非洲就沒關係

在班農接手把公司搞得一團糟之後，我只待了不到一年。但如今想想，我真不懂為什麼之前可以待這麼久。我日復一日地無視身邊的各種警訊，不斷騙自己一切正常，享受無拘無束的學術自由，聽著世界各地頂尖大學的學者說我們即將為社會科學帶來一場「大革命」。這讓我變得貪婪，假裝沒看到這些事情的黑暗面。很多朋友也一樣，我想說服科根辭職，他也承認他的案子可能會出現很多道德問題，但最後還是決定在我離職之後繼續工

16　編注：指發掘披頭四的經紀人布萊恩‧愛普斯坦（Brian Epstein），他一直想要成為樂團的一員。這裡是尼克斯暗喻懷利雖培植了劍橋分析，卻無法分享最後的成功果實。

作。在我知道科根要留下來之後，我就不幫他拿他需要的資料集，我擔心他拿到的每一份資料最後都會落到尼克斯、班農、默瑟的手中。我認為許多原本想做學術研究的機構，最後都淪為劍橋分析逐漸擴大的邪惡同盟裡另一個角色。在我拒絕幫科根之後，科根就要我刪除從他那裡拿到的所有資料，於是我刪了。這對我的傷害非常大，因為他在訪談時特別加入了時尚與音樂的問題，全都是我預測時尚趨勢的博士論文可以用的資料。後來讓我繼續待著的唯一理由只剩下用這些研究去寫博士論文，但資料消失之後我也不得不放棄博士之路。但我最難過的是我為什麼會讓尼克斯完全控制我。我讓他抓出我的每一種不安全感與心理漏洞，然後幫他找出國家的每一項安全問題和漏洞。我犯下了不可原諒的大錯，一輩子都逃不開這恥辱。

我在離開劍橋分析之前，他們正打算進一步操弄奈及利亞的大選。正如尼克斯對盧克石油所說，公司對這個非洲國家很熟，知道要怎麼造謠。劍橋分析知道很多外國勢力都有干預非洲國家選舉，即使自己參一腳也不會有人注意，畢竟這是非洲嘛。雖然經過了 1960 年代的解殖運動，許多西方強權還是覺得自己有權干預自己以前的非洲殖民地，只是如今必須做得更小心。歐洲的發展全都仰賴非洲的石油、橡膠、礦藏、勞工，即使殖民地宣布獨立也一樣。

劍橋分析在奈及利亞進一步實驗了精神虐待的威力。此外，以色列、俄羅斯、英國、法國那些用「公民參與」計畫掩人耳目的作戰總部，甚至全都跟劍橋分析設在同一家旅館裡。各國的團隊都很有默契：操弄選舉不可以，但如果是在非洲國家就可以。

劍橋公司的團隊名義上支持總統古德拉克·強納森（Goodluck

#奈及利亞 #精神虐待

Jonathan）競選連任，強納森是基督徒，對手穆罕默杜・布哈里（Muhammadu Buhari）則是溫和派的穆斯林。一群奈及利亞大富豪擔心布哈里上任之後會取消他們的採油與採礦權，大幅削減他們的主要收入來源，於是雇用劍橋分析來幫強納森勝選。

「劍橋分析」合成真實的酷刑和謀殺影片，去恫嚇奈及利亞選民

　　劍橋分析用老方法打這場選戰，不去增加強納森的選票，而是設法拉低布哈里的選票。對奈及利亞富豪而言誰贏並不重要，只要贏家夠明白這些有錢人可以怎麼整你，願意做得多狠就好。那年 12 月，劍橋分析聘了一位叫做布特妮・凱瑟（Brittany Kaiser）的女性擔任「業務開發總監」。凱瑟的經歷讓尼克斯垂涎三尺，他第一次開會的時候就去跟凱瑟調情，說「讓我把你灌醉，偷走你所有的祕密吧。」凱瑟出身於芝加哥的富裕郊區，就讀麻省的高級私立名校菲利普斯學院（Phillips Academy，兩任布希總統都畢業於該校），畢業於愛丁堡大學。她畢業後去利比亞作了一些計畫，在那裡認識了一位叫做約翰・瓊斯（John Jones）的律師，瓊斯在英國律師界德高望重，客戶同時包括格達費之子賽義夫（Saif Qaddafi）以及維基解密的朱利安・亞桑傑（Julian Assange）。凱瑟後來也因為當瓊斯的顧問而結識亞桑傑。2014 年年底，就在我要離職之時，她進入劍橋分析。

　　劍橋分析以雙管齊下的方式操弄奈及利亞選舉。他們一方面蒐集布哈里的黑歷史去破壞他的名聲，另一方面用影片恐嚇人民

#俄羅斯宣傳小尖兵 #情報滲透 #美國憲法第一修正案

不要投給他。凱瑟去了以色列，並說她透過當地的熟人認識了一些顧問。而根據我看到的奈及利亞案子內部資料，劍橋分析自己也從各國雇了一些前情報人員。目前還不確定劍橋分析是否有人刻意找了駭客來幫忙，有的話是誰聘的；但可以確定公司最後以某種方式獲得許多關於布哈里的敏感資料，也許是用駭的，或是用偷的。總之他們從布哈里陣營的電子郵件、資料庫、甚至個人醫療紀錄發現一件當時民眾並不知道的事：布哈里可能患有癌症。而且劍橋分析不是只在奈及利亞才會偷資料打選戰，他們在加勒比海島國聖克里斯多福也駭過反對派領袖的黑歷史。

去駭別人的個人醫療紀錄和電子郵件已經很噁心了，但劍橋分析拍的宣傳影片更惡劣。他們瞄準那些傾向布哈里的地區，在Google等主流網路下廣告，讓這些地方的奈及利亞人在瀏覽新聞的過程中看見一個表面上人畜無害的誘餌，例如八卦頭條或者性感的女性照片。如果他們點進誘餌，就會出現一個空白視窗，正中央開始撥放影片。

影片很短，只有一分多鐘。一開始通常是男性的畫外音，「這是2015年的2月15日。充滿了黑暗、恐懼與混亂。如果布哈里上任之後實現承諾實施伊斯蘭法，奈及利亞會變成什麼樣子？」這段話說完，就突然切入你所能想像最恐怖的大屠殺畫面：一名男子拿著鈍砍刀慢慢地鋸開另一名男子的喉嚨，鮮血從受害者的脖子噴湧而出，然後被丟進溝中等死，身邊的地面全都被他的鮮血染紅。接下來又切進另一個畫面，一群男人綁起一個女人，在她身上澆滿汽油點火燃燒，女人在火中淒厲地尖叫。這些畫面全都不是演出來的，而是由真實的酷刑和謀殺紀錄剪接而成。

我離開劍橋分析之後很多人也跟著辭職，他們認為如果我這

個知道公司所有祕密的人覺得公司很有問題，那它**就是**很有問題。後來公司開始操弄奈及利亞選舉，又引發另一波辭職潮。到了 2015 年 3 月，尤西卡斯、克里柯、蓋特森以及其他幾位我重視的人，全都跑光光了。不過還是有人因為一些理由留了下來，例如凱瑟到了 2018 年才離開，並且在我給媒體與政府的證據讓劍橋分析陷入困境之後，公開站了出來。她說她不知道劍橋分析雇用了駭客，並在英國議會的質詢中表示她認為這家公司只是擅長「蒐集情報」，並使用「許多不同類型的資料軟體去追蹤銀行帳戶之間的轉帳紀錄……實際方法我也不清楚。」

離職後我才想通，俄羅斯早就滲透了劍橋分析

當我還在劍橋分析的時候，有很多事情我沒有看透，離開之後才注意到背後的意義。在公司時我習慣了那裡的氣氛，習慣每天都有怪人來來去去：穿著深色西裝的可疑人物、頭上的軍盔跟餐盤一樣大的非洲國家高層，還有班農這種怪人。如果每件事都會讓你不舒服，在這家公司你絕對撐不下去。

如今我知道盧克石油跟俄羅斯聯邦安全局（Federal Security Service，FSB。該局是 KGB 的後繼者）簽有正式合作協議。美國眾院情報委員會裡面的人後來也告訴我，盧克石油經常擔任聯邦安全局的替身，幫他們蒐集情報。該公司有許多高層都被抓到在其他國家，例如捷克，進行間諜工作。2015 年，烏克蘭國安部門指控盧克石油資助頓內次克（Donetsk）與盧甘斯克（Luhansk）的親俄叛亂。對於自己在地緣政治中的角色，該公司執行長阿列克佩羅夫

#俄羅斯宣傳小尖兵 #情報滲透 #美國憲法第一修正案

表示「我只在一件事情上涉入政治，那就是幫助這個國家和這個公司。」

　　說起來，也許這就是他們找上 SCL 的主因。SCL 擁有豐富的東歐經驗，而且 2014 年正在討論是否要再幫北約作一個對抗俄羅斯政治宣傳的案子。在那之前，SCL 還參與過波羅的海國家的競選活動，負責讓俄羅斯當該國政治問題的代罪羔羊。一份關於該案子的舊報告記載，「說白了，我們就是把失業與一些影響該國經濟的問題都怪到俄羅斯頭上。」此外，就在盧克石油資助頓內次克的親俄叛亂時，SCL 的國防小組剛好接了一個「侵蝕並削弱頓內次克人民共和國（Donetsk People's Republic，DPR）」的案子，開始「蒐集當地人口資料進行分析，根據分析結果制訂戰略，讓烏克蘭政府奪回頓內次克的控制權。」這個案子讓透過盧克石油在歐洲展開工作的俄羅斯情報單位，就此盯上了 SCL。

　　要說起來，當時跟尼克斯和我開會的這些「盧克石油高層」，應該百分之百就是俄羅斯情報人員。對方似乎想進一步瞭解我們這家同時也為北約部隊工作的公司，或許也是因為這樣才問了一大堆關於美國案子的問題，而且尼克斯的樣子剛好就是只要多灌幾句迷湯就什麼都願意講。開會過程中我並不知道對方的底細，尼克斯可能也完全不知道。更糟的是，對方即使不駭進劍橋分析的資料庫也能拿到臉書使用者的資料，因為尼克斯說了這些資料可以去找誰拿：當時位於俄羅斯的科根。

　　科根未必知道這一連串事情，但只要在他去俄羅斯演講的時候找個方法側錄他的鍵盤，就能用他的帳密去拿到臉書使用者的資料了。英國當局在 2018 年查封劍橋分析的伺服器之後，政府的資訊專員辦公室就表示「該公司的系統中某些與本次調查有關

的部分，曾經被俄羅斯與獨立國協的 IP 存取過。」

　　總結起來，我離職前最後幾個月的狀況令人大開眼界。有人在我們的研究訪談裡塞滿了和普亭與俄羅斯相關的問題。我們那位能夠拿到臉書資料的首席心理學家，則是同時在聖彼得堡拿俄羅斯的錢作另一項研究，在演講中用俄語解釋劍橋分析如何打造一個美國選民的心理剖繪資料庫。我們讓帕蘭泰爾的高層自由進進出出。也讓一個與俄羅斯聯邦安全局有關係的俄國大公司去看我們手中掌握的美國人資料。我們甚至讓尼克斯在簡報中告訴俄羅斯人我們有多擅長放假新聞和造謠。此外還有一些內部文件指出，劍橋分析當時正與前俄羅斯情報官員合作開發新的資料入侵能力。

《美國憲法第一修正案》是摧毀美國民主的一大漏洞

　　在班農成為副總經理的那年，劍橋分析開始做的事情已經隱隱預告了 2016 年美國大選的劇情。內部文件顯示，公司當時用了駭客，甚至可能包含俄羅斯的駭客，來竊取競選對手的電子郵件；然後用郵件的內容來攻擊對手，例如造謠說對方候選人的身體狀況有問題之後，並將這些偷來的黑歷史溶入假消息中，用精準投放的方式放送給社群媒體上的目標受眾。也許是巧合吧，很多操弄奈及利亞選舉的工作人員也有去作劍橋分析影響美國選民的案子。在奈及利亞案子結束一年後，公司任命布特妮・凱瑟成為英國脫歐案子的營運主管，並讓山姆・帕騰跟保羅・曼納福特一起去幫川普競選。帕騰在 2018 年被特別檢察官羅伯・穆勒起

訴，之後因為沒有登記為外國代理人而被判有罪。帕騰的商業夥伴克里姆尼克也被起訴，但他留在俄羅斯一直沒有出庭。至於我則是到了別人發現帕騰與疑似俄羅斯情報人員的人有關之後，才重新開始懷疑為什麼我們研究計畫的訪談中，會去問一堆關於普亭與克里米亞的問題。

帕騰也有在奧勒岡州作訪談，問了很多關於俄羅斯外交政策與普亭領導力的問題。俄羅斯為什麼想知道奧勒岡人喜不喜歡普亭呢？因為劍橋分析模擬了人們的答案之後，就可以用資料庫找出比較親俄的美國人在哪些地方。俄羅斯政府當然有在該國國內作宣傳，但他們也想在其他國家培植親俄的代理人。如果俄羅斯想要在網路上散播觀點，最好先知道哪些人比較可能支持俄羅斯的世界觀。而要讓他國人民接受俄羅斯宣傳，**網路**正好是規避西方國家的「國家安全」規範最狡猾的途徑，因為大部分的西方國家公民都有言論自由權，即使你的發言認同敵國的政治宣傳，國家也保護你的言論自由。這項權利正是網路宣傳戰的免死金牌。美國情報機構即使知道俄羅斯的情報單位影響一群美國人去發表親俄的政治言論，也不能阻止這些美國人，他們最多只能「超前部署」，設法預防敵國入侵美國的社群網路。

俄羅斯一直對美國處理言論自由與民主的方式嗤之以鼻。美國歷史上那些群眾運動與抗議，在俄羅斯領導人眼裡只不過是動亂與社會失序。當美國以公民權利為由開放同性婚姻，他們認為西方的墮落讓美國變得軟弱悖德。在莫斯科當局眼中，美國政治制度最明顯的問題就是保障公民權與《美國憲法第一修正案》。因此，他們要利用這項缺陷去劫持美國的民主。他們之所以認為這種方式會成功，是因為他們相信美國民主制度本身就有漏洞，

#奈及利亞 #精神虐待

只要在美國找出那些與俄羅斯觀點相似的人，讓他們按讚、分享、用自己的方式傳播出去，莫斯科當局心中那套美國民主會帶來混亂的預言就會成真。**美國憲法保護的言論自由體制讓俄羅斯的觀點在美國散播開來，政府完全沒有出手阻止。臉書當然也沒有。**

　　劍橋分析到底有沒有幫俄羅斯在美國放假消息？沒有人能肯定，而且並沒有確切的罪證能證明劍橋分析是罪魁禍首，而俄羅斯是幕後黑手。但我一直討厭在這種事情上執著「明確證據」，真正的警探不是用這種東西來查案的，而是用指紋、唾液樣本、輪胎痕跡、一撮頭髮各種蛛絲馬跡來拼出原貌。而這個案子的線索屋則包括：山姆‧帕騰在烏克蘭幫親俄的政黨打完選戰之後之後進了劍橋分析、劍橋分析調查了美國人民對普亭的看法、SCL幫北約工作之後被俄羅斯情報單位盯上、布特妮‧凱瑟曾經為朱利安‧亞桑傑的法律團隊提供諮詢、劍橋分析裡面負責蒐集臉書資料的首席心理學家在俄羅斯演講如何用社群媒體資料作心理剖繪，其中一堂就叫做〈新的溝通方式是一種有用的政治工具〉（New Methods of Communication as an Effective Political Instrument）、俄羅斯與獨立國協的 IP 存取過劍橋分析的系統、公司的內部文件提到了前俄羅斯安全部門，以及尼克斯對盧克石油高層說劍橋分析有美國的資料集而且有辦法放假消息。

　　我跟尼克斯在共進午餐時說要離職時，他覺得自己看得見未來。「下次你見到我的時候，」他說「我會在白宮，而你會無路可走。」事實顯示他也沒錯得多離譜。四年後我再次見到亞歷山大‧尼克斯時，他在英國議會裡回答之前在議會質詢時撒謊過的那些問題。他在我心中的一切名聲已經化為烏有，但他似乎沒發現，或者根本不在乎。他看見我坐在走廊時，只是向我眨了眨眼。

　　#俄羅斯宣傳小尖兵 #情報滲透 #美國憲法第一修正案

Chapter 9
CRIMES AGAINST DEMOCRACY

第九章

史上最大規模反民主罪

2016年 1 月，我決定應加拿大自由黨之邀，為該黨在國會的研究辦事處（Liberal Caucus Research Bureau，LRB）提供諮詢。賈斯汀‧杜魯道（Justin Trudeau）領導該黨在 2015 年的聯邦選舉中獲得大勝，籌組了新政府。杜魯道競選時的核心政見之一，就是恢復保守黨政府所廢除的人口普查，並制定更多基於實際資料的社會政策，重振加拿大的社會福利制度。他勝選後不久，幾位之前在自由黨工作時的同事就問我要不要加入杜魯道新成立的研究洞察團隊，以科技與創新來改善政治。

在那之前的幾年，我先是加入了英國自由民主黨的聯合政府，後來又進入劍橋分析，結果卻是不斷失敗。當時我知道自己可以貢獻一些東西，於是迫不及待想找點事做。要加入杜魯道的團隊就得回到加拿大，但他們同意除非有重要會議，否則我不需要去渥太華。當時我離開加拿大已經五年多，我在那裡的朋友不多。之前發生的每件事都帶來了巨大創傷，所以我想先待在家裡平復一陣子。

我到渥太華參加就職前會議與就職儀式時，腦海中溢滿了年輕時在議會想要打造選民投票網絡的回憶。我在十幾歲的時候開始正式幫反對黨領袖工作，如今我要結束過去的那個人生篇章。渥太華還是像多年前離開時那麼沉悶，在我去過倫敦之後如今它顯得更無聊。這個城市非常加拿大，就像華盛頓特區的健怡可樂版本，同樣都是首都，但就是少了一味。

#英國脫歐 #議員死亡 #暴力影片 #種族仇恨

英國發起脫歐公投，開支上限成關鍵

政府的政治研究部門位於皇后街 131 號，跟渥太華的其他地方一樣平淡無味，一半像是太空站一半像是滌罪的煉獄。整棟大樓充滿官僚主義的美學，大廳裡沒有窗，米色的房間裡沒有裝飾，偶爾點綴著幾座帶著藍色英法雙語標示的詢問處，彷彿提醒著路人「在加拿大你也可以說法語」。他們要我做的工作項目相當無聊：基礎技術設定、提供投票建議、監控社群媒體、一些簡單的機器學習和創新政策研究。這些東西既不特別也沒啥新意，但我覺得還好，因為這些工作不需要留在渥太華做。我馬上就能離開自由黨研究辦事處，同時去加拿大各地接其他案子，讓自己保持神智正常。

就在這時候，英國保守黨首相大衛・卡麥隆（David Cameron）宣布用脫歐公投決定英國的未來。自從 1972 年加入歐洲經濟共同體（European Economic Community，EEC）以來，疑歐派就一直想勸英國退出。最初的反對聲浪源自左派，許多工黨政客與工會成員都認為，歐盟的政團式協議將破壞他們的社會主義夢想。但當時國內大部分的同胞都支持留歐，在 1975 年的公投中，支持繼續留在歐洲經濟共同體的選票高達 67%。

後來歐洲共同體變成了歐盟，英國的左派跟右派大致都同意留在歐盟比較好。但到了 1990 年代初，右派的英國獨立黨（UK Independence Party，UKIP）因為抵制歐洲優先的思維日益壯大而崛起。1997 年，獨立黨創始人之一，大宗商品經紀商奈傑・法拉吉（Nigel Farage）推翻了該黨黨魁，並在 2006 年登上黨魁寶座。在他的領導下，英國獨立黨開始煽動白人的勞工階級去仇視移

民，並利用富裕白人對過去大英帝國的思古幽情爭取他們支持。後來的 911 恐怖攻擊、伊斯蘭恐懼症，以及布希與布萊爾時代的諸多衝突讓世界風雲變色。黑皮膚與棕皮膚的難民問題也逐漸釀成整個歐洲的危機，於是卡麥隆開始安撫支持者的民族主義，設法留住右派選票。保守黨擬定了公投草案，打算在 2017 年底之前解決此事。公投的日期訂在 2016 年 6 月 23 日。

　　英國公投時，競選資金大部分來自政府，選舉委員會指定雙方競選團隊之後，就會給雙方等量的競選資金。此外，選舉法也嚴格要求雙方遵守競選開支上限，防止某一方是因為錢多而勝選。這些規則跟奧運的反禁藥規定一樣，都是為了保障比賽公平。如果不加以限制，資源多的一方就可以投更多廣告，讓更多選民看到自己的說法。當然除了正反雙方以外，其他團體也可以展開宣傳，但政府不會發給它們競選資金，而且它們幾乎無法在遵守競選開支上限的情況下發揮多大的影響力。

瞄準那些失去人生掌控權的選民

　　各方政客與競選團隊必須在 2016 年 4 月 13 日之前，爭取脫歐方與留歐方的競選代表資格。脫歐方的兩大勢力分別是「投給脫歐」（Vote Leave）和「脫離歐盟」（Leave.EU）。留歐派的官方組織則從一開始就是「留在歐洲更強大」（Britain Stronger in Europe），此外「科學家支持留歐」（Scientists for EU）和「保守派要繼續待著」（Conservatives In）這些特化型的倡議組織也宣傳留歐。Vote Leave 的成員以保守派為主，夾雜少數疑歐的進步派。Leave.

#英國脫歐　#議員死亡　#暴力影片　#種族仇恨

EU 組織則幾乎完全主打移民問題，其中許多戰將都不斷用種族主義與極右派言論試圖激起大眾的怒火。這些組織的目標與意識形態各自不同，英國法律也禁止它們以任何方式合作。最後 Vote Leave 贏得了脫歐派的代表權，Britain Stronger in Europe 則代表留歐派。但脫歐派的兩大團體爭取選民支持的方式相當不同，而且最後因此比留歐派多拿到了許多選票。

那些大學畢業的都市人早就習慣天天看到移民，他們上班的公司也受益於移民的熟練勞動力，這些人不相信右派的危言聳聽，普遍支持留歐。低收入的英國佬，以及住在鄉下或舊工業區的人則比較容易支持脫歐。由於國家主權一直是英國人身分認同的核心之一，脫歐派就說加入歐盟之後英國主權一直在受損。留歐派則指出，維持現狀對經濟、貿易、國家安全都更有益。

Vote Leave 的領袖之一就是該組織的主要發言人鮑里斯・強生（Boris Johnson），這位自大的傢伙相信自己註定有一天要當上首相，他一直都是保守派的寵兒之一，也是某些保守黨選民最支持的人。另一位領袖則是麥可・戈夫（Michael Gove），個性相當謹慎，與強生完全相反，深受那些支持自由市場的英國人支持。Vote Leave 的口號「投給脫歐，奪回你的控制權吧」（Vote Leave, Take Back Control）在留歐派眼中相當可笑，但**這句話的重點根本與脫歐無關，這句話是在提醒選民他們無法掌控自己的人生**：工作沒有未來、沒有機會受教育，每次經濟風吹草動就首當其衝，而整個英國社會都對他們的困境不聞不問。Vote Leave 由英國議會最臭名昭彰的政治軍師多明尼克・康明斯（Dominic Cummings）和創立過好幾個右派遊說團體的馬修・艾略特（Matthew Elliott）共同發起。該組織內部有一些政治歧見，但康明斯的幕後操盤成功地

讓各方團結起來。

　　Vote Leave 的總部在泰晤士河邊西敏大廈的七樓與國會遙遙相望；Leave.EU 總部則在 100 多英里外布里斯托的萊山德之家（Lysander House）俯瞰著車水馬龍的圓環，同一棟大樓裡還有大富翁艾隆‧班克斯（Arron Banks）的艾爾頓保險公司（Eldon Insurance），這位富翁不僅是 Leave.EU 的創始人之一，更是該組織的主要金主。該組織在 2015 年夏天開始競選，同年 10 月開始與劍橋分析合作。至於名義上的領導人，則由著名的右派疑歐政客法拉吉擔任。在班農介紹班克斯與法拉吉去認識美國的羅伯特‧默瑟之後，劍橋分析就加入了脫歐活動，用演算法與精準投放幫 Leave.EU 打選戰。布特妮‧凱瑟和班克斯共同召開了記者會，宣布凱瑟擔任 Leave.EU 的新任營運總監。

　　在回加拿大不久之前，我跟幾個認識的英國政界人士一起喝酒，其中一位是保守黨人男同志，叫史蒂芬‧帕金森（Stephen Parkinson）是當時內政大臣特蕾莎‧梅伊（Theresa May）的特別顧問。雖然他是保守黨人，但我在政界的經驗顯示通常人們比較容易跟不同黨的人交上朋友，他們既不會直接跟你搶工作，也不太可能對你人身攻擊。帕金森說他剛請假離開內政部，去幫新成立的脫歐組織 Vote Leave 工作。我對此並不驚訝，還說我有幾個認識的人可能也會想加入。

　　其中一位是布萊頓大學（University of Brighton）的年輕學生，叫達倫‧葛林姆斯（Darren Grimes），我們最早是在自由民主黨認識的，後來該黨在 2015 年大選慘敗之後開始為了搶領導權而內鬨，摧毀了葛林姆斯的信任。他離開該黨之時請我把他介紹給保守黨，於是我讓他認識了帕金森。也許你從沒聽過葛林姆斯這號

人物，但他後來意外成為 Vote Leave 贏得英國脫歐的大功臣。

　　帕金森在我在離開倫敦之前見過幾次面，問我對資料分析的看法。雖然他當時沒有說，但他聽過劍橋分析，知道精準投放工具對英國脫歐會很有用。他想介紹我認識一個人，「他叫做多明尼克‧康明斯。」我一聽這個名字就怕了。

真是夠了，脫歐派又想打造政治界的帕蘭泰爾公司

　　多明尼克‧康明斯不是什麼 A 片男星的名字（不過可能蠻適合的），而是一個惡名昭彰的名字，因為在聯合政府的教育部裡善於弄權且難以應付而聞名。當時的首相卡麥隆事後暗示過康明斯是個「職業級的心理病態」。後來康明斯也不負惡名，利用一些劍橋分析開發的技術讓英國成功脫歐，成為了英國史上違反《競選財務法》最嚴重案件的幕後黑手。但我知道這些時都已經太遲了，當時我只知道他是個粗暴無禮，野心勃勃的保守黨人，喜歡把英國政府裡的每個人都惹毛。

　　我跟帕金森、康明斯坐在 Vote Leave 總部的一個空房間裡討論如何精準投放。當時整層樓都在翻新，到處都蓋著塑膠布，但我們還是可以望向窗外，從大樓正下方的亞伯特堤岸一路看見泰晤士河對面的國會大廈。我對康明斯的第一印象就是邋遢，彷彿剛從鐵達尼號的救生艇爬出來似的。他的腦袋非常大，稀疏的頭髮亂蓬蓬地披在光禿的頭頂上，整個人看起來有點恍惚或有點茫，我總是不知道他這種時候究竟在思考什麼難題，還是因為之前嗑太嗨了。

我得稱讚他一下，康明斯是我遇到在英國平庸的政治圈泥水坑裡面少數的聰明人。我喜歡跟他聊天的原因之一，就是我們聊的東西跟其他政界人士都不一樣。康明斯知道對大部分的人來說，與其在 BBC《夜間新聞》（Newsnight）節目追時下流行的政治醜聞，還不如去看名流卡戴珊家族（Kardashian）的實境節目或者 Pornhub 色情片。但他相反，他喜歡聊身分、心理學、歷史，以及你猜對了：人工智慧。他聊到羅伯特・默瑟創立的對沖基金：文藝復興科技公司。而且顯然也搜尋過劍橋分析的相關資料，問了很多公司運作的問題。他想要打造一個「政治界的帕蘭泰爾公司」，用詞跟尼克斯一天到晚掛在嘴邊的一模一樣。我聽了不寒而慄，不禁翻了翻白眼，心想「天啊，又來了」。

　　當時 Vote Leave 連選民名冊都沒有，我非常懷疑他在這種狀況下能夠打造出跟劍橋分析類似的資料集。而且我也提醒他，班農跟法拉吉的關係很好，劍橋分析很可能已經在跟 Leave.EU 合作了。結果我們剛聊完不久，Leave.EU 真的正式宣布跟劍橋分析聯手，完全打碎了康明斯的夢想。見過面後，帕金森邀我和蓋特森一起加入 Vote Leave，我當時已經答應要幫杜魯道作一個案子，於是拒絕了；但曾經想跟我一起去加拿大的蓋特森，後來因為不希望搬到新國家而讓生活大規模改變，最後決定留在倫敦幫 Vote Leave 工作。雖然沒有答應邀請，我還是出於禮貌寫了封電子郵件給康明斯，建議他可以先從幾千人的小民調開始做起，當時我認為在時間火燒屁股的情況下，他們也只能做到這樣了——**如果不想違法的話**。

　　在我離開渥太華前夕，另一個叫做沙米爾・沙尼（Shahmir Sanni）的倫敦朋友拜託我幫他找實習機會。我們是在晚上的派對

認識的，後來在臉書上保持聯絡，經常聊起政治、時尚、藝術、小鮮肉、文化。沙尼剛從大學畢業，對政治很有興趣，但沒有任何人脈。我問他想去哪個黨，他說都可以，他只是想累積經驗。於是我問了一下脫歐派與留歐派有哪個陣營在徵實習生，其中只有一個人回應：史蒂芬・帕金森。帕金森問我要介紹誰，我就丟了沙尼的 Instagram 給他。結果他似乎很喜歡沙尼的精美照片，簡單回了我兩個字：「好啊！！」就這樣，後來的英國脫歐事件兩大吹哨者之一沙米爾・沙尼，加入了 Vote Leave 團隊。

不可思議，敵對雙方竟然同時支持脫歐

脫歐派的領袖知道這場選戰不能只靠傳統的右派脫歐選民打贏，Vote Leave 的首要之務就是爭取其他人的支持。公投戰對於英國政治圈的獨特之處，就在於鼓勵陣營之間彼此結盟，因為要爭勝負的不是政黨，而是議題。公投結果只會讓某一邊的意見勝出，不會讓政黨「贏得權力」，而且執政政府可以決定是否履行公投結果。康明斯與帕金森都知道，打贏這場選戰的關鍵就在找出工黨支持者、自民黨支持者，以及通常不投票的選民各自在哪，然後即使不能說服他們支持脫歐，至少也說服他們保持中立。因此每個脫歐團隊都想走出同溫層，盡可能爭取自民黨、綠黨、工黨、LGBTQ、移民，以及各種保守黨選民以外的人支持。而這時候沙尼正是最佳人選。

其實有一個很簡單的理由會**讓進步派支持脫歐**：歐盟的移民政策一直相當偏袒歐洲人，也就是白人，但大英國協的人民大部

分都是有色人種。根據歐盟規定，從法國、義大利、西班牙、德國、奧地利等國的移民不需要簽證就能到英國工作和居住；但來自印度、巴基斯坦、奈及利亞、牙買加這類國家的人卻得先通過層層篩選，被申請程序惡整一遍之後才能移民進來。過去幾百年來英國的強大國力，都是靠著如今大英國協各國有色人種的血汗、靠著征服他們的土地、掠奪他們的資源累積而成的，這些國家的人民在自己家鄉所受的苦難，開成了英國大城市的美麗花朵。英國在兩次世界大戰之中遇到威脅時，甚至還號召這些國家的人民起來為英國而戰，很多場重要的勝仗都是用印度、加勒比海、非洲這些大英國協士兵的鮮血換來的，但至今卻幾乎沒有任何重要的戰爭電影去紀念他們的犧牲。結果幾十年後，等到英國的經濟好了起來，卻關起了國門背棄了這些擺脫殖民統治的新興國家，嚴格限制國協的人民移民到英國；同時又幾乎毫無限制地允許歐洲人移民進來，其中絕大多數都是白人。

可想而知，這種嚴重的不平等讓很多有色人種對歐盟毫無好感。沙尼那些來自巴基斯坦的親朋好友就是好例子，他們只是想進入英國，卻得在申請移民的每個環節中被秤斤論兩，忍受卡夫卡式的荒謬程序。他們也知道住在這種國家是怎樣：這個國家吸了他們祖先的血汗長大，如今卻讓內政部的卡車在英國的印度與巴基斯坦社區裡巡來巡去，車身大辣辣地印著「你是非法入境的嗎？回家吧，否則我們就要逮捕你。要回家請撥 78070。」但那些德國或義大利人呢？他們的祖父很可能殺死了英國從印度和奈及利亞徵招而來的士兵，如今卻能自由自在地進入英國，安心地找工作。

在有色人種眼中，留歐陣營在遊行中主打的「幫助移民」標

#英國脫歐 #議員死亡 #暴力影片 #種族仇恨

語滿滿暗藏著白人中心主義，那才不是幫助移民，只是幫助**某些移民**而已。對沙尼這種人來說，英國脫歐是一場對抗社會排斥（marginalisation）的鬥爭，是解決英國殖民主義遺留問題的過程，是試圖扭轉這個國家在掠奪了他們的家鄉幾個世紀以後繼續犯錯拒絕有色人種入境的方法。但也正是移民這種不斷升溫的情緒，才讓脫歐派成功地讓充滿憤恨的移民，跟那些希望移民全都「回家」的傳統沙文主義保守派，**不可思議地站在同一邊**。

萬事俱備，就缺一點自由派選票

帕金森給了沙尼一份無薪實習工作，於是他從 2016 年春天開始當志工。由於對外聯繫團隊人很少，他的工作量急速增長，大部分都集中於聯繫少數族群與酷兒社群。他會走訪貧困地區，問當地居民投票的意向與背後原因。

沙尼第一天上班就發現有個人穿著綠色西裝外套和粉紅長褲：同志味滿滿的馬克·蓋特森。沒過多久，沙尼與蓋特森就開始打趣說，自己是這整群保守白人男性中的異類。蓋特森在 2016 年春季成為 Vote Leave 的顧問，靠著聰明、智慧，以及對於英國自由派的一針見血觀察在其他成員心中留下深刻印象。沒過多久，他開始幫組織的幾個對外聯繫團隊架設網站，並在好幾個網站的名字上留下他的色彩，「Green Leaves」啦、「Out and Proud」什麼的。等到我在自民黨認識的 22 歲服裝系學生葛林姆斯加入團隊後，兩人就開始設計一個**為進步派打造的**脫歐運動：「要脫歐」（BeLeave）。

當時我在加拿大，但一直在臉書上與他們保持聯繫。葛林姆斯一邊設計 BeLeave 的品牌，一邊用 Messenger 問我意見。雖然當時我在忙著幫新上任的加拿大自由黨政府規畫案子，但想到葛林姆斯之前在自民黨過得不太順，我還是想幫他一下。葛林姆斯的主要問題之一是選擇品牌用色。Vote Leave 官方用了紅色，他們得用別的。於是我說，「不然就用彩通（Pantone）年度代表色吧？那年他們剛好選了玫瑰石英粉紅與寧靜粉藍。」葛林姆斯在軟體上模擬了一下，我說「看起來很 gay 很千禧啊，一點都不法西斯。」

BeLeave 想從平等對待其他國家的移民、取消歐盟與非歐盟公民之間的「護照歧視」、反對歐盟保護主義對非洲農民的不公平對待，以及環保問題等「軟性」議題，來吸引進步派支持脫歐。後來帕金森請沙尼把工作重點從聯繫少數族群轉移到 BeLeave，於是沙尼跟葛林姆斯這兩個 20 出頭的實習生就扛起了 BeLeave 的大任，偶爾才會有一些資深成員過來幫忙。當時反移民的選票已經穩穩入袋，脫歐派只要再爭取到一些自由派選民就可以獲勝。這時候資料分析就派上用場了。

當然，Vote Leave 手上並沒有相關資料，而且能提供資料的劍橋分析已經跟競爭對手 Leave.EU 合作了，如果 Vote Leave 也去找劍橋分析，就會違反競選團隊之間禁止合作的法律。後來我才知道，Vote Leave 為了拿到資料去聘了另一家跟我有點關係的公司。

劍橋分析巧妙繞開審查，同時替兩大脫歐派競選

關於那家公司的故事得說回 2013 年 8 月，當時我剛進 SCL，正在找人加入新的技術團隊。我想起之前在中學時期就找我進加拿大自由黨工作，後來帶著我學習的傑夫・席弗斯特。席弗斯特是程式設計師，早在建議加拿大自由黨建立資料分析策略之前，就已相當了解企業使用的資料系統。他塊頭很大，掛著一副鬍子，就像是喜劇影集《公園與遊憩》（Parks and Recreation）裡的朗・史旺森（Ron Swanson），個性謹慎又體貼，但也帶著一種政壇老將特有的冷然憤世。他平常住在卑詩省維多利亞城郊，周末幫忙指導當地的童子軍。我一開始當實習生的前幾個月都在幫席弗斯特處理難民與政治庇護的申請案，他讓我看見哪些方法可以真正改變人們的人生。他是我最尊敬的人之一。

加入 SCL 不久之後我寫信給席弗斯特簡述這家公司的業務，說他們既幫北約打心理戰，也在非洲對抗 HIV 病毒。他很快就回信說：「那你要在加拿大也設個據點！」後來千里達的案子讓他得償所願，SCL 需要人來打造和管理資料基礎建設，席弗斯特剛好具有相關背景。於是席弗斯特設了新公司，挖另一位加拿大政治人物，卑詩省政壇風雲人物札克・馬西翰（Zack Massingham）來帶頭管理專案。新公司設在加拿大，叫做 AIQ，全名 Aggre-gateIQ，簽了一份合約讓 SCL 使用它生產出的智慧財產權。SCL 與後來的劍橋分析都經常在海外設很多不同名字的公司，組成一個網絡來利用。劍橋分析靠這種類似公司避稅的方法，繞過了很多選舉機關或資料隱私保護監理機關的審查。

AIQ 總部是一個磚造房屋，位於維多利亞溫哥華島的潘朵拉

大道（Pandora Avenue），隔一個街區就是海邊。SCL 和劍橋分析的員工都很愛造訪那裡，畢竟與倫敦的瘋狂快節奏相比，那裡風光明媚，微風宜人，相當安適。AIQ 逐漸茁壯，開始聘了各式各樣的優秀工程師來作 SCL 的案子。

AIQ 在千里達案子裡面幫 SCL 打造基礎建設，用來蒐集臉書資料、點擊流，以及網路服務供應商紀錄，同時也幫忙整合 IP 與使用者代理的起始位址，讓他們更容易分析匿名化的使用者網路瀏覽紀錄，找出使用者是誰。在 SCL 設立劍橋分析之後，AIQ 更是該公司不可或缺的後臺技術團隊之一。在劍橋分析決定要用建好的模型投放社群與線上廣告之後，就請 AIQ 打造一個精準投放廣告的軟體平臺：「里朋」（Ripon）。科根把他蒐集到的臉書資料傳給 AIQ，AIQ 輸入「里朋」平臺，根據幾百種不同的心理與行為特徵把選民切分成很多塊。2016 年美國初選期間，AIQ 的員工也在德州南部幫參議員泰德・克魯茲打造競選時的基礎建設。

在布特妮・凱瑟與山姆・帕騰加入劍橋分析，接手奈及利亞選戰案子之後，劍橋分析就改請 AIQ 來幫忙散佈那些壓低投票率以及恐嚇選民的宣傳話術。AIQ 上傳那些女人被活活燒死、男人被割喉之後被自己的血嗆死的影片，然後根據劍橋分析提供的地區與選民資料投放到目標受眾眼前。2015 年我發現席弗斯特在做這個案子時簡直不可思議：我過去的導師不可能願意散播這種血腥酷刑的影片。幾年後我遇見了他，問他奈及利亞的案子到底是怎麼回事。結果他一點都不後悔，只發出了幾個令人不安的笑聲。不知怎麼的，他的公司幫劍橋分析把全世界搞得天翻地覆，他竟不以為意。

繼續投放恐怖廣告，死了一位議員也無所謂

　　2016 年 6 月 16 日，留歐派工黨議員喬・考克斯（Jo Cox）走路到西約克郡小鎮柏斯托圖書館，進行每兩周一次的選民對話，聆聽選民的問題與提案。就在圖書館門口幾步路前，一名戴著棒球帽的男子衝了過來，他舉起鋸短獵槍高喊「英國優先！」然後立刻開槍。接下來，男子將這位 41 歲的中彈議員拖到兩輛路邊停放的轎車之間，拿刀開始刺。他一邊向試圖阻止他的旁觀者揮舞刀子，一邊繼續大叫「英國優先！這是為了英國！」一邊繼續猛刺，最後又幫獵槍裝了新彈，直接射擊她的頭。就這樣，育有兩位小孩的考克斯在人行道上等死。

　　英國的槍枝暴力不如美國那麼普遍，考克斯遇刺事件在全國各地引起軒然大波。議員們聚在國會廣場上守夜，哀悼者的鮮花堆成了一座臨時地標。而在人們很快發現兇手是支持納粹的白人至上主義者之後，脫歐派與留歐派之間的矛盾更是一觸即發。這時離投票只剩一周，但為了平息風波並向考克斯致意，雙方做出了一個偉大的決定：連續三天暫停所有競選活動。但 AIQ 卻沒停下腳步，它知道英國媒體無法判斷它有沒有繼續投放線上廣告，於是繼續幫 Vote Leave 宣傳。看來在奈及利亞散播過一堆酷刑殺人影片之後，一位議員之死對他們而言根本算不上什麼。

　　這時英國的政治氣氛已經極為惡劣，脫歐派與留歐派的議員都收到恐嚇（大部分都是留歐派），種族暴力案件量一飛衝天，社群媒體每天都腥風血雨。整個英國不再有任何人繼續對政治袖手旁觀。每個人都睜著眼睛，揣著怒火，烈焰熊熊。

　　那段期間，脫歐派把許多說服力道都集中在政客所謂的「大

都會菁英」、有色人種，以及歐洲移民上。其中 Vote Leave 躲開種族問題，並顯然刻意把煽動族群仇恨的工作留給 Leave.EU，Leave.EU 則是欣然接受並引以為傲。喬·考克斯被殺幾天前，Leave.EU 的法拉吉才剛公布一張競選海報，在大排長龍的棕皮膚移民照片上面寫著四個大字：「即將崩潰」（breaking point）。許多人都認為該海報根本就是 1930 年代的納粹宣傳品，只不過從猶太人湧入歐洲改成棕皮膚湧入英國。

我在加拿大看著這場鬧劇時安慰自己，說 Vote Leave 跟 Leave.EU 不一樣，我那些朋友的案主是 Vote Leave。我對自己說，**法拉吉才會利用劍橋分析的工具去煽動種族仇恨，Vote Leave 不可能會用這種手段搶選票**。我錯了。

推實習生當人頭，違法匯出 70 萬英鎊

到了最後幾周，Vote Leave 幾乎花完了政府撥下來的 700 萬英鎊。法律禁止它接受其他資金，也禁止它與其他競選團隊合作，但康明斯想繼續花錢，於是決定另闢蹊徑。當時 AIQ 已經幫他們投放了一大堆廣告，鎖定受眾的能力也讓康明斯印象深刻。AIQ 可以鎖定特定選民，接近之後成功煽動，其中有很多受眾都不常投票，系統性地被傳統的競選團隊與民調公司忽視，所以即使留歐派在公共民調依然領先也沒有用，這些選民已經一小塊一小塊地落到 AIQ 手裡。但 AIQ 也知道，如果要持續這種成長速度，他們很快就會需要更多預算，一定會超過法律規定的競選經費上限。所以他們開始打 BeLeave 的主意。在那之前 BeLeave

都沒受過外力影響，一直是由幾個 Vote Leave 的工讀生經營的。他們不投錢買廣告，只靠沙尼與葛林姆斯在下班時間想出的新點子吸引讀者。Vote Leave 會在某些事情上給予意見和資金，但金額都非常小，每次只有 100 英鎊。

差不多在那個時候，帕金森知道沙尼遠住在伯明罕，於是開始邀沙尼下班之後一起回他家，兩人開始交往。當時 22 歲的沙尼還沒有讓家人知道性取向，碰到老闆跟自己發展親密關係這種新鮮事也不知該如何應對。但一個在政府最高層擔任資深政治顧問的人給他這麼多關注與指導，還是讓沙尼覺得相當難得。帕金森會找沙尼出去聊天，說自己有多滿意沙尼的表現，還說他如果繼續做下去的話可能會在這行有所成就。沙尼則同意不公開兩人之間的關係。

不少選民也注意到了 BeLeave，沙尼與葛林姆斯作的某些原生內容爆紅，表現甚至超過 Vote Leave 的付費廣告。BeLeave 用圖文來宣傳某些進步議題，例如顯然厭女的「棉條稅」，並主張英國一旦脫歐就可以自己廢除相關產品的稅，不用再看其他 27 個成員國臉色。BeLeave 的脫歐理由主打進步、覺醒、社會正義，受眾相當明確。公投幾周前，負責擴大 Vote Leave 同溫層的主管克里歐‧華森（Cleo Watson）安排葛林姆斯與沙尼在組織總部認識一位可能的金主，並作了一份簡報說這兩人作的東西多厲害，某幾篇原生貼文的影響力甚至超過了 Vote Leave 付費廣告云云。

葛林姆斯把這份簡報傳給我看，問我該怎麼用精準投放觸及最多臉書使用者，大概會花掉多少錢。我建議他觀察某些指標，也說了些設定推播的技巧。那份簡報作得很好，可惜金主並沒有捐錢，於是後來 Vote Leave 的某位高階主管對這兩位實習生說，

他們找到另一個籌錢的方法，只是要兩位先簽一些文件。Vote Leave 讓沙尼與葛林姆斯和組織裡的幾位律師聊過之後，請這兩位成立一個新的競選組織，並幫他們開了一個銀行帳戶，由 Vote Leave 的律師們起草新組織的正式章程，讓這兩位實習生簽字。這時沙尼與葛林姆斯並沒有發現，BeLeave 與 Vote Leave 明明密切合作，他們兩個怎麼可能在不違反競選法規的前提下拿到更多經費呢？事實上，Vote Leave 只是另開了一個「獨立」的競選組織，把所有開支掛在下面，將所有法律風險推給這兩位實習生而已。但沙尼與葛林姆斯都被蒙在鼓裡，他們一如往常地去 Vote Leave 總部工作、參加 Vote Leave 的活動、幫 Vote Leave 發傳單。

　　一周後 Vote Leave 告訴葛林姆斯與沙尼說，之前他們申請的經費撥下來了，而且比申請的多。嗯，大概多了**數十萬英鎊**。背後的真相是，Vote Leave 這時開始把 70 萬英鎊轉給 BeLeave，成為 Vote Leave 在整場選戰中最大額的單筆支出，同時又要求葛林姆斯與沙尼同意一個條件。因為 Vote Leave 這套把戲實行起來有個問題：掛在兩位實習生名下的新組織名義上是「獨立」的，葛林姆斯與沙尼在法律上可以隨意使用他們收到的錢。所以 Vote Leave 就對他們說，那些錢實際上不會先經過新組織的銀行帳戶，而是會由 Vote Leave 直接轉給 AIQ，而葛林姆斯與沙尼只要負責在給 AIQ 的發票上簽字就好。沙尼很失望，問說能不能至少留下一點錢支付他的車馬費與伙食費（他甚至還是新組織的財務與祕書），卻被 Vote Leave 的主管拒絕。葛林姆斯與沙尼並不知道這種協議完全違反法律。他們完全信任 Vote Leave 的律師與顧問，聽到的回答也永遠是一切都沒問題。

　　更惡劣的是，Vote Leave 的律師們把兩位實習生的名字放在

BeLeave 的文件上，等到問題爆發就讓葛林姆斯承擔法律後果。這種招數在英國選舉界其實蠻常見的，保守黨尤其愛用，他們的老牌軍師好幾次都不想承擔違反競選法律的責任，就找一些沒經驗的人來當人頭，很多熱血的年輕志工就這樣變成了該活動的「代理人」，組織的不法行徑一旦曝光就被推出來頂罪，讓真正的黑手逍遙法外，繼續爬向權力核心，把那些人生被毀掉的志工扔到九霄雲外。

數百份廣告、1.69 億次瀏覽，英國注定邁向脫歐

6 月 23 日，公投的日子終於到了。英國南部的暴雨下個不停，許多趕去投票的倫敦人都被塞在路上，火車因淹水而暫停行駛，捷運晚上也關了。葛林姆斯、沙尼，以及大部分脫歐派的人都耗費了一整天才投下手中的票。多佛是連接英國與歐洲的海運與鐵路門戶，是英國人進入英吉利海峽的最後一站，許多志工在傾盆大雨中來到這裡，花好幾小時挨家挨戶敲門。右派小報《太陽報》（*The Sun*）的頭版放了耳熟能詳的幾個大字：「相信英國，脫歐吧」（BeLEAVE in Britain）。

我一直不知道 AIQ 參與了脫歐運動，直到投票日前夕，帕金森才寄來一張他與馬西漢在 Vote Leave 總部裡面一起拍的照片，兩人站在沾滿露水的窗前露齒而笑，議會在窗外的另一邊遠遠朧朧。詭異的是，我回到加拿大後明明跟席弗斯特聊過好幾次，他卻**從來沒說過** AIQ 跟脫歐公投之間的關係。後來支出報告公布之後，大家才知道 AIQ 拿走了 Vote Leave 手中 40% 的競

選經費，還從 BeLeave 等其他脫歐團隊身上拿了幾十萬英磅。

如今我知道這其實就是康明斯鑽漏洞的方法，當時劍橋分析已經跟 Leave.EU 合作，於是他就去找上劍橋分析在另一個國家設立的子公司 AIQ。當時 AIQ 默默無名，卻擁有劍橋分析的所有基礎設備，幫劍橋分析處理所有資料，功能也跟劍橋分析一模一樣，只是不叫劍橋分析而已（話說 Vote Leave 則是否認它存取過劍橋分析手中的臉書資料）。沒有人跟我說這件事，大家都知道我離開劍橋分析時不但跟公司關係很糟，還有很多其他問題。席弗斯特和馬西翰則是因為正在搬演人生中最大的一場政治大戲，都對此守口如瓶。席弗斯特可以自在地講自己在非洲與加勒比海幹過多少骯髒事，但從來不談脫歐的事。

我曾用精準投放幫忙打選戰，我知道人們與團體在公投時真正看到的東西通常並不是媒體說的那樣。那天我一看就覺得英國明明已陷入了非常危險的狀態，投票率卻仍高達 72%。開票過程中，正反兩方的數字連續好幾小時難分勝負，最後脫歐派以 51.89% 的得票率勝出。那時候，我也還不知道 Vote Leave 的技術長就是托馬斯・柏維克（Thomas Borwick），柏維克在加入 Vote Leave 之前曾與尼克斯和 SCL 合作，在加勒比海各國作過好幾個資料蒐集的案子（但沒有證據指出柏維克涉入該地區的任何不法事項）。公投結束後柏維克坦承，Vote Leave 與 AIQ 在投票前的幾周向目標受眾發布了數百份廣告，總共傳遞 1,433 條訊息；之後更透露說，這些廣告都只針對數百萬選民中的一小撮人投放，總瀏覽次數卻超過 1.69 億次，這些目標受眾的動態消息全都被 Vote Leave 成功洗版了。

那段時間，英國人已經被 AIQ 的假資訊大規模入侵，而留

#英國脫歐 #議員死亡 #暴力影片 #種族仇恨

歐派則完全不了解眼前的敵人。劍橋分析早就注意到，選民只要陷入憤怒或義憤，就不再需要完全理性的解釋，而且會更不分青紅皂白地懲罰別人。劍橋分析發現這不僅會讓目標選民無視脫歐可能的經濟傷害，甚至還會讓某些人**願意自殺五十傷敵一百**，以經濟受損為代價，去懲罰「大都會自由派」或移民這些非我族類。

留歐派千不該萬不該打經濟牌

事實證明，留歐派的「訴諸恐懼」戰術就是因為這樣才適得其反。他們試圖凸顯脫歐可能會重傷英國經濟，但要在氣頭上的人陷入恐懼實在太難了。火大的人之所以容易去做危險的事，就是因為憤怒引起的「情意捷思」（affect bias）會讓人們低估行為的傷害，這對投票與酒吧鬥毆都一樣適用。如果你在酒吧打過架，你一定知道讓生氣的人不要衝動**最糟的方法**，就是大聲地恐嚇他。這通常只會讓對方氣炸。

此外，留歐派也忘了在打出經濟牌之前該先問問人們對經濟的看法。劍橋分析發現，很多住鄉下或社經地位較低的人都不認為經濟與自己有關，他們覺得有錢人與城裡人才需要擔心那個，鄉下的小店不需要思考「經濟」，那是銀行家的工作。這也讓某些人根本不擔心經濟風險甚至是貿易戰，他們相信即使出了什麼事也只會傷到那些與「經濟」有關的人。因此，你拿出的經濟論證愈有力，他們反而愈安心，因為他們「實際上」只聽到你們這些懦弱的菁英分子在擔心自己虧錢。這會讓他們覺得自己很強大，然後就想用手中的力量做點什麼。

脫歐派的獲勝，讓全英國與全世界都陷入震驚與恐慌。英國首相卡麥隆在唐寧街十號門前措辭嚴肅地宣布自己將在 10 月卸任。歐元與英鎊都大幅貶值，全球股市暴跌。一份請願書出現要求重新公投，在選後 72 小時內獲得 350 萬人以上簽署。大部分美國人則對此感到莫名其妙且不敢置信。專家們試圖分析英國脫歐對美國的影響，歐巴馬總統則採取英國在二戰期間的「保持冷靜，繼續前進」（Keep Calm and Carry On）策略，向大家保證「兩國之間的特殊關係不會因此改變」。

當時已經穩獲共和黨提名的川普，剛好去蘇格蘭看他的川普坦伯利高爾夫渡假村（Trump Turnberry）。他說脫歐成功是一件「壯舉」，英國選民成功奪回了自己的國家。

「人民想奪回自己的國家，他們想要獨立自主，」川普說，「世界各地的人民都在憤怒……對國境憤怒，對那些侵入國境的人憤怒，那些人跑進他們的國家反客為主，沒有人知道他們是誰。除此之外，還有太多太多的事情都讓人民憤怒。」

當時世界還不知道脫歐其實是個犯罪現場，也不知道**英國是班農籌畫多年之後的第一個受害者**。脫歐運動的那些「愛國者」大聲疾呼，要把英國的法律與主權從面目模糊的歐盟手中救出來，但他們卻選擇用嘲笑這些法律的方式來打選戰。他們在英國法律管不到的其他國家，佈署了一整套與劍橋分析有關的公司網絡，讓審查機構無法守護民主制度的完整性。在脫歐選戰中出現的模式預告了美國的未來：某些名不見經傳的外國組織，會用來源不明的大型資料集來影響國內的選舉；而且因為**社群媒體公司不會審查平臺上的廣告**，這類敵對組織可以長驅直入製造混亂，破壞我們的民主。

　#英國脫歐　#議員死亡　#暴力影片　#種族仇恨

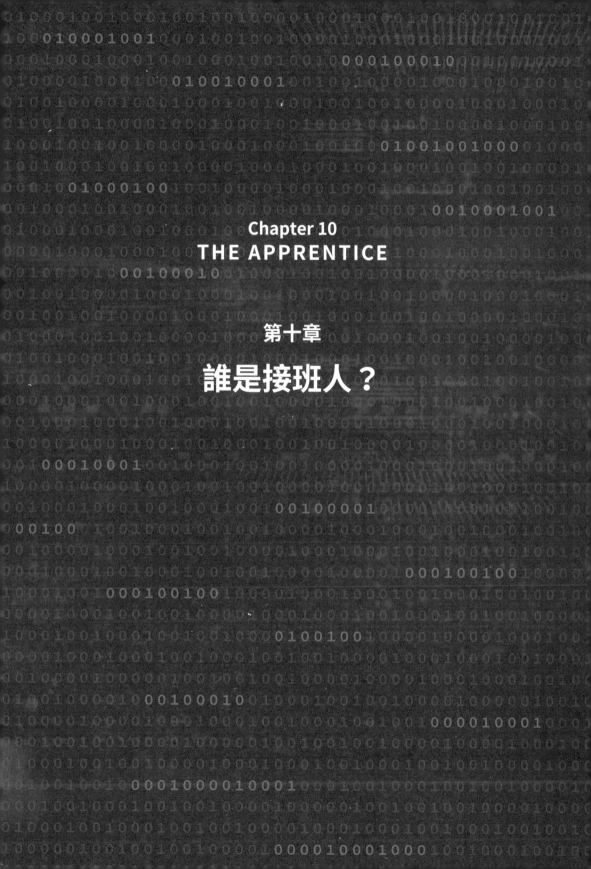

Chapter 10
THE APPRENTICE

第十章

誰是接班人？

我的律師一邊在倫敦的事務所，讀著劍橋分析 2015 年 6 月寄給我的律師信，一邊說「不開玩笑，這真的是我接過最詭異的案子」，因為那封律師信謊稱我想設立一家公司幫川普競選，跟劍橋分析打對台。在幾個月前的 2015 年春天，唐納·川普這個人第一次出現在我的生活中。當時布洛克打電話給我，問我要不要做一個內容與劍橋分析完全不同的新工作，他說川普集團在找人做市場調查，協助真人實境秀《誰是接班人》（*The Apprentice*）以及川普的賭場。除了我以外，布洛克也問了還在倫敦的尤西卡斯與蓋特森，我們三個聊了一下之後，決定先去跟該集團的高層談談。

劍橋分析把整個共和黨騙得團團轉

我們在電話中得知，《誰是接班人》的收視率在下降，旅館與賭場的消費也愈來愈少。當時線上賭博逐漸興起，川普的公眾形象也已經變成性感精明的億萬富翁，川普集團發現一個過時的賭場系統與一個頭髮染成橘色的三流老藝人，對潛在的新客戶而言一點也不「有趣迷人」。公司在想點辦法扭轉這低迷的氣氛。

但這項計畫根本一團混亂，川普集團的高層就連要不要請我們幫忙，以及我們能幫什麼忙都敲不定，我甚至開始懷疑這些人會不會是在拗我們來免費諮詢。對方提議一個月後見面談談，我拒絕了，還是讓尤西卡斯與蓋特森去談完之後再說吧。於是雙方約在川普大廈裡的餐廳，從電話結束時沒談清楚的地方繼續，包括要不要找我們用資料分析的方式提升川普與公司的形象，讓川

普品牌起死回生？如果要作的話，他們想先處理哪個項目？

　　談完之後蓋特森打電話給我，聲音充滿笑意。「我賭你不信，」他說，「川普是真的要選總統耶。」與會的人當中有一個是科瑞·李萬度斯基（Corey Lewandowski），白稱川普的競選總幹事，他向蓋特森與尤西卡斯保證川普是認真的，而且還邀我們幾個來幫忙。但我不想參加，原因很多。首先這是選戰，而我退出劍橋分析又離開倫敦就是為了遠離政治；其次川普似乎是個極為荒謬的人物，競選大概也會失敗。最後，他是代表美國共和黨競選，而我已經受夠右派政客的齷齪行徑了。研究怎麼催高真人實境秀的收視率是一回事，幫共和黨選總統是完全另一回事。蓋特森同意我的說法，後來不久成為共和黨競選顧問的尤西卡斯當時也這麼認為。在那個時候，我們都覺得川普集團這件事已經結束了。

　　但過了幾個星期，我們三個人在 2015 年 6 月 5 日都發現自己被劍橋分析告了。他們聲稱我們去找川普拉生意，川普是該公司的客戶，所以我們違反了保密協議中的禁止競業條款。這封信給我們兩周的時間回覆，所以雖然指控內容顯然都是捏造的，我決定還是找個律師盡快解決此事。結果第一次見面時，律師們都一臉茫然。其實你想像一下就知道這種對話有多奇怪：在大部分人都還沒聽過劍橋分析和史蒂夫·班農的時候，我來找你幫忙，跟你說「這家公司是在專門幫人打心理戰的，後來被一位美國的共和黨大富翁買下來了。我離開那間公司之後，某天川普說要找我談談──對，就是《誰是接班人》那個川普──他想選總統，而且目前看來他顯然也是劍橋分析的祕密客戶。所以劍橋分析現在要起訴我……」

在那個時候，劍橋分析已經像傳染病一樣在共和黨散播得到處都是，他們幫參眾兩院的著名候選人當選戰軍師，又幫右派利益團體研究美國的文化現象，例如年輕人盛行的軍國主義等等。乍看之下，這家公司簡直飛黃騰達；但其實公司是在欺騙整個共和黨，而且很明顯地背刺了默瑟。劍橋分析的這封律師信，只讓我發現他們竟然一邊在幫默瑟支持的泰德・克魯茲競選，一邊在檯面下與川普作暗盤交易。班農打的算盤不僅與默瑟不同，更是一點都不想支持自己鄙視的克魯茲。

我向律師說我根本沒幫川普工作之後，他們說「那就別擔心啦。企業喜歡用這類信件來嚇人，把事情說得很嚴重，但通常拿不到任何東西。可能只是他們的董事缺乏安全感而已。交給我們解決吧。」

不，事情沒這麼簡單。劍橋分析根本挑明了要整我，讓我一直花錢、失去耐心，最後舉手投降。我說我可以簽一份文件承諾自己不會再幫任何共和黨的人工作，但劍橋分析要的不是這個，他們希望我永遠不做資料分析，這種要求我當然不可能同意。於是我跟他們法律糾纏了好幾個月，整件事也變得愈來愈怪。我在過程中發現，在我和蓋特森離開之後，劍橋分析甚至捏造了兩個叫做「克里斯・楊」（Chris Young）和「馬克・尼特斯」（Mark Nettles）的人名來代替我們，把它們繼續掛在網站和給客戶的文件上。我最後同意簽署一份實際上保密過頭的保密協議，聲明我永遠不會跟外人說任何在劍橋分析裡看到東西與作過的事情。當時我還不知道，這就是他們防範我揭露真相的第一道陷阱。

後來我搬回加拿大加入杜魯道的研究團隊，大部分時候都在開研討會和會議，工作環境通常既穩定又沒有敵意，而且新老闆

不會像上一個那樣整天都在對員工心理霸凌。

川普講的一字一句，全是我們兩年前的研究結果

　　2016 年 3 月，加拿大政府某位高層打電話給我，要我簡介一件稍微超出我職權範圍的事情。他想了解當時美國正如火如荼的總統初選情況，尤其是川普的民調支持率為什麼會飆升。那年的 3 月 1 日是總統初選的「超級星期二」，川普在共和黨的 11 個州裡贏了 7 個，每個造勢大會的歡呼群眾都人山人海。而且川普的行為愈離譜，支持度似乎反而愈高。他在 3 月的大選辯論上跟佛州參議員盧比歐吵陰莖的大小，誇口說什麼「我保證沒有任何問題」，結果兩周後一天之內在 6 個州裡贏了 4 個，盧比歐則退出了競選。川普支持者一點也不擔心他的各種荒謬行徑，反而興致勃勃地想知道這個實境秀明星未來還能搞出什麼怪名堂。但為什麼他會這麼成功？美國人到底都在想什麼？其實美國人和很多加拿大人一樣，都以取笑隔壁的落後鄰居為樂。

　　加拿大人搞不懂民粹主義，因為這個國家沒有既沒有《福斯新聞》也沒有《太陽報》，毫無英美那種魯柏・梅鐸（Rupert Murdoch）式的媒體巨獸。該國的銀行體系更在意風險，因而從未發生過房地產金融危機或金融崩潰。此外，它和經濟合作暨發展組織（OECD）的其他成員國還有一點差異：在加拿大，熱愛國家和支持移民的是同一群人，兩者彼此正相關。所以我常說，加拿大人根本無法想像英國人怎麼可能支持脫歐，美國人怎麼可能支持川普。

1960～1970年代的加拿大總理皮耶‧杜魯道（Pierre Trudeau）曾說，跟美國當鄰居就像「睡在大象隔壁。無論這頭野獸多麼友善溫馴，牠的抽搐打鼾還是會影響到你。」即使川普後來沒贏（當時幾乎沒有人認為他會贏），他對貿易問題的看法也已經掀起漣漪。川普討厭北美自由貿易協定（North American Free Trade Agreement），在好幾個與加拿大貿易關係密切的州激怒了該州選民。當時加拿大人擔心的並非川普會贏，而是他選得愈久，他那些反對北美自由貿易協定的鬼扯就愈可能影響這些州的州長與議員選情，最後就逐漸影響美國與加拿大的貿易關係。

那時候一般大眾還不知道劍橋分析，但我的加拿大同事都知道我在該公司作的東西後來很多都變成了美國人的競選工具。等到川普不斷攻城掠地，同事們更好奇了。於是我簡介了劍橋分析如何找出那些具有神經質或陰謀論傾向的選民，怎麼鎖定這些人，又是用哪些說法加強他們這些傾向。我解釋該公司某些時候為什麼可以靠著從臉書使用者資料中分析出來的特質，比使用者的枕邊人更了解他們；該公司又是怎麼利用這些資訊**讓共和黨內部愈走愈極端**。

所以說，雖然川普觸動了一些美國選民的神經，但幕後的劍橋分析顯然把選戰升高到另一個水準。他們瞄準那些通常不投給共和黨，甚至根本不投票的人，一邊試圖擴大川普的支持群眾，一邊試圖壓低敵營的投票率。其中的重點之一，就是阻止非裔美國人和少數族群去投票。這個公司明明自己就是在幫白人至上論者工作，卻玩弄左派的社會正義論述，把希拉蕊‧柯林頓（Hillary Clinton）說成一個宣揚白人至上論的人，藉此盡量唆使左派不分男女老少捨棄希拉蕊，改投吉爾‧斯泰因（Jill Stein）這種第三方

的候選人。

因為劍橋分析起訴了我，我發現了該公司在幫川普競選，從此開始注意這個人。他的選戰一開始打得一團糟，但自從不斷高喊「美墨圍牆蓋起來」、「抽乾沼澤」這些口號之後，民調就開始上升。我打電話給蓋特森，「唉，你不覺得這些口號很耳熟嗎？」它們跟之前劍橋分析實驗之後證明有效，在報告裡寫給班農的一模一樣！川普高喊這些口號，表示原本應該要在 2016 年幫泰德・克魯茲競選的劍橋分析，似乎把所有研究結果都給了川普陣營。真是好喔。

隨著美國初選結果逐漸出爐，川普獲勝的機率愈來愈高，渥太華方的態度也開始轉變，從「哈，這傢伙瘋了！」慢慢變成「這傢伙瘋了……他說不定會掌管睡在我們隔壁的那頭大象」。

矽谷在乎的是錢，不是民主

眼看英國脫歐成功，川普逐漸得勢，我覺得不站出來不行了。我決定聯絡幾個矽谷的朋友，其中一位我稱之為「席拉」（Sheela）的朋友，認識安德森・賀維茲風險投資公司（Andreessen Horowitz）裡面的人。這家公司的創始人是科技神童馬克・安德森（Marc Andreessen），他在 1990 年代初與艾瑞克・比納（Eric Bina）一起寫出了 Mosaic 瀏覽器，從此改變了網際網路的使用方式，後來 Mosaic 變成了大名鼎鼎的網景（Netscape），在 1995 年首次公開發行，成為網路時代最早的超級巨星。從那之後，安德森又先後在 Skype、推特（Twitter）、酷朋（Groupon）、Zynga 總共投資

了數十億美金。當然也包括臉書，安德森是臉書的董事。

我在 2016 年春天飛到舊金山，開始告訴相關人士我在劍橋分析裡看到的東西。席拉安排我跟安德森公司的人開一次會，該公司位於門洛帕克（Menlo Park）的沙丘路（Sand Hill Road），從外面看起來就像稍微高級一點的住宅區牙醫診所，但一走進去就看見平淡無奇的大廳牆上掛著天價的藝術品。我在會議室裡對幾位安德森公司的員工簡介了劍橋分析，說它偷了極大量的臉書使用者資料，以及它如何用這些資料來惡意干擾選舉。

然後我說「各位，你們的老闆就是臉書的大股東和董事。臉書得知道有人在幹這種事。」他們答應我會去調查看看，但我始終不知道最後到底做了沒有。

知道了臉書的董事與這件事有關之後，我去參加了一場舊金山教會區的派對，當天臉書副總裁預計也會出席。可想而知，派對裡都是臉書員工，整個氣氛非常矽谷，每個人都穿著合身的灰色 T 恤，聊天內容全都是生酮瘦身的效果啦、Soylent 代餐啦、為什麼食物的價值被「高估」之類的。這些員工都聽過很多關於劍橋分析的傳言，所以介紹者一說我來自那裡，我很快就成為全場焦點。當時他們好像就已經注意到這家公司了，我後來也發現早在 2015 年 9 月就有臉書員工開始討論劍橋分析，並要求調查這家公司「蒐集」臉書資料的行為，這些員工在該年 12 月再次要求調查，後來美國證券交易委員會（Securities and Exchange Commission）訴訟臉書時也引用了他們所說的「這家至少能夠粗略地模擬資料的公司，已經嚴重滲透了我們的市場」。只不過我在回答提問時發現，這些員工似乎不在意劍橋分析對民主造成多大威脅，反而比較在意它取得哪些成果。甚至連臉書副總裁也不太擔

心，他說如果我反對劍橋分析的作法，就該像反對 Uber 的人自己設了一家 Lyft 一樣，創個類似的公司搶走它的生意。我覺得這個建議太荒謬了，而且非常不負責任，如果臉書真的想面對這個問題，我很難想像它的高層會說這種話。但我很快就發現矽谷就是這樣，無論碰到什麼問題，即使問題會威脅到國家的選舉，他們也不會去想「**所以問題要如何解決？**」而是去想「**我們可以怎麼用這個問題來賺錢？**」他們的眼睛除了商機以外什麼都看不到，我只是在浪費時間。後來我加入了一項美國監理調查計畫，發現至少有 30 位臉書員工知道劍橋分析幹過哪些好事；但在我公開爆料之前，該公司沒有向監理機關透露過一丁點相關訊息。

後來，安德森・賀維茲公司的人把我加進一個名為「未來世界」（Futureworld）的臉書私人群組，跟一群矽谷大公司的高層討論科技產業面臨的問題，以及我提的問題。安德森自己也開始與其他矽谷公司高層討論他們的平臺被濫用的問題，並經常邀一群矽谷名人去他家吃晚餐聊天，這群人也開始戲稱自己為「軍政府」（the Junta，通常是指掌權之後實質統治國家的威權集團）。

「如果政府去跟蹤我們的通訊紀錄就好笑了，」其中一位成員在給安德森的電子郵件上說，「因為那一定是因為他們的演算法搜尋到『軍政府』這個詞，但我們用這個詞可是在諷刺啊。」

我們想警告希拉蕊，卻一直聯絡不上

2016 年初夏，俄羅斯的資訊戰開始浮出水面。6 月中旬，駭客 Guccifer 2.0 把民主黨全國委員會（Democratic National Committee）

被偷的文件公開放上網路；一周後，維基解密在民主黨全國代表大會召開前三天公布了幾千封該黨被盜的信件，撕開了桑德斯（Bernie Sanders）、希拉蕊，以及黨代表大會主席黛比・舒爾茲（Debbie Wasserman Schultz）之間的裂痕，事件發生之後舒爾茲幾乎立刻辭職。當然，**這時候麗貝卡・默瑟也要求尼克斯去偷希拉蕊的郵件，並讓劍橋分析幫維基解密去散播偷來的資訊。**這些事情都是某位還在劍橋分析工作的同事告訴我的，他認為一切都失控了。

結果在民主黨試圖將黨代表大會扶回正軌時，川普又丟出一枚意有所指的震撼彈。他在 7 月 27 日的記者會上隨口邀請俄羅斯繼續干預美國的總統大選：「俄羅斯，如果你們在聽的話，我希望你們找出那失蹤的三萬封電子郵件」。請注意這些郵件是指希拉蕊被認為已經刪除的個人電子郵件，而非那些交給調查她如何使用私人郵件伺服器的人的電子郵件。

到了秋天，川普開始跟普亭彼此互捧，讓我不禁想起之前在劍橋分析看見的那些俄羅斯鬼影，包括科根與聖彼得堡的關係、盧克石油高層跟我們開的那場會議、山姆・帕騰誇口自己在跟俄羅斯政府合作、公司的內部文件暗示了俄羅斯情報機構、訪談研究中莫名其妙出現關於普亭的問題，甚至是布特妮・凱瑟與朱利安・亞桑傑和維基解密之間顯而易見的聯繫。當時我只覺得這些事情都很奇怪，彼此之間好像有什麼關係，但現在那愈來愈像某種故事了。

7 月 19 日，川普在共和黨全國代表大會上獲得提名。如果我的直覺沒錯，劍橋分析除了用我參與開發的資料分析工具讓美國選民支持川普，可能還有意無意地跟俄羅斯合作影響該選舉結

果。現在我離開劍橋分析之後從外面看它，就像 X 光掃描儀一樣看得出這家公司毫無下限，道德空虛到了極點。這種事讓我愈想胃愈痛，一定得說出來警告大家。

我找上了杜魯道政府裡面某個我稱之為「艾倫」（Alan）的人，告訴他俄羅斯、維基解密、劍橋分析之間的關係。告訴他如今我開始認為劍橋分析涉入了俄羅斯的計畫，並覺得我們該讓美國政府裡面的人知道這件事。

我們不想撈過界，也不想侵犯美國大選。我們知道，即使我們只是警告美國可能受到一些威脅，例如俄羅斯的威脅，依然有人會以為我們這些外國勢力想要干涉美國選舉。因此我們決定繞道而行，去柏克萊大學參加一場資訊與民主的學術論壇，與幾位出席的白宮人士密談。

在那以外，我也找了之前幫歐巴馬作精準投放的總監史卓斯瑪，深入討論此事。我去紐約向史卓斯瑪解釋劍橋分析是怎麼定位目標受眾的。他的公司當時剛好就在幫桑德斯 2016 年的初選選戰作精準投放，自然相當有興趣。

希拉蕊在 7 月下旬獲得提名後，史卓斯瑪就打給我說，「既然我這邊輸了，我看看能不能找希拉蕊的資料分析團隊聊聊」。他問我想不想跟對方見面說一下我覺得川普團隊的可疑之處，我當然答應。可惜的是，我們一直連絡不到希拉蕊的團隊。

民主黨綁手綁腳，戒慎恐懼就怕「操弄」選舉

8 月，我跟幾位杜魯道的顧問一起去柏克萊參加研討會。我

們在那裡只待幾天，所以我請另一位我稱為「凱拉妮」（Kehlani）的矽谷朋友幫忙安排行程，其中最重要的事項就是跟白宮的人開會。

我知道時間寶貴，我們只有一次機會向白宮人士表達觀點，而且對方可能對劍橋分析沒啥印象，根本聽不懂我們在說什麼，自然也聽不出重要性。於是我拜託凱拉妮找個隱密的會面場所，讓我們事前盡量做好準備。

「所以你希望多隱密？」凱拉妮問，「我可以安排一個手機收不到訊號的地方。」

「是有點太誇張了，不過沒問題啊，」我笑著說。然後她就寄來了地址。

隔天下午我們開車去 GPS 顯示的地點場勘，發現是在造船廠的中央。凱拉妮已經在那邊等了，她帶我們穿過一個倉庫來到碼頭，讓人覺得氣氛很奇怪，而且等到我們被迫繞過一群超大隻的港灣海豹，就感覺更奇怪了。在這群海豹後面停著一台 135 英尺長的挪威渡船，某些地方已經生鏽了，肯定無法通過安檢。這艘過去曾是白色的船如今已經變成灰色，底部黏滿了藤壺。上面的人扔了繩梯下來，我們爬進去跟著船一起載浮載沉。

這就是凱拉妮找來的最安全環境：一艘駭客船。它停在舊金山附近，船上住了幾個正在創業或自由接案的程式設計師。我們啥也沒問，畢竟在這件事的脈絡下，這已經是最完美的答案。我們這次旅程的成敗也要靠這艘船了。

場勘完之後隔天，我們去研討會安排這場非正式會面。艾倫要我們強調自己是以個人身分，而非杜魯道政府代表的身分來找這些白宮人士；會議方做的事情，也只是把幾個不代表加拿大政

府的加國政府員工，介紹給幾個不代表白宮的白宮員工而已。雙方會面討論的主題將是美國大選，以及美國共和黨與劍橋分析之間的關係，例如該公司手中的龐大資料庫，以及它和外國情報機構之間的潛在聯繫。

結果其中一位白宮人士問說，他們在研討會裡已經被關了一整天，能不能改在戶外聊。於是最後會談的場景變得很好笑，一群政府高層顧問擠在柏克萊大學附近的一張野餐桌上，聊著劍橋分析的問題以及俄羅斯干預美國選舉的事情，看著抽著大麻背著背包的學生在附近來來去去。

一開始我就告訴這些美國人說，劍橋分析可能涉入了俄羅斯的計畫。「我們知道川普競選團隊裡面有一些人與外國情報單位有關係，」我說，「他們打造了一個巨大的社群媒體資料庫，用來影響美國選民」。

我詳細描述了劍橋分析與俄羅斯的關係，以及尼克斯在簡報中跟盧克石油講過的東西。我說，劍橋分析正在暗中削弱選民對選舉過程的信心。

但這群美國人的反應非常冷淡，其中一位表示他們幾乎無能為力，因為做什麼幾乎都會被說成是用聯邦政府的力量影響選舉局勢（我確定他們說了「影響局勢」這個詞）。**歐巴馬陣營幾乎確定希拉蕊會贏，因此非常小心不要玷汙了這場勝利。**而且雖然如今看起來很荒謬，但當時一直有謠言說川普在敗選之後會成立一個川普電視台（Trump TV）跟福斯搶生意，而且很可能會聲稱「深層政府」或希拉蕊陣營操弄了這場選舉。歐巴馬政府擔心一旦發生任何違法行為，川普陣營就會藉此宣稱選舉無效，因此想要確保整場選舉沒有任何把柄。

這群白宮人士口中的川普電視台威脅，在我聽來非常合理。我認為他們的確清楚自己在幹麼，而且畢竟這是他們的國家，不是我的國家。於是我們握了握手之後就此別過。說起來，其他組織也作了類似的反應，臉書高層在 2016 年發現俄羅斯駭客入侵一些個人架設的總統大選相關平臺時，也因為擔心公司的聲譽，而決定既不公開示警也不向政府當局呈報問題（他們第一次公開簡述俄羅斯用臉書打資訊戰時已經是 2017 年 9 月，當時他們發現問題已經一年多，開始調查臉書上假消息的「五級火警」〔five-alarm fire〕也已經七個月）。總之我的警告最後無疾而終，民主黨對此漠不關心，矽谷則是永遠只懂得搞出另一個類似的公司來搶生意，根本不會解決問題。我不斷地拉警報，每個人卻只會不斷地說「別擔心」或者「別搗亂」，搞得我都懷疑自己是不是反應過度了。而且我既沒幫希拉蕊競選也沒在白宮上班，我只是鄰國加拿大的一條狗，對著火車直吠。

　　當然，後來又爆出一件讓人笑不出來的大事件：希拉蕊與歐巴馬的團隊都不願意「干預」選舉之後，聯邦調查局局長詹姆斯・柯米（James Comey）到了最後一刻卻突然大翻盤，說要重新調查希拉蕊的電子郵件。我在加拿大看到這新聞，感覺就像看著一個朋友不斷自我毀滅之後終於跳下懸崖，而你什麼也不能作，只能在心裡吶喊「你怎麼不聽我說！」而且這個狀況甚至更糟，這位朋友不僅殺了自己，還拉附近所有人一起陪葬。

臉書一直在裝純潔扮演受害者

　　8 月下旬，參議員哈瑞‧瑞德（Harry Reid）公開要求聯邦調查局調查俄羅斯干預美國選舉一事。但當時大部分的人還是認為希拉蕊會贏。在此同時，劍橋分析正式宣布它正在和川普團隊合作，渥太華那邊的人也因為從我這邊聽過劍橋分析掌握多少人的資料，資料威力有多強，而非常不安。而且，光是知道劍橋分析幫川普打選戰已經夠恐怖了，現在俄羅斯甚至也來插一腳。

　　當時杜魯道辦公室的成員雖然還在看川普的笑話，但已經開始討論他萬一當選怎麼辦。一開始大家只覺得這件事不可能，後來變成難以想像，最後開始擔心它會成真。某次開會的時候幾個人在取笑川普，「我的老天啊，這些美國佬沒有極限耶！」在場幾乎每個人都笑了。但我沒有。我笑不出來，因為**我知道大規模的心理戰有多恐怖**。

　　德語有一句話叫做 Mauer im Kopf，大致上的意思是「心中的圍牆」。1990 年兩德統一之後，拆除了法律上的邊界，人們推倒了柏林圍牆，拆掉了檢查站，把鐵絲網扔進垃圾堆；但過了 15 年之後，很多德國人依然過度強化東西兩邊的差異。某種揮之不去的心理距離似乎無視現實中的地理位置，在他們的心中築起藩籬，在那道鋼筋水泥的圍牆倒塌之後，繼續用陰影圍住德國人的心靈。美國也是這樣，當這位不知從哪裡爆出來的候選人高喊「圍牆築起來」時，我知道他要築的不是水泥或鋼鐵牆。民主黨與共和黨似乎都不知道該怎麼回應這種荒謬的政見，更糟的是，這匹黑馬看見了美國人的心靈，他們卻看不到。他們不知道支持者想要的不只是在現實中築起一道圍牆；也不知道對班農而

言，即使現實中的圍牆最後沒建成也無妨，只要美國人的心中有一道 Mauer im Kopf 就夠了。

除了我以外，艾倫也沒笑。他在某次會議上說，「我認為川普真的會贏。」其他人聽到都望著他翻白眼，「拜託喔！」但他看著我，我說「嗯，我也認為他會贏。」那一刻我才真正意識到，我幫忙打造的工具可能會變成川普入主白宮的關鍵。我的恐懼霎時昇到極點。

幾周之後，臉書寄了一封信到我爸媽家。我不知道他們是怎麼得知爸媽住址的，總之我媽把信轉寄給我。信是從臉書聘請的博欽律師事務所（Perkins Coie）寄來的，就是希拉蕊團隊後來出錢請他們調查川普通俄門的那家公司。律師在信中想知道，劍橋分析拿到的資料是否僅用於學術研究，而且是否已刪除。因為劍橋分析已經公開幫川普競選，而臉書顯然也決定不要忍受有人為了政治利益而盜取海量使用者的個人資料，更別說劍橋分析靠這種事賺了一大堆錢。可惜的是，信中沒有提到劍橋分析試圖用臉書的資料顛覆世界，整個切入方式也弱到可笑，畢竟我在和科根合作時，就已經**明確要求**臉書允許劍橋分析把資料用於非學術目的，臉書當時也同意了。而且臉書根本是在假裝震驚，畢竟在 2015 年 11 月左右，他們還聘了科根的商業夥伴約瑟夫・錢塞勒（Joseph Chancellor）來當「量化分析研究員」，而根據科根的說法，臉書在那之前就已經知道劍橋分析拿使用者個人資料作心理剖繪的事了。後來這件事公開之後，臉書一直裝純潔扮演受害者，卻始終不清楚說明自己在知情的狀況下，聘用了跟科根共事的人。只在之後的一份聲明中說「這個人之前的工作與在臉書的工作沒有任何關係」。

醜聞連環爆，希拉蕊完蛋了

　　劍橋分析當然沒有刪掉他們拿到的臉書資料。但我在那一年多前就離開了公司，還被他們告上法庭，完全不想幫他們說話。於是我回信說，我已經沒有你們提到的資料了，但我既不知道這些資料在哪裡，又不知道哪些人有辦法使用，更不知道劍橋分析拿這些資料來幹麼（說真的，我也不知道臉書拿這些資料來幹麼）。如今我一碰到劍橋分析的事情就特別起疑，寫完信之後刻意不讓加拿大議會的收發室幫忙寄出，而是走到市中心去寄。我不想讓劍橋分析的任何事情影響我在杜魯道那邊的工作。

　　2016 年 9 月 22 日，美國參議員范士丹（Dianne Feinstein）和眾議員謝安達共同發表聲明，說俄羅斯試圖干涉美國選舉。希拉蕊則是在 9 月 26 日的第一次總統候選人辯論中直接提出警告，「我知道川普非常欣賞普亭，」她說，而普亭卻「讓人恣意侵入美國的政府文件、個人檔案、駭進民主黨全國委員會。我們最近知道，他們選擇用這種方法來引發混亂、蒐集資訊。」

　　川普回答道，「我不認為真的有人知道駭進民主黨全國委員會的人來自俄羅斯。她口口聲聲地說俄羅斯、俄羅斯、俄羅斯。也許是啦。我是說，也許兇手是俄羅斯，但也可能是中國，或者是其他地方的人。說不定還是哪個坐在床上重達 400 磅的傢伙咧！」

　　10 月 7 日，就在娛樂新聞節目《走進好萊塢》（*Access Hollywood*）播出川普的名言「抓住她們的鮑魚」（grab 'em by the pussy）之後還不到一小時，維基解密開始發布他們從希拉蕊競選總幹事約翰・波德斯塔（John Podesta）那裡偷來的電子郵件，並且說他們

會繼續一點一點地發布電子郵件，直到投票日當天為止。這對民主黨來說簡直就是災難。希拉蕊的醜聞，從華爾街演講時的細節到各種其他小事一件件爆開；同時極右派分子也用電子郵件散播各式各樣的瘋狂幻想，最極端的甚至說希拉蕊的團隊跟華府一家涉及兒童性交易的披薩店有關係。這些新聞全都讓我不斷想起劍橋分析、俄羅斯政府，以及亞桑傑。劍橋分析的髒手似乎涉入了這場選舉的每一個環節。

川普、班農上台，他們即將打造私人的深層政府

美國總統大選那天晚上，我參加了一場溫哥華的開票派對。他們在大銀幕上播 CNN，在旁邊的小螢幕上播其他新聞頻道，我一邊看開票一邊跟之前在倫敦熟識的朋友，蘇格蘭的昔德蘭（Shetlands）議員阿利斯泰‧卡麥克講電話。我看著希拉蕊的數字愈來愈不樂觀，美國、加拿大、英國的情緒各自跟著變化。CNN 宣布川普當選的那一刻，派對裡的人全都嚇得不敢置信。

然後簡訊一條一條來了，全都是那些知道我在劍橋分析工作過的人。希拉蕊慶功宴上某些不知內情的支持者開始把事情怪罪在我身上，怎麼說的我大部分都忘了，只記得那憤怒與絕望的語氣。有一句話我還記得清清楚楚，它傷透了我的心：那是一位民主黨的朋友，「這對你而言也許只是場遊戲。但我們得承受它的後果。」

從那天晚上一直到隔天，杜魯道的顧問全都崩潰了，他們對於南方那頭大象的一切認知全都瞬間化為烏有。川普會不會取消

北美自由貿易協定？美國會不會發生暴動？川普是不是俄羅斯的傀儡？美國驚悚電影《戰略迷魂》（*The Manchurian Candidate*）的情節成真了嗎？每個人都急著想找答案，而且因為史蒂夫・班農如今身居要職大權在握，全場又只有我知道班農的事情，他們全都不停地問我。他們很快就會跟這些極右派的顧問談判重大的國家問題甚至國際問題，想知道該怎麼跟這種人打交道。但我滿腦子只想著一句話：**媽的！**我三年前在劍橋某間旅館房間認識的那個人，現在竟然變成下一任美國總統的心腹。

投票日的隔天，卡麥克打電話來，他冷靜的蘇格蘭腔讓我鬆了一口氣。「我們一起仔細想想接下來你該做什麼吧，」他說。卡麥克是少數幾個我完全信任的人之一，這些年我把劍橋分析的一切事情都告訴他。他很了解我，知道我不太可能坐視川普和班農在這場惡劣的選舉結束之後掌握大權。如今問題已經千鈞一髮。那位荒謬的實境秀明星不僅無恥地煽動群眾，更將成為自由世界的領袖。

我用了整個 11 月和 12 月去思考自己該去找誰，該說什麼。當時總統還沒交接，川普的當選依然不太真實。整個世界彷彿都屏息以待，想知道隔年 1 月 20 日之後會發生什麼事。

投票日前，民主黨的朋友們還說要幫我去拿希拉蕊就職舞會的入場券。但最後我沒有跟欣喜若狂的民主黨人一起去華盛頓參加舞會，而是坐在電視前看 CNN 報導人數稀稀落落的川普就職典禮。然後我看到了一些幾乎難以置信的東西：班農站在那裡，看起來就像頭髮被吹亂的惡靈；我透過默瑟認識的凱莉安・康威（Kellyanne Conway）也在，穿著獨立戰爭似的角色扮演衣；麗貝卡・默瑟穿著一件毛皮大衣，戴著好萊塢二線明星式的太陽眼鏡。我

想起幾年前，我在餐廳跟尼克斯說要離開劍橋分析時，他說的那句話：「等到我們全都進了白宮，只留你一個人在外面，你才會發現自己犯了多大的錯。」好吧，尼克斯是沒進白宮，但其他人一定都進去了。

隔年1月，班農當上了美國國家安全會議（National Security Council）委員，卡麥克要我「當心」的事情似乎愈來愈具體。班農拿到了控制整個美國情報與國安機構的權力，如果惹火他，例如揭開什麼祕密或做出什麼挑釁，他都有辦法毀掉我的人生。

另一件同樣恐怖的事是，班農能讓劍橋分析去接美國政府的案子了。當時劍橋分析的母公司SCL已經在幫美國國務院工作，所以劍橋分析可以拿到美國政府的資料，反之亦然。我意識到，班農很可能是在打造一個屬於他的私人情報單位，供一個不信任中情局、聯邦調查局、國安局的新政府使用。如果是真的，人們就會活在惡夢中，甚至是活在尼克森的恐怖故事裡。想想吧，如果當年尼克森能夠看到美國每一個人的日常瑣事，那他用惡劣手段幹翻的（ratfucking）就不會只是政治對手，而是整部美國憲法了。

政府機構通常要先獲得人們的授權才能蒐集人們的個資；但劍橋分析是私人公司，不受這種權力制衡。我想起之前與帕蘭泰爾的會議，突然懂了為什麼裡面某些人會對劍橋分析這麼感興趣。美國的隱私權法律無法阻止劍橋分析蒐集人們的臉書資料，而班農只要擁有一個私人的情報機構，就可以繞過相關規定，拿到許多聯邦情報單位無法獲得的人民個資。我突然發現，深層政府已經從極右派的幻想化為現實。**班農正在實現自己的預言，他想成為深層政府。**

Chapter 11
COMING OUT

第十一章

走到陽光下

2017年 3 月 28 日上午，川普就職兩個月後，我又一次在熬夜做簡報之後昏昏沉沉地醒來。當時才清晨六點多，我穿著內衣煮咖啡，滑開臉書看到一個叫「克萊兒・莫里森」（Claire Morrison）的帳號來私訊我。我點開她的帳號，上面沒放照片。訊息是這樣寫的：

> 「克里斯多福，你好。希望沒有打擾到你。我其實是個記者，名叫卡蘿・卡德瓦拉德（Carole Cadwalladr）我一直想找劍橋分析或 SCL 的前員工聊聊，更準確地了解該公司的營運細節，有人說你就是該公司的軍師……」

當時我想說，**這一定又是劍橋分析搞的鬼**，他們煩不煩啊，想設套騙我上勾？當時沒有任何記者來找過我，我**肯定**之後也不會有，更何況之前沒有人把我的警告當一回事，而且這種信實在太像尼克斯騙人的老招了。在這個「克萊兒・莫里森」能夠證明自己到底是誰，幕後是哪個黑手之前，我不想跟她扯上關係。所以我請她先證明自己真的是《衛報》的記者再說。

那天還沒過完，卡德瓦拉德就用《衛報》的信箱寄來一封長信，寫了她調查 Vote Leave、BeLeave、葛林姆斯、蓋特森的結果；她為什麼認為與這些競選相關的事情都和一個加拿大的小公司 AggregateIQ 有關；以及有人說我認識這些人和這些公司。卡德瓦拉德說她一直在調查 AIQ 與英國脫歐的事，在 2017 年初的某個晚上，某個消息來源給了她一條奇怪的線索：AIQ 官方報銷單上面寫的電話號碼，竟然跟 SCL 之前寫在網站上的「SCL 加拿大分部」電話號碼一樣。當時 SCL 幾乎沒有任何公開報導，唯

#吹哨者 #衛報爆料 #紐約時報爆料 #死亡威脅

一的就是卡德瓦拉德 2005 年在網路雜誌《頁岩》（*Slate*）寫的文章：〈真相不在你手中：心理戰宣傳已經變成主流〉（You Can't Handle the Truth: Psy-ops Propaganda Goes Mainstream）。文章一開始就寫說「某一家神祕的媒體公司，幫忙精心策劃了一場大規模欺騙行動」。

　　卡德瓦拉德追得愈久，就覺得這個故事愈詭異，然後她找到了一個位於倫敦的 SCL 前員工。這位線人堅持要在祕密場所碰面，而且不准卡德瓦拉德洩漏過程中的任何資訊，因為如果公司知道兩人聊過，可能就會對線人動手。卡德瓦拉德同意，於是這位線人就說了 SCL 在非洲、亞洲、加勒比海作過的一些齷齪事情：仙人跳、賄賂、間諜、駭客、有人突然死在旅館房間之類的；同時建議卡德瓦拉德去找一個叫做克里斯多福・懷利的人，因為就是他把 AIQ 的人拉進劍橋分析的。卡德瓦拉德整理了 Vote Leave、AIQ、劍橋分析、班農、默瑟、俄羅斯、川普之間的關係之後，發現我似乎在這個宇宙的中心，無論調查哪裡都會看見我的影子，好像是伍迪・艾倫的電影《變色龍》（*Zelig*）一樣。

美國政府會全軍盡出整死揭祕者

　　一開始我不太想理卡德瓦拉德，因為我並不想成為《衛報》大專題的中心。我累了，在這麼多次折磨之後，我只想把劍橋分析留在過去。更重要的是，這時的劍橋分析已經不只是一家公司而已。我的老上司史蒂夫・班農如今已經走進白宮，變成了全世界最強大國家的國安委員。我也很清楚愛德華・史諾登和切爾

西・曼寧（Chelsea Manning）這類人揭祕之後，美國政府是怎麼全軍盡出整死他們的。如今想改變英國脫歐或美國總統大選的結果也已經太晚了。之前我喊破了喉嚨都沒人理我，現在怎麼就會有了呢？

但卡德瓦拉德是認真的。我從她發表過的文章裡發現，她正在調查劍橋分析和 AIQ，但還不清楚它們到底做了多邪惡的事。猶豫了幾天之後，我回信同意跟她聊聊，但絕對不能公開。電話響起的時候，我的心愈跳愈快，我猜這場對話不會太愉快，她會指責我作的事情，對我的回應半信半疑，最後把報導寫成她想要的樣子。

但我卻聽到一位女性的聲音，「嗨，克里斯嗎？你好！」我聽到背景傳來狗吠聲，「抱歉，我帶狗出去散步剛回來，現在正在泡茶。」我原本想開始說些什麼，但我聽見她在輕聲對狗狗說話。最後我原本只想給卡德瓦拉德 20 分鐘的，卻在電話裡聊了四個多小時，直到倫敦那邊一定已經過了午夜都還沒聊完。在那之前，我從沒有把事情的全貌告訴過旁人。她問我，劍橋分析到底是什麼？

我直接了當地說，「是史蒂夫・班農用來操弄人們心理的工具。」

劍橋分析事件的各種層次與關聯，複雜到卡德瓦拉德這種已經查了很多資料的記者一開始也無法搞懂。例如到底 SCL 屬於劍橋分析，還是劍橋分析屬於 SCL？AIQ 跟其他組織的關係到底是怎樣？等到她搞懂所有基本細節之後，事情才真的開始。我告訴她什麼是心理剖繪、什麼是資訊戰、人工智慧能做哪些事。我解釋了班農的角色，以及我們怎麼用劍橋分析打造出一套心理

#吹哨者 #衛報爆料 #紐約時報爆料 #死亡威脅

戰武器讓班農去打文化戰爭。我告訴她迦納、千里達、肯亞、奈及利亞的故事，告訴她劍橋分析用哪些實驗打造出目標定位的工具。全部說完之後，她才開始了解這家公司有多麼罪大惡極。

卡德瓦拉德在 2017 年 5 月 7 日登出了第一篇報導：《英國脫歐大劫案：我們的民主怎麼變成了人質》（The Great British Brexit Robbery: How Our Democracy Was Hijacked），一刊出就引發大轟動，成為那一年《衛報》網站上點閱率冠軍。報導內容相當有料，但還只是這個黑暗深淵的表層而已。5 月 17 日，羅伯・穆勒當上特別檢察官，負責調查俄羅斯問題與川普競選的問題。當時川普顯然已經挑起民主黨人甚至某些共和黨人的懷疑，因為川普在要求聯邦調查局長詹姆斯・柯米不要繼續追查前國安顧問麥可・佛林（Michael T. Flynn）之後，就急著開除科米，怎麼想都覺得事情並不單純。調查結果發現，原來佛林是劍橋分析的顧問之一。川普事件的規模遠超過英國脫歐，同時涉及到班農、川普、俄羅斯以及矽谷，這關乎別人怎麼控制你的身分，企業傳遞你的個資時會發生哪些事。

但有個問題，如果我要幫忙把事情散播出去，說服其他劍橋分析的人站出來，我就必須離開加拿大。我去問杜魯道團隊裡的一些夥伴，他們馬上就了解事情的嚴重性，鼓勵我挺身而出到英國與《衛報》合作。所以我去了。

如果公開真相，可能招致死亡

我完全沒規畫行程，甚至連住處都沒找好，所以我飛到阿利

斯泰・卡麥克在昔德蘭的選區去找他。昔德蘭島位於不列顛群島的最北端，是蘇格蘭從北挪威王國那邊吞併過來的。當我把所有家當裝進一個旅行包裡，從一架小型螺旋槳飛機走下來時，卡麥克已經在那裡等著，準備接我到旅館安置。但在那之前還是得先觀光一下，他既是當地議員又是個對家鄉極為自豪的蘇格蘭人，無論颱風下雨都想先帶我參觀完整個島嶼再說。於是我們在陡峭的懸崖、整群昔德蘭矮種馬，以及附近遊蕩的羊群包圍下，他問我接下來打算怎麼做。

「我還沒想過，」我說「下禮拜應該會去找卡德瓦拉德……你覺得這樣適合嗎？」

「絕對不行──你開玩笑啊！」他大叫出聲，然後沉思了一會。「克里斯，這件事很重要。我現在只能說，我會盡我所能幫你。」這世界上幾乎沒有任何政客會讓我願意與他一起在又濕又冷的蘇格蘭草原上走好幾英里，但卡麥克例外，我一直信任他，他是我的知己，更是我的良師益友。

幾周之後，我終於與卡德瓦拉德會面。我們約在牛津圓環附近的騎馬屋餐廳（Riding House Café），空間寬敞而現代，窗邊擺著深紅色的沙發，吧檯旁列著藍綠色的凳子。卡德瓦拉德已經先到了，一頭亂蓬蓬的金髮，帶著墨鏡，穿著豹紋上衣和歷經風霜的皮製短夾克，看起來就像個機車辣妹。我從街道對面就看見她坐在大窗戶邊，有點不敢相信這就是我幾個月來一直通電話的《衛報》記者，於是我拿起手機搜尋幾張她的照片，看看自己是不是搞錯了。她一看見我就立刻叫道「天啊，你真的來了！你比我想像中的還高耶！」然後站了起來給我擁抱。她說《衛報》希望下一篇報導能夠解釋劍橋分析是怎麼蒐集臉書個資的，問我願不願

意公開。

　　這個決定蠻困難的。如果我公開這些事，可能就會惹到美國
總統川普、極右派近臣班農、唐寧街、好鬥的脫歐派，以及心理
變態的尼克斯。如果我把劍橋分析背後的真相全盤托出，可能還
會惹到俄羅斯人、駭客、維基解密，以及一大群完全不在乎在非
洲、加勒比海、歐洲違法的人。我知道很多這樣的人因此受到嚴
重威脅，我之前的幾個同事也警告我離開後要特別小心。我頂替
的 SCL 工作人員丹・穆雷桑（Dan Mure an）在我進公司之前就**死
在肯亞的旅館房間裡**。這種事情不能輕易決定。

《衛報》作風太畏縮，我們找《紐時》共同揭祕

　　我告訴卡德瓦拉德我要思考一下，也願意繼續給她資料。但
後來《衛報》沒骨氣的作風，讓我對它的所有信心蕩然無存。卡
德瓦拉德在 5 月 7 日的報導開頭寫道，Google 執行長艾立克・
史密特的女兒蘇菲，介紹尼克斯認識了帕蘭泰爾，因此引發了一
系列事件，最後讓 SCL 開始跨足資料戰。這件事我知道，但我
沒說，卡德瓦拉德是從別人那邊聽到的。報導寫的都是真的，我
甚至還有蘇菲・史密特涉及 SCL 事件的郵件證據。不過報導刊
出後，史密特決定告《衛報》誹謗，找了一整團的律師去威脅《衛
報》要打一場曠日廢時的官司。文章明明不涉及任何誹謗，幾周
後《衛報》卻妥協了，同意刪掉史密特的名字。

　　然後劍橋分析也來威脅提告。結果明明《衛報》有文件、電
子郵件、檔案可以證明我說的一切屬實，卻還是選擇退讓。編輯

們在某些段落加上了「有爭議」的字眼去安撫劍橋分析，降低報社的責任。最後就變成他們端上了卡德瓦拉德帶來的好料，然後把它煮爛。

這發展讓我萬念俱灰。我想說，我千里迢迢跑回倫敦，沒工作沒收入，**還得冒著生命危險**幫一家連自己刊出的報導都不願意捍衛的報社工作，是怎樣啊？更麻煩的是，我被劍橋分析那份超級保密協定綁住，不能透露在該公司工作的任何內容。它們讓我簽那份協定就是為了大幅加重我的法律責任，而且我毫不懷疑如果我違反協定，我的老東家一定會把我告到一窮二白。我的律師說，我是在向《衛報》揭露一件不法行徑，這是很強的抗辯理由。但抗辯理由很強是一回事，被告上法院是另一回事，跟劍橋分析打官司的律師費可能高達數十萬英鎊，我可沒這筆錢。

儘管如此，我還是決定把真相全盤托出。我很快就發現，最好的行動地點就是川普的家鄉。卡德瓦拉德把我轉給錢柏律師事務所（Matrix Chambers）的媒體大律師葛文・米勒（Gavin Millar QC），他曾幫《衛報》處理史諾登的案子。米勒聽完之後建議我去找美國報紙，他說美國《憲法第一修正案》保障更強的言論自由，讓媒體不怕誹謗指控。此外，**《紐約時報》妥協的機率比《衛報》小很多**，而且從來不在刊登之後刪除部分文章。這招很聰明，不僅不會退縮，還能讓事情在英美兩地同樣受到關注。

我跟《衛報》說我要把事情刊在《紐約時報》上。他們很不高興，說只要再等一會，議題的熱度就會消退，或者其他人就會先報出來，那樣就沒事了。但決定權在我身上，我認為該講的就是要講。我說，我會同時向兩家報紙的記者提供相同的資訊，但兩家必須在同一天發表，而且發表前必須獲得我的同意。這是因

為相關的風險太高，而且《衛報》之前處理史密特事件的方式，讓我對英國那種極度偏袒原告的誹謗法抱有戒心。我向《衛報》編輯重申，我在與《紐約時報》達成協議之前不會繼續與他們合作，也不會給他們文件。由於卡德瓦拉德本身也完全支持讓《紐時》加入，《衛報》在沒有什麼選擇的狀態之下只好默許。該報編輯當然還是不想讓競爭對手拿到新聞，但很棒的是，他們在這件事上放下傲慢，去曼哈頓跟《紐時》的編輯開會討論事情該怎麼做。兩家報紙在 2017 年 9 月達成初步協議之後不久，我就跟《紐時》的負責記者碰面了。

冒險臥底採訪，被發現大家都會完蛋

在預定與美國記者見面的那天，我來到肖迪奇，走進哈斯頓飯店（Hoxton Hotel）人聲鼎沸的大廳酒吧，看見卡德瓦拉德揮手示意我過去坐。桌子對面坐著《紐約時報》的馬修·羅森堡（Matthew Rosenberg）。他禿光了頭髮，身材有點壯，顯然離過婚，看起來相當迷人。

「喔，就是你嗎？」羅森堡一邊說一邊站起來跟我握手。「我想，我們應該先把手機收起來？」

我們各自把手機放進電訊遮蔽套（Faraday case），防止它收發電子訊號。我只要跟記者碰面，一開始一定會進行這個儀式。然後我們又把大家的遮蔽套收進我帶來的一個隔音袋裡，防止事先安裝的惡意軟體自己啟動監聽。想想劍橋分析的前同事如今幫川普政府工作，還有劍橋分析之前跟駭客與維基解密作過哪些事

情，就知道怎麼小心都不誇張。

我們聊了兩個多小時的劍橋分析之後，羅森堡說這樣已經夠他回去跟編輯討論了。於是他幫大家點了一些葡萄酒，開始說自己在阿富汗的往事。這個人看起來很正派，這次合作似乎可以成功。離開前他遞來名片，上面寫著「馬修‧羅森堡。紐約時報，國家安全記者。」然後在背面快速寫了一串數字。「這是我的拋棄式手機。看到這號碼就打給我。要等好幾個禮拜的。」

有了《紐約時報》之後，我就開始介紹記者去找劍橋分析的其他前員工，結果好幾個記者都發現同一件事：如果有辦法直接訪到尼克斯的話，他一定會為了滿足自己過度膨脹的自尊心，而大言不慚地吹噓劍橋分析曾幹過哪些好事。記者們說得的確沒錯，但如果直接讓尼克斯知道他的陰謀曝光就慘了。

「不然我去採訪他好不好？」某天下午卡德瓦拉德這麼問，而且馬上又想出一個更棒的方法：去犯罪現場直接逮他個正著。如果我們把一個潛在客戶推到尼克斯面前，他就一定會為了給對方留下深刻印象而洩漏自己的陰謀，這種事我之前就至少看過幾十次。然後如果我們能把過程錄下來，就能向世界證明我所說為真。因此，我們決定在《衛報》與《紐時》之外，讓英國《第四台新聞》（Channel 4 News）也加入。《第四台新聞》是公共電視台，而且法律規定它的節目必須比 BBC 更多元、更創新、更獨立，不能像 BBC 那樣在報導新故事時極度規避風險。

9 月下旬的某個下午，卡德瓦拉德跟我來到克勒肯維爾（Clerkenwell），在《第四台》辦公室幾個街區外的空酒吧會見該電視台的編輯約伯‧拉布金（Job Rabkin）和他的記者團隊。卡德瓦拉德介紹彼此認識之後，拉布金就開始講述該團隊之前做過的

#吹哨者 #衛報爆料 #紐約時報爆料 #死亡威脅

臥底採訪。他一聽到劍橋公司在非洲的案子就睜大了眼睛，插話道，「這太噁心，而且**太殖民**了吧。」這是我第一次聽到記者使用「殖民」這個詞。大部分記者聽我說劍橋分析的時候，都對川普、英國脫歐、臉書很有興趣，但我只要一開始說非洲，他們通常就只會聳聳肩說，「有些時候就是會發生鳥事啊」之類的，反正是非洲嘛。但拉布金知道這有多惡劣，劍橋分析在肯亞、迦納、奈及利亞做的事情是一種新的殖民主義，是有權有勢的歐洲人剝削非洲資源的新方法。這種方法不僅繼續剝削非洲的礦產與石油，更開始從非洲搶奪一種全新的資源：**個人資料**。

拉布金保證會全力支持《第四台新聞》的調查小組，並說他的團隊願意冒險臥底進入劍橋分析。於是我開始跟他們合作，相信這可以徹底揭開尼克斯的噁心陰謀。當然，過程將極為麻煩，必須萬分小心，尼克斯一旦發現了我們的計畫，大家就都完了。

臉書資源無窮無盡，絕對把我告到一窮二白

這一大串不確定因素，讓揭露祕密變成了一項全職工作，而且只要一個不小心，我就會陷入訴訟風暴之中。我寫訊息問之前夏天幫過我的那群律師，收到了最不想聽到的回應：這遠超過了無償幫忙的範圍，我必須付錢，不然就只能另外問別人。我徹底崩潰了。我失業了，卻還要冒著巨大的法律風險去處理一團極為複雜的暴風雨，然後身邊竟然一個律師都沒有。但就像生命中的很多事情一樣，有時候你走上了好運，塞翁失馬就焉知非福。我就是在這種情況下認識了塔姆辛‧艾倫（Tamsin Allen）的。

米勒大律師聽完事件經過之後，就在 2017 年秋天把我介紹給了艾倫，他是班德曼事務所（Bindmans LLP）的律師，專長誹謗與隱私案件，之前的客戶包括軍情五處（MI5）的前間諜、新聞集團（News Corp）案件中手機被竊聽的名人等等；本人似乎也和我的處境極為相似，兩人碰面後一見如故。艾倫上學時因為裸泳被學校開除，後來在 1980 年代龐克時期搬到倫敦，在哈克尼區跟占屋者住在一起。她在某天晚上一起整理證據的時候說，「我有一大堆故事都絕對不能公開。」她本身就非常叛逆，不會被一個穿著鼻環的粉紅頭髮男子口中的間諜、駭客、資料操弄恐怖故事嚇倒。在我揭祕的過程中，艾倫成了我的頭號盟友。

艾倫知道我想要的跟《第四台新聞》、《衛報》、《紐時》有點差異，記者們想要挖出今年甚至十年來最大的獨家頭條，我則是想講出這個非常重要的事情，但不要陷入法律糾紛。因此艾倫建議我把重點放在傷害公共利益的部分，藉此避開劍橋分析的超級保密協議，因為根據英國法律，被告在揭露不法行為或者明顯為了維護公共利益時，不需要遵守保密義務。我們花了很多時間討論「公共利益」是什麼，以及要怎麼守住底線，避免爆出太過八卦的事或者可能威脅英美兩國合法國安的機密。不過艾倫也提醒我，即使我們完全遵守法律規定，劍橋分析還是可能會起訴我，臉書可能也會告我，而且臉書的資源幾乎無窮無盡。臉書和劍橋分析甚至可能會申請禁制令去阻止新聞發布。美國幾乎不曾發過這種禁制令，但英國還蠻常見的。對抗禁制令相當曠日廢時，而且即使最後獲勝，英國記者也可能放棄。艾倫說這種狀況她看多了。

而且這些還都只是法律問題。這個事件中有很多人過去都有

過不法行徑，艾倫擔心我的人身安全。之前在某次會面中，她問我有沒有家人住在倫敦，以及我採取了哪些保安措施。「如果陷入危機你會打給誰？」她問。這種事情都需要預先想好，隨著談得愈來愈深入，我們也愈來愈信任彼此，最後我決定只要事情生變，我就打給艾倫。

得到電影明星休‧葛蘭的協助

解決法律問題之後，我就開始跟沙尼討論 BeLeave 與 Vote Leave 之間的關係。他人實在太好了，明明自己說出 Vote Leave 透過 BeLeave 匯了一大筆錢給 AIQ 的帳戶，卻沒有發現這就是兩個團體在大選中犯規共謀的證據。我指出哪裡不太對勁之後，他才發現自己被利用了。此外，他也不知道 AIQ 是劍橋分析的子公司，一聽到 AIQ 在奈及利亞選舉中幫劍橋分析製作那段影片的事，就相當反感。

幾天後他拿來一個共享硬碟，裡面是 BeLeave、Vote Leave、AIQ 的合作文件。根據英國法律，這證明了這些團體在選舉中違法結盟。翻開活動紀錄還會發現，某人多次使用系統管理員的身分刪除了 Vote Leave 高層人員的名字。沙尼說，這些刪除都是在英國選委會開始調查選舉活動的那一周作的。Vote Leave 一直聲稱這只是在整理資料，但在我看來似乎是在刪除競選經費超支的證據；而且如果我猜對，事情就更嚴重了，因為他們額外犯下了湮滅證據的罪行。更誇張的是，沙尼列出了能動這個共享硬碟的人員名單，其中有兩個人竟然是首相的高階顧問，正在提供英國

脫歐的相關建議。我提醒沙尼，他可能掌握了好幾起重大犯罪的證據，他行事必須非常小心，否則可能會引來大麻煩。當時沙尼已經知道我在跟《衛報》與《紐時》合作了，他一發現手上的證據有多重要之後，就同意去跟卡德瓦拉德談談，說出他掌握哪些東西。同時我也請他去找艾倫作法律諮詢。

艾倫一開始幫我時完全沒收錢，但後來問題愈滾愈大，我需要的諮詢時間也逐漸多到她無法負荷。同時她也說，劍橋分析知道我要公開之後可能會用很多方式找我麻煩。她不願意為了錢而捨棄我，但我們得另尋財源。她知道這種時候建立支持網絡很重要，所以我們決定去問她的幾個老友。第一個老友叫休·葛蘭——對，就是那個《妳是我今生的新娘》（Four Weddings and a Funeral）和《BJ 單身日記》（Bridget Jones's Diary）的休·葛蘭。艾倫在吃飯時解釋了我的困境，沙尼則解釋 Vote Leave 幹過哪些好事。休·葛蘭就跟他演過的很多角色一樣溫柔有愛心，本身也曾經被人偷過資料（梅鐸旗下的《世界新聞報》〔News of the World〕駭過他的電話簡訊）。他聽完劍橋分析的操弄規模之後嚇了一跳，說他會想想我們可以去找誰幫忙。

後來我們被介紹給史特拉斯堡男爵（Lord Strasburger），自民黨前上議院議員，隱私人權團體《盯緊老大哥》（Big Brother Watch）的創始人。男爵給了我們非常重要的支援，又介紹了一位超級大富翁來倫敦見我，我問對方為什麼想幫忙，富翁說因為他很了解歐洲的歷史。他知道每個人都被記錄下來之後會發生什麼事，他知道如果不好好保護個人隱私，社會可能就會陷入法西斯。會面幾天後，富翁說他會提供所需資金，以及我需要的協助。

除此之外我還得到很多人的幫忙，才得以在揭弊過程中盡量

全身而退。我一開始決定要對抗眼前的政商巨獸時，就像是大衛孤身面對巨人歌利亞。但現在我認識了值得信任的律師與記者、有了出庭抗辯基金、有了豐厚的道德支持。大部分的揭祕者都只能孤獨地螳臂當車，但我身邊一直都有朋友，有幾次還碰上極為幸運的好事。沒有這些幫忙，我永遠不可能站出來。

架好竊聽器，就等尼克斯走進陷阱

2017 年 10 月，我跟艾倫一起去找《第四台新聞》的製作人拉布金，以及該電視台的編輯本・德・皮爾（Ben de Pear）。我解釋尼克斯是怎樣的人，他經常涉及哪些不法活動。拉布金與皮爾對於設套讓尼克斯自己全盤托出很有興趣，但一談到執行細節，就開始擔心圈套會不會複雜到無法成功。此外，這種錄影需要先問過該頻道的法律團隊，但這種事一旦事與願違就會陷入法律糾紛並且賠上聲譽，法律團隊很可能認為風險過高。

我們與電視台的律師團隊共同研擬了一份文件，預防各種可能的法律問題。英國有法律保障這種誘捕報導，但記者必須證明自己是為了守護公眾利益、是為了揭露可能的犯罪行為，而不是要陷害任何個人。於是我們事先準備好文件，如果尼克斯到時候真的控告《第四台新聞》就能回應。

這個圈套的細節必須極為精密，於是我打給蓋特森，他一下子就答應幫忙。我們必須讓尼克斯相信他見到的人真的是客戶、對方提的案子真有其事，而且整個會面過程完全保密。因此，扮演「客戶」的人必須非常了解尼克斯的工作內容，必須提出非常

精確的要求，也必須非常熟悉那個「案子」所在國家的政治情勢。

最後我們決定把「案子」設定在斯里蘭卡，原因如下：首先，SCL 在印度執行過案子，在印度也設有辦公室，尼克斯會認為去隔壁國家執行工作並不麻煩。其次，斯里蘭卡的政治與歷史極為錯綜複雜，很容易根據真實情境掰出一套故事。不過，無論寫出怎樣的劇本，我們都得找到夠多真實的演員，這樣劍橋分析的助理在會面之前網路搜尋相關資料時才不會漏餡。

《第四台新聞》聘了一位斯里蘭卡偵探扮演客戶「拉詹」（Ranjan）；我和蓋特森則告訴電視台的團隊尼克斯有哪些習慣與特質、劍橋分析會怎麼調查潛在客戶，並給團隊看一些尼克斯寄給我們的電子郵件，讓他們更了解尼克斯和這家公司的運作方式。拉詹將與劍橋分析開四次會，前三次先跟其他公司高層初步討論，最後一次才會跟尼克斯簽下交易。此外，拉詹必須讓尼克斯自己提出會違反法律的做法，否則就可能會變成引誘犯罪。

拉詹扮演的角色是一位野心勃勃的斯里蘭卡年輕人，曾在西方賺了很多錢，如今要回國競選公職。但在家族的內部鬥爭中，全家的資產被政府的某個部長凍結。拉詹將提到一位真實的部長名字，並說出許多斯里蘭卡政治的真實細節，讓尼克斯與劍橋分析的高層相信整套故事。為此，《第四台新聞》必須在會面之前作極為大量的研究，不讓任何一個小錯毀了整個圈套。我們給劍橋分析的任務目標，是解凍這個家族的財產，事成之後劍橋分析可以得到這位虛構男子總財產的 5%。這麼好康的事，尼克斯一定不會拒絕。

拉詹的最初兩次會議都在西敏寺附近的某間旅館的房間裡，對方是首席資料官亞歷山大‧泰勒（Alexander Tayler）與常務董事

馬克・滕伯爾（Mark Turnbull）。劍橋分析的高層向他推銷資料分析服務，並提議幫忙蒐集情報，但最後都沒有什麼具體結果。對方似乎很謹慎，解釋劍橋分析的實際服務時都刻意不說清楚。《第四台新聞》相當沮喪，但我們有個補救辦法。

我們想起，這種人總是認為旅館房間裝了竊聽器，《第四台新聞》如果想錄到真東西，就得在公共場所聊生意。但《第四台新聞》的高層說，這需要太多資源了。如果在餐廳或酒吧談，噪音可能會淹沒對話。而且如果想拍到高層的臉，攝影機要架在哪裡？難道要把對方帶到某張特定的桌子上？那也太可疑了吧。

不過《第四台新聞》的團隊最後還是用了一個超酷的方式解決問題。他們租下餐廳的一整區，雇了很多人一邊吃午餐一邊輕聲交談，並找來幾十台隱藏攝影機各自瞄準每一張空桌子。這樣就可以讓尼克斯和高層自己選要坐哪張桌子，因此放鬆戒心，但無論他們坐在哪裡，身邊的一切都是攝影機，甚至某些餐桌擺設、其他客人的手提包，以及鄰桌的客人都會錄下他們的談話內容。

結果他們在那個餐廳開了兩次會。滕伯爾在第一次會議中介紹了劍橋分析的一些灰色業務，說他們可以調查拉詹提到的這位斯里蘭卡部長，「無聲而小心地翻出他所有的祕密，然後整理給你」。可惜的是，他在快聊完的時候又說「我們的做法不是找漂亮女孩去勾搭政客，拍下房間裡面發生的事情然後放出來。有些公司是這麼做的，但對我們而言這太超過了。」當然，他自己說出了一些該公司不會做的事情，這樣拉詹就可以繼續問下去了。

幾周之後，終於到了第四次會面，尼克斯上場了。《第四台頻道》再三確認每個細節都完美無缺，每張桌子都裝了竊聽器，

每個角落都裝好攝影機，在鄰桌吃午餐的兩個女性手提包裡面也藏好攝影機。萬事俱備之後，就只剩尼克斯不要取消會面或改期啦。

結果他準時出現，親手挖好自己的墳墓。拉詹問出最精確的問題，在最洽當的時間點表現出興趣。而尼克斯就這麼一步一步地說出了所有東西。

「我可以找幾個烏克蘭女孩……效果非常好」

錄完兩個月後，《第四台新聞》終於把影片剪好給我們看。11 月初，某個陽光明媚秋高氣爽的早上，我原本打算走路去跟艾倫討論事情，走到了大樓大廳卻發現手機裡有好幾封未知號碼的簡訊。我點開簡訊立刻驚叫出聲「這什麼鬼！」害得櫃台的服務人員問我還好嗎。簡訊的內容是我早上走路的照片，有人一路跟蹤我走到我的律師辦公室，而且拿這來威脅我。

我們懷疑這是因為劍橋分析發現我搬回了倫敦，找了公司來調查我。艾倫叫我立刻改變作息，改變每天的活動路線，改變跟律師見面的方式。幾天後，Leave.EU 在推特上貼了一段從喜劇電影《空前絕後滿天飛》（*Airplane!*）裡面剪出的影片，把一個被不斷毆打的「歇斯底里」女人，後製成卡德瓦拉德的臉，配上俄羅斯國歌不斷放送。卡德瓦拉德說，對方可能雇了私家偵探來調查她，而且如果對方一直在跟蹤她，對方可能也看到了我，並發現我們兩個在合作。艾倫則警告，如果劍橋分析發現我在做什麼，就會向法院申請禁制令，阻止我繼續提供資料給《衛報》和《紐

約時報》。這每一件事情都讓我愈來愈擔心下一步的發展。幾天後，卡德瓦拉德在 11 月 17 日的《衛報》上發表了一篇她被威脅的報導；我則是在倫敦的街道上癲癇發作，昏了過去被送進醫院。醫生說病因不明。

出院後不久，我問艾倫有沒有辦法確保我手中的資訊成功揭露出來，有沒有辦法防止這些資訊被禁制令封鎖？她說沒有，但想了一下又說，如果是在國會大廈裡就可以。有一些古代的豁免權法律，可以保護國會議員不受禁制令或誹謗指控。去討論十七世紀傳承下來的法律有沒有用可能太過象牙塔，但艾倫的這招讓我想起可以去找阿利斯泰·卡麥克來幫忙。我去卡麥克的國會辦公室找他，告訴他我可能被監視了，拜託他保護好我的一些硬碟，以防別人來封鎖。卡麥克不但願意幫忙，還說如果真的有人來介入，他會用所有方式把裡面的資料公開，必要時甚至使用他的國會豁免權。於是我把幾顆硬碟交給他，在新聞曝光之前一直把關鍵證據放在他的保險箱裡。

我還給了他一些很重要的錄音。英國的資訊戰專家艾瑪·布萊恩特教授（Emma Briant）在研究劍橋分析幫北約做的一些案子時，曾跟劍橋分析的高層聊過，裡面的內容連她這種混軍事政戰界的人都嚇了一跳，於是她錄了起來。布萊恩特手裡的資料也跟我一樣需要保護，於是卡德瓦拉德介紹我們認識，一起去找卡麥克。我坐在卡麥克的議會辦公室裡，聽布萊恩特放出一段錄音，聲音的主人是 SCL 執行長奈傑爾·歐克斯：「希特勒瞄準猶太人，不是因為他跟猶太人有任何恩怨，只是因為**人民不喜歡猶太人**而已，」歐克斯說，「希特勒只是利用了猶太人這群代罪羔羊。其實川普也一樣，川普利用的是穆斯林。」歐克斯的公司在幫川普

做希特勒做過的事，但歐克斯似乎樂在其中。在另一段布萊恩特跟 Leave.EU 公關總監威格摩爾（Wigmore）的對話中，威格摩爾似乎也對納粹的公關手法大加讚賞，他說「如果你把納粹的宣傳機器裡面所有醜惡的東西拿掉，就會發現他們的作法非常聰明。單純以行銷的角度來看，你就能看出納粹選擇傳遞哪些訊息、為什麼要傳遞那些訊息、如何呈現那些訊息、營造出怎樣的形象……現在回過頭來看，你就會發現其實 2016 脫歐公投裡的宣傳方法一點也不新奇，只是用新時代的工具裝舊酒而已。」我們播著這些錄音，卡麥克靜靜坐在那裡聽。

2018 年 2 月，我和艾倫終於去英國獨立電視新聞（ITN）的放映室，位於格雷律師學院路（Gray's Inn Road），剛好就在艾倫律師事務所的對街。螢幕上的尼克斯在我們準備好的餐廳裡轉著身子，試圖迎合顧客的各種瘋狂需求。我盯著他說出的每一句話，犯下的每個錯誤。一切都荒謬至極。尼克斯在會議中原形畢露，承認了很多劍橋分析曾經做過，以及願意做的一些惡劣行當。他說自己在 2016 年美國大選期間見過川普「好幾次」，滕伯爾更直接說出劍橋分析是怎麼捏造「說謊的希拉蕊」這個故事的：「其實我們只是把資訊輸進網際網路的血液中，然後等它發酵，」他說，「這些東西會自己滲透網絡社群，不帶任何品牌，所以找不出背後黑手，也無法追蹤。」這些話幾乎讓我無法控制自己，尼克斯終於親口證明了我說的句句屬實。

整段影片極棒。尼克斯與滕伯爾自己供出了犯罪計畫，輕如鴻毛地說他們願意挖出這位斯里蘭卡部長的黑歷史。尼克斯一邊吸飲料，一邊翹著腳說：

「挖黑歷史很有趣。可是你知道,直接去找當權者,提出一項好得令人難以置信的交易,然後把過程全部錄下來,也一樣有效。這種方法非常有用,你馬上就有了對方貪腐的證據。然後你可以把它貼到網路上之類的……」

「我們可以找個有錢的開發商,或者乾脆找人假扮成有錢的開發商……讓他說我給你一大筆錢競選,選上之後給我一塊土地之類的。然後我們把整段過程錄下來,把裡面的人臉抹掉之後,貼到網路上。」

你沒聽錯,尼克斯掉進我們設的圈套裡,然後提議要給另一個目標下套。我跟艾倫以及《第四台新聞》的團隊坐在螢幕前,品嘗其中的反諷。螢幕上的尼克斯繼續說:

「然後,還可以送一些女孩去候選人家附近。這種事我們做多了……我們可以找幾個烏克蘭女孩一起來度假,你知道我意思……她們都很漂亮,我發現效果非常好……其實這都只是一些方法……我是說,這些事情聽起來好像很可怕,但其實根本不用真作,只要讓人信以為真就夠了。」

在幾個月的工作與無止盡的辯論之後,我們終於拿到了關鍵證據。《第四台新聞》的這段影片將成為致命一擊。在那一刻我終於可以安心地說,我們要阻止劍橋分析。

尼克斯公開蔑視、欺騙英國議會

經過漫長的協商，各方最後同意在也就是 2018 年 3 月最後兩周刊登紙本報導，並以廣播公開調查結果。報導刊登前幾周，我去議會大廈旁邊的現代主義玻璃建築物保得利大廈（Portcullis House）找下議院數位、文化、媒體暨體育部（Digital, Culture, Media and Sport Committee，DCMS）主席達米安・柯林斯（Damian Collins）。柯林斯讓該部正式調查社群媒體上的假消息，好幾位和我聊過的議員與委員會主席都建議我去找他談談。柯林斯非常禮貌優雅，說起話來帶著保守黨特有的學院魅力，讓我一開始就印象深刻。他比我認識的所有其他議員都更了解劍橋分析，而且早在幾個月前就找過尼克斯來作證。尼克斯在全程錄音的狀況下，當著所有委員的面說劍橋分析沒有用過任何臉書的資料。我說這不是真的，尼克斯可能在誤導委員會（這種行為很嚴重，可能構成蔑視議會）。我把卡麥克保險櫃裡的一塊硬碟接上我的筆記型電腦，把螢幕轉向柯林斯，秀出一份已經執行完成的臉書資料合約，尼克斯與科根兩人的名字用亮藍色墨水簽得一清二楚。我們花了幾個小時檢閱劍橋分析的內部文件，找出該公司使用臉書資料，以及跟俄羅斯公司之間關係的證據；我也播放了幾段劍橋分析用殺人鏡頭來恐嚇民眾的宣傳影片。柯林斯與委員會的人從硬碟裡挑出了一些需要的文件，我複製了一份給他們。我們同意在新聞報導兩周後，讓委員會找我公開作證。到了那天，他就會透過委員會把我提供的一大堆文件爆出來。

這段時間，我也一直用我們蒐集到的劍橋分析不法活動證據，去更新資訊專員辦公室（調查資訊犯罪的政府機關）的資料。

#吹哨者 #衛報爆料 #紐約時報爆料 #死亡威脅

看完《第四台新聞》側錄的影片之後，我跟資訊專員辦公室官員伊利莎白・德含（Elizabeth Denham）說，劍橋分析至今依然還在幫客戶做這類不法行徑。資訊專員辦公室想在新聞曝光之前突襲搜查，不讓劍橋分析有機會湮滅證據，因此要求我們延後曝光。我把我這邊所有的證據都給了該局，包括劍橋分析公司高層的檔案、執行案子的文件、內部電子郵件等等，該局又轉交給相當於美國 FBI 的英國機關：國家打擊犯罪調查局。為了讓資訊專員辦公室申請到適當的搜查令，我努力地整理各種複雜的證據。另一方面，我和艾倫也同時在準備證人證詞與一整份書面意見呈交給選委會，解釋脫歐選舉中的各種犯罪。那段時間我們夜以繼日地處理各種法律文件、向司法機關提出建議、跟記者聯繫，幾乎完全沒睡，令人筋疲力盡。所幸到了最後，我們把該辦的都辦完了。

《紐時》報導爆紅，臉書震怒封鎖我的帳號

報導曝光大約一周前，《衛報》寄信給報導中提到的人物與公司。英國新聞業在報導前都會寄這種回應信（right-to-reply let-ters），讓被報導者有機會在文章發表前回應不實指控。到了 3 月 14 日，我收到臉書律師寄來的信，引用《電腦詐欺及濫用法案》（Computer Fraud and Abuse Act）與《加州刑法》（California Penal Code）為威脅，要求我交出所有設備給他們檢查。報導刊出前一天的 3 月 17 日，臉書又堅稱他們沒有洩漏資料，威脅《衛報》如果堅持刊出報導就要提告。在確定報導一定會刊出之後，它為了搶先發表並轉移焦點，甚至禁止了我、科根、劍橋分析使用臉書。《衛

報》和《紐時》知道此事都怒不可遏，臉書竟然利用回應信這種出於善意的機制來打烏賊戰。

　　3 月 17 日晚上，《衛報》和《紐時》連夜趕製報導。《紐約時報》的頭條是〈川普的顧問怎麼利用大量民眾的臉書資料來做壞事〉（How Trump Consultants Exploited the Facebook Data of Millions）《衛報》的編輯把頭條寫得更聳動：〈班農手中的心理戰武器就是我造的：資料戰揭祕者的告白〉（"I Made Steve Bannon's Psychological Warfare Tool": Meet the Data War Whistleblower），兩則新聞一刊出都立刻爆紅。《第四台新聞》該晚也開始播出系列專題，包括尼克斯中計之後親口說出的那段影片，以及該台採訪 2016 年民主黨候選人希拉蕊的影片。希拉蕊曾說劍橋分析的指控「令人非常不安」，在電視台的採訪中更是直說「當你發動大規模的宣傳阻止人民正常思考，在人們身邊塞滿假資訊……讓每個搜尋引擎、每個網站都不斷重複這些謠言，那你就真的影響了選民的決策過程。」接下來，卡德瓦拉德的報導引發的共鳴愈來愈大。另外兩位《衛報》記者艾瑪・葛拉罕－哈里森（Emma Graham-Harrison）和莎拉・唐納森（Sarah Donaldson）各自寫了好幾篇報導爬梳故事中各方勢力的關係，優秀的文筆使許多不懂科技的一般百姓深有所感，在社群媒體上熱烈討論（臉書除外，它推出了自己的說法）。《紐約時報》的報導則著重臉書洩漏資料的部分，稱其為「社群網路史上規模最大的洩密事件之一」，該篇頭條附上了卡德瓦拉德的署名，撰寫的記者馬修・羅森堡（Matthew Rosenberg）、尼可拉斯・康費索（Nicholas Confessore）則是整理了班農、默瑟、劍橋分析之間的關係，詳細解釋這些人究竟如何利用人們的臉書個資來幫川普勝選。

伊隆‧馬斯克刪臉書帳號、砲轟臉書

　　在新聞爆出之前，我就已經把我擁有的證據全都交給英國政府，所以政府已經對劍橋分析與臉書調查了好幾個月。不料，在資訊專員辦公室申請調查令搜查劍橋分析的時候，臉書已經雇了一家「數位蒐證公司」去調查劍橋分析的伺服器，而且比政府搶先一步聯絡了劍橋分析。臉書一知道新聞即將曝光，就請劍橋分析允許它存取該公司的伺服器與電腦。當資訊專員辦公室終於申請到搜查令進入劍橋分析總部，發現有人在這段時間存取過相關資料時，簡直勃然大怒，他們從沒見過有人敢這麼明目張膽地去動那些即將被司法調查的證據。更嚴重的是，臉書並不只是這起事件中的旁觀者，該公司的資料也是司法調查的對象，它跑去可能的犯罪現場動到相關證據，可能會加重它自己的法律責任。那一天，資訊專員辦公室在警察的護送下前往劍橋分析，辦公室探員、英國警方，以及臉書請來的「蒐證專家」戲劇性地在現場僵持不下。政府要求臉書請來的人放下所有證據立刻離開劍橋分析，對方最後照辦。但臉書的行為依然惹火了資訊調查官伊利莎白‧德含，德含隔天難得地出現在英國媒體上，發表聲明說臉書的行為「可能破壞了監理機關的調查」。

　　英美兩國大部分的單位立刻高調地處理劍橋分析事件。在英國議會調查「假新聞與假消息」之前，政府就已傳喚我作證，從此各種公開或祕密聽證會一場場展開，內容包羅萬象，從劍橋分析怎麼利用駭客或賄賂官員、臉書的資料洩漏問題，到俄羅斯情報單位都有。負責報導聽證會的 BBC 駐議會記者馬克‧達西（Mark D'Arcy）表示，「我認為數位、文化、媒體暨體育部傳喚

懷利的聽證會內容，是我在議會中聽過最令人震驚的東西。」

　　美國的聯邦貿易委員會，以及證券交易委員會也啟動了調查。英美兩國的律師都開始呼籲臉書執行長馬克・祖克柏（Mark Zuckerberg）出面作證。新聞曝光幾周後，美國司法部與聯邦調查局的人飛到英國，在英國打擊犯罪調查局從英國皇家海軍那邊借來的海軍基地跟我碰面。

　　這段時間臉書股價一路下滑，祖克柏卻遲遲不見人影，直到3月21日才終於現身，在臉書上發文說自己正在「搞清楚到底發生了什麼事」，還說「科根與劍橋分析背叛了臉書的信任」。這時，推特上開始瘋傳 #DeleteFacebook（刪除臉書帳號）主題標籤，伊隆・馬斯克（Elon Musk）也火上加油地說他已經刪除了 SpaceX 與特斯拉的臉書帳號。當時我一邊準備公開作證，一邊聽美國饒舌歌手 Cardi B 的在新聞曝光幾周後發行的新專輯，這張在純然巧合下命名為《侵犯隱私》（*Invasion of Privacy*）的專輯立刻變成了社群媒體的迷因，網友把祖克柏的臉後製到封面上，專輯也很快就登上白金。這時候整個局勢變得愈來愈有利，那些早就對臉書營運方式存疑的人，紛紛站到第一線說出自己的憂慮。幾周前臉書才以提告為威脅試圖封殺《衛報》的報導，如今臉書卻已陷入超大公關危機，逼得祖克柏買下各大報紙版面發表道歉信，然且依然無法平息人們的怒氣。而在兩周之後，美國國會領導人就找上了他，連續盤問了兩天。

　#吹哨者　#衛報爆料　#紐約時報爆料　#死亡威脅

英國首相高級顧問用性傾向懲罰揭祕者

　　英國的後續事件則跟脫歐有關。這件事在美國爆開的時候，多明尼克・康明斯與史蒂芬・帕金森等等與 Vote Leave 相關的人都收到了媒體的信。然後某天晚上，沙尼連續接到一連串 Vote Leave 前成員的電話，跑來我們律師的辦公室。他的前上司帕金森用了最殘忍的方式來回應這則新聞，當時帕金森已是英國首相梅伊的高級顧問，在《衛報》發布報導的前一天，唐寧街發表了一份官方聲明，帕金森在聲明中公開了他與沙尼的關係，說這些指控都是沙尼在分手之後捏造的。帕金森明明很清楚沙尼是巴基斯坦的穆斯林，因為擔心位於巴基斯坦的家人會因此陷入危險，而一直沒有向家人出櫃；卻依然在這種狀況下把沙尼交給全世界的媒體，不顧他的前實習生可能面臨多大的風暴。至少近幾年來，這是英國首相辦公室的人第一次公報私仇。我們一直到了《紐約時報》請我們發表評論才知道這件事，沙尼聽到聲明的內容整個傻住，看著我們其他人的眼睛，跌坐在椅子裡。雖然艾倫與卡德瓦拉德最後成功說服了康明斯刪掉他對此事發表的一篇回應，但傷害已經造成，帕金森徹底得逞。

　　Vote Leave 的爆料登上了《每日郵報》（ *Daily Mail* ）周日版頭版：「首相助理在支持英國脫歐的金錢陰謀中爆發性醜聞」，讓英國的右派媒體繼續誹謗 LGBTQ，把沙尼以及他所爆出的證據，也就是英國史上違反《競選財務法》最嚴重的事件重點，降級成「性醜聞」這種個人八卦。巴基斯坦對 LGBTQ 群體與沙尼家人的暴力威脅，讓他在喀拉蚩的家人被迫躲在家裡。沙尼和他所愛的人的生活，都被這則八卦搞得天翻地覆。我永遠不會忘記那天的半

夜三點半，我從窗戶外面看到沙尼一個人坐在艾倫的辦公室打電話給媽媽說：「沒錯，我是同性戀。」在那個時候，他決定站出來揭祕的勇氣，與承擔相關後果的決心合而為一。接下來的幾天，沙尼面對的暴力愈演愈烈。有人帶著隱藏攝影機跟蹤沙尼；有人把我和他一起去同志酒吧的照片貼上英國極右派網站，加上極為恐同的眉批；英國首相梅伊甚至在議會幫帕金森的行為公開護航。這些事件都讓人心碎，但也都讓我以沙尼這樣的朋友為傲。

神祕男人現身，帶來俄羅斯關鍵證據

劍橋分析新聞曝光三天之後，我、艾倫、沙尼在 3 月 20 日晚上一起前往倫敦的前線俱樂部（Frontline Club），這是我第一次公開露面。我一走進會場，攝影師就蜂擁而至。裡面塞滿來自世界各地的記者，每個人都儘量擠在最前排的座位，各家新聞的二十多隻錄影機在房間後方排成一列，密不透風的人群讓房間愈來愈熱。記者兼隱私維權人士彼得・朱克斯（Peter Jukes）先公開採訪我，然後開放提問。等到大家的注意力都轉移到其他人身上之後，我偷偷離開了。我們原本說好，在我離開之後幾分鐘，艾倫再離開，以免引起關注。我走出俱樂部往右轉向諾福克廣場，卻遇到一個男人舉著發著光的手機向我走來。我在納悶與警覺之餘，往後退了一步問他想幹麼，他說你先看我手機就知道了。

我的眼睛適應了一下亮光，然後看見了劍橋分析給英國獨立黨的發票。男子滑了一下螢幕，畫面變成一封疑似 Leave.EU 公

關總監威格摩爾寫給某個俄羅斯姓名的電子郵件，我沒看太久，但郵件內容似乎提到了黃金。「他們在跟俄羅斯合作，」這位男子說。這時候，艾倫和其他同伴帶著一些聽眾走了出來，一看見這位男子，就擔心我的安全衝了過來想抓住對方。男子甩開他們跑走了，我則站在原地呆若木雞。去俱樂部不久之前，我才剛結束一連串的電視採訪，一路上被攝影師追個不停，晚上又看到這種事，真是累死了。在開車回艾倫辦公室拿包包的路上，我說我不確定那到底是什麼，但看起來蠻像真的，因為上面的銀行帳戶我認得。幾天之後，艾倫收到一封神祕簡訊之後打給我說，那個在街上攔住我的人似乎想聯絡我。

當時我以為自己大部分的揭祕任務已經結束了，但後來出現的這些新情報，讓我又在 2018 年 6 月走進美國國會大廈地下的機密情報隔離室，參加眾議院情報委員會的祕密聽證會。在祕密聽證會前的兩個月裡，我跟這位男子在倫敦隨機挑了幾個地方碰面。他顯然是拿到了 Leave.EU 創始人之一班克斯與公關總監威格摩爾手中的檔案，記載著英國脫歐競選期間，主流極右派脫歐團隊 Leave.EU，與俄羅斯駐倫敦大使的詳細通訊紀錄。艾倫和我在確認這些資料為真後，立刻聯絡了軍情五處與國家打擊犯罪調查局。

我不確定自己有沒有被跟蹤，所以那年 4 月，艾倫在某個英國火車大站裡的一間乾淨辦公室裡，替我向國家打擊犯罪調查局官員匯報最新拿到的資訊。我們都很擔心那位男子的安全，他拿著文件四處移動，裡面可能有俄羅斯在烏克蘭與東歐進行情報工作的證據。國家打擊犯罪調查局把這件事通知了英國駐基輔的大使，但之後我們就連絡不到這位男子，他的手機也無人接聽。

幾周之後，這位男子重新現身，希望再次見面。我和艾倫決定偷偷錄下我和他的會面。之後我們把錄音檔和文件的截圖交給英國政府；並通知美國人說我們看到了一些證據，證實劍橋分析的客戶在即將與川普競選團隊見面前曾先見過俄羅斯人，跟川普團隊談完之後馬上又去見了俄羅斯人。後來，艾倫和我前往眾議員南希·裴洛西在國會大廈的辦公室，把這些文件的事情告訴當時屬於眾議院情報委員會的加州眾議員謝安達，然後再把這些文件帶回華府，鎖進卡麥克在國會辦公室的保險箱裡。

在華府開完聽證會後不久，一家找克里斯多福·史蒂爾（Christopher Steele）[17] 調查川普通俄門事件的私人情報公司 Fusion GPS 前來找我。該公司從某個英國人那裡得知我擁有的文件與錄音，並說他們也從其他來源那邊發現俄羅斯人、英國脫歐、川普競選團隊之間有相同的關係。我們決定在數位、文化、媒體暨體育部主席科林斯的辦公室見面，像拼拼圖一樣把我、柯林斯、Fusion GPS 那邊獲得的不同資料整理起來。拚完之後，艾倫再次聯絡國家打擊犯罪調查局，但對方拒絕採取行動，於是我們把所有資料交給美國眾議院情報委員會，讓委員會轉交給適當的情報單位。如果英國政府不想單獨處理這些關於英國脫歐與俄羅斯大使之間的證據，我們就讓美國的類似機構來施壓。

17　編注：揭發美國總統川普「通俄門」案的英國軍情六處（MI6）前情報員。

　#吹哨者　#衛報爆料　#紐約時報爆料　#死亡威脅

一場醉醺醺的午餐、一批有賺頭的交易，
讓俄羅斯成功滲透了脫歐派

　　那些文件把整件事解釋得很清楚。2015 年，在我離開劍橋分析不久之後，英國獨立黨所支持的 Leave.EU 團隊繼續接觸劍橋分析，藉此「了解英國各地的選民特質與其思想，讓我們與選民的關係更密切」。英國獨立黨與劍橋分析之間的因緣來自班農，在獨立黨的班克斯與威格摩爾找班農聊劍橋分析的時候，法拉吉把這些人都介紹給了他的朋友，美國大富翁羅伯特・默瑟。默瑟很想幫助這場剛出現的極右派運動，但他不是英國人，無法合法捐款或實質干預英國選舉活動。於是默瑟建議這些脫歐派去利用劍橋分析的資料和服務，班農也提議幫忙。最後法拉吉、班克斯、劍橋分析都接受了班農的提案，這個英美聯手的新興極右派聯盟從此如虎添翼，拿到了資料庫與演算法的武器。

　　美國眾議院情報委員會相當在意脫歐團隊與劍橋分析之間的關係，因為俄羅斯大使館似乎利用這種關係，偷偷介入川普的總統大選。2015 年 11 月，Leave.EU 在布特妮・凱瑟的幫助下發起了脫歐公投，凱瑟一邊在劍橋分析上班，一邊當 Leave.EU 的營運主管。她的核心戰略，就是用劍橋分析的精準投放演算法來打選戰。

　　在 Leave.EU 公布自己與劍橋分析合作的不久之前，英國獨立黨與 Leave.EU 的大金主班克斯與威格摩爾，就已與俄羅斯政府眉來眼去。兩人最初是在 2015 年唐卡斯特舉行的英國獨立黨大會上認識了亞歷山大・烏多德（Alexander Udod），後來又因此前往俄羅斯大使館，認識大使亞歷山大・雅科文科（Alexander

Vladimirovich Yakovenko），一起吃了一頓「長達六小時的醉醺醺午餐」。幾周後，班克斯與威格摩爾與雅科文科再次會面，從那裡聽到了一份誘人的案子，然後班克斯又額外找了好幾位合夥人一起來，包括金援脫歐的著名投資人吉姆・邁隆（Jim Mellon）。俄羅斯大使向這些人推銷一批有賺頭的交易：投資班克斯在電子郵件中所說的「俄國的黃金」。大使介紹他們認識俄羅斯商人希曼・波瓦倫金（Siman Povarenkin）。波瓦倫金說，俄國打算合併幾座金礦與鑽石礦廠，並部分轉賣給民間。俄國大使則明確表示，俄羅斯聯邦儲蓄銀行（Sberbank，俄羅斯的一家國立銀行，同時被美國與歐盟制裁）將支持這筆交易。他們對這幾位英國獨立黨的金主說，只要幫俄國大使館與俄羅斯聯邦儲蓄銀行工作，就可以「拿到別人無法獲得的專屬商機」。

在即將宣布劍橋分析要幫他們打選戰之前，Leave.EU 還在聯絡俄羅斯大使館。班克斯在回覆一位大使館官員的電子郵件中說，「感謝，我和威格摩爾很高興能在 11 月 6 日與大使進行午餐匯報。美國也有很多人對脫歐公投有興趣，我們很快就會前往華盛頓簡介這次公投的情況。」到了 Leave.EU 正式宣布劍橋分析加入的第二天，2015 年 11 月 16 日，俄羅斯大使館再次邀請班克斯與威格摩爾開會。我們不知道他們那天在大使館聊了什麼，但我們知道這些脫歐派隨後就飛到美國去找共和黨，而俄羅斯大使館對這些行程都瞭如指掌。我們還知道班克斯與威格摩爾一直告訴雅科文科大使最新發展，他們在 2016 年 1 月寫給雅科文科的訊息上說，「我和威格摩爾很樂意過來說說你選情的最新情況。一切都正常發展。祝萬事順利。」

目前還不知道如果班克斯跟俄羅斯之間真的只做商業交流的

#吹哨者 #衛報爆料 #紐約時報爆料 #死亡威脅

話，為什麼要讓俄羅斯大使知道他跟美國政界的接觸以及英國脫歐公投的最新發展，但這些會面顯然影響了這些脫歐派。在其中一串通訊中，有人說可以幫烏克蘭搞一場類似脫歐的運動，藉此在這個俄羅斯一直試圖控制的國家內部打擊親歐的言論。他們後來決定不插手烏克蘭，甚至在電子郵件中討論新聞稿草稿中的某句話是否會被視為「過於親俄」，但威格摩爾還是建議「寄信讓大使知道我們支持他」。

班克斯與威格摩爾一直有與俄羅斯大使館保持聯絡，威格摩爾還寫信邀俄羅斯外交官出席 Leave.EU 的活動，包括 2016 年 6 月的勝選派對。據稱班克斯找專家來問過俄羅斯金礦與鑽石礦的投資事宜，但他後來對記者說自己完全沒有投資這些項目，威格摩爾也決定「不進行下一步」。但在英國脫歐公投結束後不久，卻有報導指出，某一家與英國獨立黨大金主吉姆·邁隆有關的投資基金，投資了部分開放民營的俄羅斯國有鑽石巨頭埃羅莎（Alrosa）。該投資基金的代表回應道，投資細節是在邁隆不知情的時候決定的，而且公司早在 2013 年埃羅莎首次開放民間認股的時候就投資了埃羅莎。在 2016 年 7 月下旬，也就是脫歐派勝選一個月後，俄羅斯情報單位駭進美國民主黨全國委員會的檔案與郵件幾周後，有人拍到尼克斯在觀看馬球賽時跟俄羅斯大使雅科文科一起喝伏特加。妙的是，尼克斯在這個時候大概也正為了川普選舉，而四處設法拿到維基解密的檔案。

這一切，宛如一場預知死亡紀事

　　英國脫歐成功之後，法拉吉與班克斯就開始展望美國。當時美國正在 2016 年大選選戰中，這些英國人在整場選戰中積極幫川普競選，法拉吉更參加了無數場共和黨候選人公開活動。當時大部分觀察家都覺得，自稱「脫歐先生」的川普邀請英國獨立黨的重要人物參加造勢活動很正常，但很多美國人都沒注意到這些極右派之間的聯繫。**極右派是一場全球同步的運動，而且在 2016 年引爆了一場巨大的安全危機。**

　　2016 年 8 月 20 日，俄羅斯大使館三等祕書瑟吉・費迪吉金（Sergey Fedichkin）收到威格摩爾的電子郵件，主題是〈轉寄：柯崔爾的檔案，僅供親閱〉，內文有一句神祕的話:「祝玩得愉快」。郵件的幾個附件中包含喬治・柯崔爾（George Cottrell）被美國聯邦探員逮捕的法律文件。柯崔爾當時是法拉吉辦公室主任，也是英國獨立黨募款負責人。柯崔爾與法拉吉在前往美國慶祝脫歐勝選之後，在 2016 年共和黨全國代表大會的川普造勢大會之前，就抵達芝加哥澳黑爾機場，準備飛回英國。起飛前，幾名聯邦探員走上飛機，以涉嫌多項洗錢與匯款詐欺的理由逮捕了柯崔爾。法拉吉後來表示自己對柯崔爾的不法行為一無所知。此外，柯崔爾與「俄羅斯自助洗衣店」（Russian Laundromat）洗錢案傳說中的關鍵角色：摩爾多瓦國民銀行（Moldindconbank）也有關係。根據我從線人那邊拿到的電子郵件，威格摩爾把美國司法部指控的文件副本寄給了俄羅斯外交官。在認罪協商之後，柯崔爾承認了犯有匯款詐欺罪。

　　俄羅斯大使館相當了解，英國脫歐運動的關鍵人物與川普競

#吹哨者 #衛報爆料 #紐約時報爆料 #死亡威脅

選團隊之間的聯繫有多緊密。大使館一直在撮合兩邊，所以美國聯邦調查局逮捕了英國獨立黨的人之後，威格摩爾就把副本寄給大使館。可是為什麼美國人該擔心俄羅斯在英國的動靜呢？因為脫歐派跟川普競選團隊都聘了劍橋分析，而且都找了史蒂夫・班農當顧問，而後面這些人顯然做每件事情都會告訴俄羅斯。川普意外勝選之後還立刻邀了這些脫歐派去川普大廈，會見這些定期向俄羅斯政府通風報信的英國人。

當記者開心地慶祝自己揭發了劍橋分析，造成拒絕配合的臉書股票暴跌的時候，我毫無感覺，一點都不開心。在我眼中這就像預知死亡紀事，是我生命中最折磨、最艱難的事情。直到幾個月後我終於放鬆，才開始回憶當時的場景，才發現我去承接了多大的創傷，讓自己去親身感受一件自己參與其中的災難所造成的痛苦。當我看著川普上台，看著他禁止穆斯林國家的人進入美國，看著他幫白人至上主義站台時，都不禁想起自己埋下了這些災難的種子。我過去玩過火，如今必須眼睜睜看著世界燃燒。在國會大廈裡，我一邊應訊作證，一邊向自己懺悔。

Chapter 12
REVELATIONS

第十二章

啟示

我消磁、砸爛了所有電子設備，簡直就像在驅魔

　　我不會讓你知道我確切的住址，最多只會說我住在倫敦市東邊，在肖迪奇與達斯頓之間。我就是那個住在頂樓有著粉紅頭髮的人，但並不特別顯眼。我家附近住的都是勞工階級，很多房子都是工業時期的工廠改建而來的，燻黑磚牆上的油漆廣告著一百多年前的商品。上一波大英殖民地移民潮所留下的印度、巴基斯坦、加勒比海社群之間的緊張關係已經緩和，而如今又有一波藝術家、同志、學生、邊邊的怪人因為倫敦市中心租金太貴而搬來這裡。這裡有裝飾風藝術（art deco）的電影院，有空中花園，俱樂部的常客每到周末就會一路酗紅線條啤酒（Red Stripe）直到凌晨四點。在這裡，戴著頭巾的女性穆斯林，和披著刺青頭髮斜一邊的夜店少年，可以同時出現在無牌的蔬果店。在這裡，我出門時比較安心，不必擔心被認出來。

　　我家很老，是在網際網路還不普及的時代建的，當時沒什麼牆內管線。木製的地板很結實，但每走一步都會嘎吱作響。我的門上多裝了一根門栓，因為公開揭祕的一星期後，有一群人一直跑來敲我的門，還惹得鄰居都跑來抱怨。幸好在知道我是誰之後就沒事了，如今看到有人在附近遊蕩還會過來通知我。

　　我淘汰了家裡的很多東西。客廳角落的檯子上原本有一台電視機，如今只剩下牆上掛著的電線。那是一台智慧型電視，還內建了麥克風和攝影機，以前我會拿它看 Netflix、登入社群媒體，現在我把它拆了。我在床頭櫃的某個抽屜裡鋪上一整層特殊的金屬網，完全隔絕電磁波，睡前一定會把所有電子設備放進去。房間的另一頭擺著我以前使用過的舊電器，一台拔掉插頭的亞馬遜

#同溫層危機 #認知隔離 #監控資本主義 #科技封建

智慧助理 Alexa，埋在一大堆不再使用，卻還沒有好好處理掉的平板、手機、智慧型手錶之中。另一個箱子裡堆著硬碟的屍體，我把裡面的證據交給政府之後，就把它們消磁、砸爛、浸了酸，永遠摧毀了裡面的資料。也許我哪天會扔了它們，但不知怎麼地我對它們充滿了感情。

我的客廳裡擺著一張老工廠做的古代木桌，上面放著一台氣隙隔離（air-gapped）的筆記型電腦（從沒上網過），用來研究我交給眾議院情報委員會的證據。桌子的抽屜裡有另一台旅行時使用的筆記型電腦，裡面什麼都沒有，以免過境時被搜查。我的個人電腦在客廳，裝有 U2F 加密硬體鎖，上面的攝影機貼了膠帶，只差內建麥克風我幾乎無能為力。電腦裡的資料會先從地板上裝的一台私人 VPN 伺服器送出去之後，再連到外面的其它伺服器。

我家樓下的入口有一台監視攝影機，會把影像傳給保全公司。我不知道資料有沒有加密，也不知道會不會外傳到哪裡去。雖然目前都還不需要用，但我出門的時候會帶一個緊急呼救按鈕，國家打擊犯罪調查局有登錄我的手機號碼，我只要一打電話，即使什麼也不說，他們也會立刻回應。因為有時候必須用不安全的 Wi-Fi 上網，我的背包裡一定會帶一台攜帶式 VPN 路由器；我也一定會帶幾個電訊遮蔽套出門，都是粉紅色的，這樣比較可愛。我通常都會戴著帽子，但即使事件發生一年之後還是會被認出來，幾乎每天都會有人問我「請問你就是那位⋯⋯**揭祕者**嗎？」

這種生活看起來就像是被害妄想症，但自從過去十二個月在街上被襲擊、被黑道開的保全公司威脅、深夜睡在旅館房間時門被撬開，以及兩度有人想駭進我電子郵件之後，再怎麼謹慎都不

過分。我找人來檢查家裡的保安問題時，專家指著電視，說它可能會偷拍或偷錄你的生活。於是我們拆了它，開著玩笑說**以前都是你看電視，現在電視可以看你囉。**

在報導曝光的幾天前，臉書開始寄律師信來威脅我，同時開始讓副總經理與副總裁來處理我的案子，我的律師們說這表示臉書認為我的揭祕嚴重威脅到他們了。我的律師們從處理駭客案件的經驗得知，被逼到死角的公司經常會狗急跳牆。不過臉書連駭我都不需要，因為我的手機裝了它的應用程式，它隨時隨地都知道我身在何方、我認識哪些人、在什麼時候跟誰見了面。

於是我扔了我的手機，律師們買了全新的手機給我，每一支都從來沒裝過或上過臉書、Instagram、WhatsApp。臉書移動裝置的應用程式使用者條款允許它使用麥克風與鏡頭，雖然該公司極力否認他們會用你的聲音資料來量身投放廣告，但手機本身就允許上面的應用程式存取它的麥克風。而且我還不是一般的老百姓，我是當時臉書名聲最大的威脅。手機上的應用程式至少在理論上可以打開麥克風，我的律師們擔心臉書會竊聽我和他們，或我和警方的對話。此外，臉書可以存取我的照片與攝影機，除了聽得到我的聲音，還能看到我身處哪裡。即使我一個人在浴室洗澡，旁邊還是可能有**別人。只要手機在旁邊，臉書就看著你，你無路可逃。**

而且光是我自己丟掉手機還不夠。我不得不拜託我的爸媽和姊妹移除手機上的臉書、Instagram、WhatsApp。臉書還知道我有哪些朋友、我們常在哪些地方出沒、在訊息裡寫了什麼，以及每個人住在哪裡。我即使跟朋友出去玩，臉書可能都能從他們的手機看到我。如果某位朋友拍了照片，臉書就看得到，而且理論上

它還可以用人臉識別演算法從其他人拍到的照片上認出我來，無論我是否認識拍照的人。

在我處理掉之前的電子設備時，我的朋友們鬧我說你根本是在驅魔，其中一位為了「以防萬一」甚至帶了一些鼠尾草來燒。好啦，是很好笑，但某種意義上這的確是在驅魔。如今的世界裡潛藏著各種看不見的程式碼與資料，就像惡靈一樣偷偷看著你、聽著你、猜你在幹什麼。而我的確希望跟這些惡靈說掰掰。

臉書奪走我的身分，簡直自成一個主權國家

2018 年 3 月 16 日，也就是《衛報》與《紐約時報》刊出報導的前一天，臉書同時封鎖了我的臉書與 Instagram 帳號。這家公司拒絕封鎖白人至上主義者、拒絕封鎖新納粹、拒絕封鎖各種仇恨團體，卻封鎖了我。它還要求我把手機與個人電腦交給它檢查，甚至說如果我想解除帳號封鎖，就得把提供給政府的所有資料都給它一份。這種行為已經不是一家公司了，根本就是一個**主權國家**。它似乎不明白，政府調查的可不是我，而是它。我的律師們建議我拒絕這些要求，避免妨礙警方與監理機構的合法調查。不過後來我跟政府合作時，還是因此更難拿出被封鎖的臉書帳號裡的那些證據，也因此妨礙到英國脫歐事件的調查。

人們常說，你總是在失去之後才會珍惜。我也是在被踢出臉書之後，才真正意識到它在生活中有多麼如影隨形。一被踢出臉書，我手機上的約會程式、叫計程車程式、通訊程式就都不能用了，因為它們都用臉書來驗證身分。同樣地，我在很多網站上的

帳戶也都失效。人們常把世界分成網路與「現實」，彷彿兩邊是分開的，但在我失去大部分的線上身分之後，我跟你保證絕非如此。你一旦從社群媒體上消失，就會從聯繫中消失。帳號一被封鎖，就沒有人邀我去派對了，他們都不是故意的，只是因為都用臉書或 Instagram 來發布邀請而已。而且那些沒有我新手機號碼的朋友，也變得幾乎完全找不到我，真的要找我的時候只能寫電子郵件給我的律師。自從揭祕風雲之後，有很多朋友都變成要隔好幾個月才會在俱樂部或酒吧偶遇一次。

現在約會軟體上的男人每次想看我的 Instagram 帳號，我就得不厭其煩地解釋我為什麼會被封帳號，又為什麼絕對不是在詐欺。你一旦失去線上身分，大家就不再相信你是誰了。有時候狀況則相反，人們一旦發現我真的就是**那個人**，就會擔心自己一旦跟我見面就會被監聽。這種時候我只好告訴他們不用擔心，因為這些公司早就在全年無休地監視你了。封帳號只是臉書的下馬威，就像是惡霸被嚇怕之後跑來鬧你。其實對我來說，這也不過是很煩的個人騷擾而已，對我生活的影響遠小於其他類似揭祕者碰到的報復，與臉書對當代社會造成的傷害相比更是微不足道。但它還是讓我發現，我的線上身分與現實生活已經多麼密不可分，而且臉書不需要任何司法程序或審判就可以奪走我的線上身分。在我被封帳號四天之後，英國文化大臣在議會的緊急辯論中表示，臉書單方面封鎖揭祕者帳號的能力「相當可怕」，必須嚴肅地討論一家私人公司是否可以擁有這種不受制衡的權力。

#同溫層危機 #認知隔離 #監控資本主義 #科技封建

臉書把每個人都關進同溫層，讓暴力恣意蔓延

　　數以萬計的美國人都把臉書的隱形框架當成他們分享照片、追蹤名人的安全場所。臉書讓他們聯繫朋友，用遊戲與應用程式來打發時間。這家公司說自己的使命是把人們彼此認識，彼此相連；**但臉書的「社群」實際上卻讓人們只跟自己類似的人聚成小圈圈。**這個平臺的演算法觀察使用者的行為、分析使用者的發文、研究使用者的互動，藉此把每個人跟「類似受眾」（Lookalike）分在一起。當然，這是為了讓廣告商更容易根據不同屬性的群體量身打造適合的廣告。但大多數的使用者都不知道自己被分進哪裡，而且從一開始就沒看過那些與自己差異甚大的人。可想而知，你一旦讓每一群類似受眾形成小圈圈，各群之間就會離得愈來愈遠。這也正是我們當代世界的模樣。

　　美國是社群媒體的發源地，美國人很快就適應了動態消息、追蹤、按讚、分享這些東西。而這些生活中無所不在的東西，就像海岸線、森林、野生動物的狀態一樣，都是慢慢改變的，你很難確切知道變化的整體規模有多大。不過有時候，社群媒體的影響可以大到衝擊整個國家。例如臉書在 2010 年代中期進入緬甸之後迅速發展，在 5,300 百萬的人口中快速獲得了 2,000 萬使用者。很多在緬甸販賣的智慧型手機都預先裝好了臉書，市場研究指出臉書是緬甸人獲取新聞的主要來源之一。

　　2017 年 8 月，臉書上針對羅興亞人（緬甸的伊斯蘭教少數族群）的仇恨言論爆增，開始瘋傳那些高喊「緬甸不要穆斯林」，甚至呼籲種族清洗的言論，而這些言論大部分都是軍方的資訊戰單位製造散播的。在羅興亞武裝勢力開始攻擊緬甸警方之後，緬甸軍

#演算法衣櫃

方就利用網路上的大量支持民意，開始有組織地殺害、強姦、殘害數萬名羅興亞人；此外也有其他組織加入屠殺行列，臉書上要求殺光羅興亞人的言論更一直絡繹不絕。羅興亞人的村莊被燒，70 多萬難民被迫逃往隔壁的孟加拉。儘管許多國際組織與當地組織都不斷要求臉書處理緬甸問題，聯合國也稱其為「種族清洗的經典範例」；臉書的做法卻是封鎖一個羅興亞反抗組織的群組，同時放任軍方與支持政府的群組繼續活動，繼續散播仇恨言論。

2018 年 3 月，聯合國確定臉書是造成種族清洗羅興亞人的「關鍵因子」。**臉書的架構消滅了所有阻礙暴力傳播的因素，讓仇恨言論以過去無法想像的速度迅速擴散，幫助兇手奪走四萬名羅興亞人的生命。** 對此，臉書只發表了一份極為極權老大哥的聲明：「臉書不允許任何仇恨言論，不允許任何人利用臉書宣揚暴力。我們努力阻止這些言論出現在我們的平臺上」。這幾乎等於是告訴全世界想維持專制政權的人快去找臉書，它是你的好朋友。

演算法強化了認知隔離（cognitive segregation），讓人類思想愈來愈極端

人們之所以說網際網路偉大，就是因為它突然讓每個人都能無視所有阻礙，跟任何地方的任何人交談。但在此同時，其實每個國家內部的各個群體，也以相同的速度遠離了彼此。人們把時間花在社群媒體上追蹤跟自己很像的人，閱讀演算法「推薦」過來的新聞。但這些演算法只在乎怎麼提高點閱率，除此之外什麼

都不管。為了增加點閱率，演算法推薦的新聞觀點就愈來愈單一，讀者的思想也愈來愈極端。這就是所謂的「認知隔離」（cognitive segregation）：每個人都活在平行世界，只看得到同溫層裡的資訊。也許臉書的確打造了「社群」，只是用高牆把每個社群分開。

現代的多元民主仰賴公民彼此之間的連帶感（solidarity），而連帶感源自我們之間共享的經驗。美國民權運動的故事就告訴我們，不同類型的人在同一個地方使用同一個東西，進同一個電影院、用同一個飲水機、用同一個廁所有多重要。美國歷史上的種族隔離都藏在幽微的日常生活中：公車上的不同座位、街上的不同飲水機、孩子的不同學校、電影院的不同區域、公園的不同長椅。如今它可能在社群媒體捲土重來。對羅莎·帕克斯（Rosa Parks）[18] 而言，讓座給白人乘客只是整個社會系統性地把她的黑皮膚掃到看不見角落的無數方法之一，她在美國是**他者**，而不屬於**他們**。如今我們雖然已經禁止商店規定不同膚色的顧客要走不同出入口，卻繼續用隔離政策來打造網路。

社交孤立（social isolation）會讓人彼此懷疑，然後就催生出民粹主義與陰謀論。網際空間一旦分崩離析各自為政，劍橋分析這種玩意就總有一天會坐大。這家公司之所以能讓目標受眾像吸毒一樣天天暴怒，就是因為沒有任何東西可以阻止它拋出怒火，拋出無止盡的假消息風暴，然後坐看世界毀滅。然而，光阻止劍橋分析解決不了問題，必須找出核心機制然後釜底抽薪，否則這種

18　編注：非裔美國人。她因為在公車上拒絕讓座給白人，被捕罰款，促發了為期 381 天的抵制公車運動。後來被稱為「現代民權運動之母」。

新興的認知危機只會愈演愈烈。如果我們今天不做，明天就後悔莫及。共享經驗的消亡，是讓我們視彼此為他者的第一步，當你拒絕了別人的觀點，你就拒絕了與對方共同存在。

　　史蒂夫・班農知道，網際網路的「虛擬」世界其實遠比大多數人以為的更真實。人們每天平均看 52 次手機。很多人睡覺時會把手機放在旁邊充電，跟手機共眠的時間比跟枕邊人共眠更多。他們每天醒來看到的第一個東西是螢幕，睡前看到的最後一個東西也是螢幕，而螢幕上的一切全都是仇恨，有時候甚至是引發極端暴力的火種。如今已經沒有任何東西可以「只是 PO 上網」了，每一則線上的資訊與假資訊都可能讓讀者做出後悔莫及的事。但面對這種問題，臉書卻像美國步槍協會那樣詭辯著「槍不會殺人，是人殺人」，兩手一攤說自己無法防止人們濫用他們的產品，所以即使有人拿來促成大屠殺也不是他們的責任。**是唷，看來種族清洗還不夠嚴重似的，那什麼才夠嚴重呢？**在羅興亞人事件中，臉書最後也只再次公開道歉，大言不慚地說「我們今後會更努力」，這跟慘案發生時空洞的祝福與祈禱（thoughts and prayers）有什麼差別呢？這家公司根本只是想繼續從現況中獲利，繼續「快速行動，打破成規」，不管害死多少人都是別人家的事。

　　我剛站出來揭祕的時候，極右派的怒火之輪也盯上了我。憤怒的脫歐支持者在倫敦街上把我推向疾駛而來的車流。極右派人士跟蹤我，把我跟朋友去俱樂部的照片貼在極右派的網站上，加註我的出沒地點。我去歐盟議會作證時，極右派的論壇開始出現陰謀論，認為批評臉書的意見都別有居心。我在作證時，後排一群人高喊「索羅斯、索羅斯、索羅斯」。我走出歐盟議會大門時，一個男人迎面而來吼我是「猶太人買的狗」，相關的說法也立刻

#同溫層危機 #認知隔離 #監控資本主義 #科技封建

不脛而走。後來有消息指出，臉書在公關危機中聘了黑暗公關公司「定義者」（Definers Public Affairs）散播假新聞，用反猶論述把所有批評臉書的言論都說成是著名猶太投機商人喬治・索羅斯（George Soros）的陰謀。我研究後發現，最初的謠言出現在網路上，之後百花齊放的版本則是網友**各自腦洞大開，自己拿來二次創作**的結果。

《憲法第一修正案》真好用，
把所有美國人都變成俄羅斯的宣傳小尖兵

俄羅斯的參謀總長瓦列里・吉拉西莫夫將軍（Valery Gerasimov）在 2013 年 2 月的軍事國防刊物《軍工信使》（*Military-Industrial Kurier*）刊出的一篇文章中，挑戰了主流的戰爭觀念。這篇文章名為〈科學的價值在於遠見〉，裡面的觀點被後人稱為「吉拉西莫夫主義」。吉拉西莫夫認為「如今『戰爭的規則』已經改變」，「有愈來愈多非軍事手段可以達成政治與戰略目標」。他提到人工智慧與資訊都會影響戰爭：「資訊空間開啟了不對稱戰爭的可能性，讓我們有更多方法降低敵方的作戰潛力」。吉拉西莫夫的論點基本上來自阿拉伯之春，他看見了社群媒體上共享資訊的力量，建議軍事參謀學習。「很多人乍看之下都會說『阿拉伯之春』不是戰爭，所以我們這些軍人沒什麼好學的。但也許事實剛好相反：也許那才是二十一世紀主流戰爭的模樣。」

在吉拉西莫夫之後，俄羅斯的切基諾夫中校（S. G. Chekinov）與博格達諾夫中將（S. A. Bogdanov）也發表了一篇論文。兩位作者

#演算法衣櫃

從吉拉西莫夫的觀點進一步衍伸：認為可以用「蒐集敵方資訊，在臉書或推特這類公共網路上發布政治宣傳的方式」攻擊敵人，「這些資訊科技的威力，會迫使攻擊方盡可能滲透敵人的所有公共制度，尤其是大眾媒體、宗教組織、文化單位、非政府組織、由國外資助的群眾運動，以及接受國外資助的研究學者。」當時這還是一種激進的新觀點；如今看來，這根本就是俄羅斯干預2016美國大選的藍圖。

戰爭史裡塞滿了新發明與新策略，其中很多都是因為戰爭需要而誕生的。根據大部分的標準，俄羅斯的軍事實力都明顯遜於美國。美國的國防預算高達 7,160 億美元，超過俄羅斯的十倍；美國的現役軍人有 128 萬，俄羅斯只有 100 萬；美國有 13,000 多架飛機，俄羅斯只有 4,000 架；美國有 20 艘空母，俄羅斯只有 1 艘。無論用哪種主流軍事判准，俄羅斯都不可能跟美國爭奪「軍事強權」的地位。普亭對此也心知肚明，所以俄國人得用另一套方法奪回戰略優勢，這套方法必須與現實中的戰場完全無關。

軍事參謀一旦被眼前的戰事困住，就很難想像未來的戰爭形式。在飛機出現之前，指揮官都只思考怎麼在陸地與海上打仗。直到法國駕駛員羅蘭・加洛斯（Roland Garros）在 1915 年駕駛了一台臨時裝上機關槍的飛機，軍事參謀才開始發現可以從空中攻擊敵人。而在飛機開始發動攻擊之後，地面單位也隨之改變，出現了快速射擊的高射炮。戰爭的形式就一直這麼演化下去。

資訊戰也是這樣。以前大家都以為戰爭是在地面、海上、空中、未來可能在太空進行的，沒有人想到可以用臉書或推特來打仗。但事實證明，那些發揮遠見用社群媒體打資訊戰的人，靠網

#同溫層危機 #認知隔離 #監控資本主義 #科技封建

際空間得到了豐碩戰果。你把吉拉西莫夫、切基諾夫、博格達諾夫、劍橋分析、英國脫歐、川普當選連起來，就會發現這整件事都一脈相承。俄羅斯軍方與政府在短短五年之內，打造出二十一世紀的第一件新型毀滅性武器。

這種戰法之所以可行，是因為他們知道臉書絕對不會用「不美國」的方法來箝制使用者。所以俄羅斯寫好宣傳之後根本就不需要自己散出去，只要設法讓美國人點閱、按讚、分享就可以了。《憲法第一修正案》真好用，可以讓無數美國人都變成俄羅斯的宣傳尖兵。

資訊戰的目的：
從食衣住行育樂出發，全方位撕裂社會

如今不光是政治領域會充斥假消息，星巴克、耐吉等時尚品牌也被俄羅斯資助的資訊戰機構攻擊。商業品牌一旦對既有的社會或種族事件發表立場，就會被俄羅斯資助的假新聞網站、殭屍網路、社群媒體經營者圍剿，搞出一大堆烏賊戰或者引發社會對立。足球明星柯林·卡佩尼克（Colin Kaepernick）在 2016 年 8 月在播放美國國歌時拒絕起立，抗議系統性的種族歧視以及針對非裔美國人與其他少數族群的警察暴力，之後卡佩尼克的贊助商耐吉也發表了支持他的言論，並引發了爭議。但當時很多人都不知道，許多與俄羅斯有關的社群媒體帳號，在事件發生的幾小時內都開始在社群網站上擴大散播那些呼籲抵制耐吉的主題標籤。其中俄羅斯散播的某些內容最後登上了主流媒體，也因此讓抵制耐

吉一事乍看之下更來自美國本土，更為純淨。此外資安公司還發現，有些極右派團體刻意偽造耐吉的折價券，發給社群媒體上的非裔美國人，讓他們以為「現在有色人種去耐吉買鞋子都75折」之類的，試圖想讓一大群非裔美國人衝去店裡面購物，然後被耐吉打回票。這種劇本一旦成真，種族主義者就可以把它錄下來，歪曲成「一群憤怒的黑人大鬧商店想要免費的折扣」影片，然後在網路上瘋傳，乍看之下無比「真實」。

然而，為什麼資訊戰機構要攻擊一家著名成衣廠商呢？因為宣傳戰既不只是想干預我們的政治，也不只是要破壞我們的企業；而是要撕裂我們的社會結構。他們希望我們**彼此憎恨**。假新聞一旦染指到我們的日常生活，影響到我們穿的衣服、我們看的運動比賽、我們聽的音樂、我們喝的咖啡，我們就會愈來愈分裂。

電冰箱、牙刷、鏡子……每分每秒都在監視你

我們每個人都很容易被操弄。因為我們都根據手邊的資訊來做判斷，只要有人干擾資訊的取得過程，就可以改變我們的判斷。等到日積月累，心中的各種偏見就在我們不注意的時候堆積成山。很多人都忘記其實演算法一直控制著我們看到的動態消息，只會讓我們看到自己想看的東西，看不到該看的東西。此外，**如今大部分值得信任的新聞都需要付費才讀得到，而假新聞永遠都是免費的，資訊市場正一點一滴地讓真相成為奢侈品。**

上一次的經濟革命搞出了工業資本主義，剝削了我們身邊的大自然，而我們一直到氣候真的開始變遷，才終於願意正視它對

#同溫層危機 #認知隔離 #監控資本主義 #科技封建

環境的傷害。但在新一波的監控資本主義（surveillance capitalism）中，關鍵原物料已經不再是石油與礦藏，而是待價而沽的注意力與行為，也就是我們每一個人。當代的環境產生了一種新的經濟誘因，促使平臺去維持資訊不對稱，如果平臺要靠使用者的行為來獲利，就必須盡量了解使用者的一切，同時盡量讓使用者對平臺一無所知。而這種環境正如劍橋分析所說，是宣傳戰的完美舞臺。

　　在 Amazon Alexa 與 Google Home 這類家庭自動化整合設備出現之後，網際空間終於與現實空間直接合而為一。5G 行動通訊與次世代 Wi-Fi 將成為物聯網（Internet of Things，IoT）的基礎，各種日常生活中的家電都將一個個接上無所不在的高速網際網路，無論是電冰箱、牙刷，甚至是鏡子，可能都會開始紀錄我們在家中的行為，然後傳回供應商。亞馬遜、谷歌、臉書都已經申請了「智慧住宅」（networked home）的相關專利，把物聯網家電蒐集到的資料和線上商店、廣告網、社群網路檔案整合起來。如果繼續這樣發展下去，以後亞馬遜就會知道你什麼時候吃止痛藥，臉書就看得到你的小孩在客廳裡跑來跑去了。

　　智慧型資訊網一旦整合完成，就可以觀察我們、分析我們、給我們打分數、影響我們獲取資訊的過程藉而操弄我們，而且只有「它」看得見我們，我們再也看不見「它」。到了那個時候，人類就會住進一個被矽晶幽靈盤據的活體空間（motivated space）之中，這個空間不再是被動的，也不再是完全無害的，它會帶有自己的意圖、意見、目標。到了那個時候，家就不再是披風擋雨的安全避難所，每個房間都將彼此相連，而我們將無處可逃。我們正在打造一個讓家屋來分析我們，讓車子和辦公室給我們打分數

的未來。我們正在打造那個未來的天使與惡魔，在那個世界，你的家門可以阻止你回家。

這就是矽谷的夢想：每分每秒在每一個角落監視我們每一個人。像劍橋分析這種想成為資訊霸權的機構，絕對不會滿足於掌握社群媒體的個資，遲早會把手愈深愈廣。它已經開始和衛星傳輸與數位電視廠商合作，設法連線到感應器與智慧家電，藉此進入我們的家居生活。想像一下，當劍橋分析這種公司可以修改你家的電視節目內容，可以跟你的小孩對話，在你睡著時可以對你耳語，世界會變成怎樣。

沒有人相信，環境有一天會變成活物，反過來操弄人類

我們的法律體制都預設我們身邊的環境是被動的，不會自己出擊。它可能會**自然而然地**影響我們的決定，但從不具備**動機**。無論大自然還是天堂，都**不想**影響我們。這是過去幾百年來對人性的基本假設，其中最重要的一點就是人具備能動性（agency），可以獨立做出理性的選擇。也就是說，雖然我們是在世界之中做出選擇，但世界從來不幫我們做選擇。

能動性是犯罪咎責的哲學基礎，犯法的人之所以要受罰，是因為他們做出了該受譴責的選擇。法律不會處罰燒起來的房子，房子沒有能動性，即使燒傷了人也不是它的「錯」。法律只規範人類的行為，不處理周遭環境的行為或動機，這也是各種基本權利（fundamental right）的理論基礎。啟蒙時代的人，把基本權利明

#同溫層危機 #認知隔離 #監控資本主義 #科技封建

確地定義成**那些保護人類能動性所需的核心權利**。生命、人身自由、集會結社、言論自由、投票、道德良知等等權利，都是能動性的產物，我們都是因為**預設了能動性**，才保護這些權利。但由於我們認為只要有人格就必然有能動性，法律並沒有把能動性本身視為一種權利。也因此，法律沒有把「對抗世界（contra mundum）的能動性」寫成一種**權利**，無法保障我們去**對抗周遭的環境**。法律既不保障我們去對抗天堂，也不保障我們去對抗那些能夠思考、帶有動機，因而會影響我們實施能動性的環境。在美國建國之初，沒有人相信環境有一天會變成活物，反過來操弄人類。開國元勳認為這種事情只有上帝做得到。

如今我們已經看到，那些爭奪我們注意力的演算法不僅能夠改變文化，還能重新定義存於世間的感覺。那些以憤怒驅動的政治、烙人互戰的文化、自拍造成的虛榮心、科技上癮，以及各種侵蝕心理健康的現象，都源於演算法所強化的「線上互動」。它讓受眾沉浸在內容之中，一篇一篇點下去。我們喜歡以為事情都在自己掌控之下，因此也經常以為自己不會被認知偏誤影響；但菸、酒、速食、遊戲產業早就知道人類有多麼容易被認知與情緒缺陷所影響。科技公司也早就以此獲利，他們研究「使用者體驗」、「遊戲化」（gamification）、「成長駭客」（growth hacking）、「互動」，不斷重複刺激我們腦中的玩樂迴路，像吃角子老虎一樣讓我們無法自拔。如今的社群媒體與數位平臺已經充斥各種遊戲化的機制，但如果未來我們更進一步，放任自己生活在一個為了利用我們認知缺陷的網路資訊結構之中，會變得怎樣？我們真的想生活在一個「遊戲化」的環境中嗎？我們真的想沉迷於生活中的各種小遊戲，讓生活來玩弄我們嗎？

#演算法衣櫃

社群媒體並不希望我們更主動做出選擇、更意識到自己的能動性，而是希望**過濾**、**限縮**、**窄化**我們的選擇，這樣內容提供者與廣告商才會更有利。當使用者聚集在充滿監視的空間裡，打造空間的老大哥就可以追蹤他們，分類之後進行分析，然後影響他們的行為。如果民主與資本主義的基礎，就是透明的資訊與人們的自由選擇，那麼我們眼前的這些事情就是在從內部顛覆民主、顛覆資本主義。

擁有隱私，才能擺脫過去的感情、以前的錯誤，但矽谷封殺了這一切

我們可能正在打造一個強迫記下所有事情的社會，忽略了遺忘、放下、隱私的價值。人類需要隱密的避難所和自由的空間才能成長，需要實驗、玩耍、嘗試、擁有祕密、打破禁忌、打破承諾，需要在不影響公領域的情況下思考自己未來的人生，然後決定改變世界。歷史告訴我們，個人與社會的解放最初都源於私領域。如果我們無法掌控自己的隱私與個人發展，我們就無法擺脫自己的童年、過去的感情、以前的錯誤、往昔的觀點、從前的身體、曾經擁有的偏見。如果有人監視我們的選擇、篩選我們的選項，我們就失去了自由。如果過去的形象、曾經以為的樣貌、表現給別人看的樣貌可以束縛我們的未來，我們就無法成長，永遠一成不變。如果環境可以一直用我們無法掌控或毫無所覺的價值或方式來監視我們，記下我們的一舉一動，給我們貼上標籤，那麼我們就會被鎖在自己的過往之中，無法跨出第一步。隱私是一

　#同溫層危機　#認知隔離　#監控資本主義　#科技封建

種權力的本質，這種權力讓我們決定自己是誰，要成為怎樣的人。**隱私不是隱瞞的工具，而是成長、行動、為自己負責的先決條件。**

　　但這還不只是隱私與同意的問題，更是誰能影響我們心中的真理，誰能影響我們身邊的真實的問題。這是在社會中打造一個結構來操弄我們所有人的問題。這是劍橋分析給我們的教訓。在了解社群媒體帶來的傷害前，我們得先了解它的**本質**。也許臉書會自稱為使用者的「社群」，或者監理用的「平臺」，但它提供的不是服務而是一棟房子，房子並非服務。即使你不完全了解網際空間的運作機制，你至少得知道它如今無所不在。每一台連上網的設備與電腦，都屬於一個彼此相連的資訊架構之中，這個架構正在塑造你對世界的體驗。矽谷最常見的頭銜都是**工程師**或**架構師**，不是**客服經理**或**客戶關係專員**。而且科技業跟其他工程業有個關鍵差別：房子和機器上市前要通過安全測試，檢查是否符合製造規範，科技平臺不用。平臺甚至還可以用黑暗模式設計（dark pattern designs），刻意設計得讓使用者持續使用或者釋出更多個人資訊。設計師會故意把架構寫成像石兵八陣一樣，整個平臺沒有明顯的出口，讓我們掉進去之後就開始一層層地探索。我們在迷宮裡走得愈久，滑鼠點愈多下，架構師就愈開心，因為我們與平臺的「互動」增加了。

　　社群媒體和網路平臺都不是服務，而是整體架構與基礎建設。當它們把這些架構稱為「服務」，就是試圖把使用的責任推卸到「同意使用」的消費者身上。但其他行業都沒有用這種方式給消費者下套，航空公司從不要求乘客「同意」飛機的設計；旅館從不要求旅客「同意」逃生出口的數量；自來水公司從不要求

民眾「同意」飲用水的純度。我年輕的時候很愛玩，我向你保證酒吧和演唱會一旦爆滿，嗨爆的人數一旦多到會危及安全，消防檢查員就會把一部分「同意使用的顧客」趕出門外。

不爽不要用臉書？
但我們根本毫無選擇，離開社群就等於被世界遺忘

這時候也許臉書會說不爽不要用。問題是，網路世界的某些主流產品就跟電力、電信、自來水一樣，根本沒有替代品。你一旦拒絕使用谷歌、臉書、領英（LinkedIn）、亞馬遜，就從當代社會中消失。請問你不用這些產品要怎麼找工作？要怎麼蒐集資訊？要怎麼跟別人交流？這些公司都很愛拿「消費者的選擇」當擋箭牌，但在那之前它們早就盡其所能成為大部分的人生活中神聖不可分割的一部分。

它們會先搬出像中篇小說那麼長的使用者協議（臉書的英文版協議接近一萬兩千字），塞滿晦澀難懂的法律術語，然後讓你按下「同意」。這才不是什麼使用者同意，而是「不知情就同意」（consent-washing），根本是在偷換概念。

而且沒有人會因此離開平臺，人們根本毫無選擇，只能同意。

臉書封殺我的方法可不光是停用我的帳號而已，還連帶刪除了我在臉書與 Instagram 上的所有資訊。我的朋友發現我以前寄出的訊息，以及我的名字、說過的話全都消失了，我突然變成一個被流放的影子。流放是古老社會的懲罰手段，專門用來對付那

些威脅到政府或教會的罪犯、異教徒、政治激進分子。古雅典可以因為任何理由流放一個人十年之久，毫無上訴機會。史達林時期的蘇聯不只會讓「國家的敵人」消失，還會抹去他的一切照片、言論、新聞報導，消滅官方歷史上的所有遺跡。古今中外的當權者，都很愛利用社會記憶與集體遺忘來粉碎異己，用竄改歷史的方式來形塑當下的現實。而這些科技龍頭產品的作風，跟打造它們的人很有關係。臉書、帕蘭泰爾、PayPal 背後的風險投資人彼得·提爾，曾經詳細闡述為什麼他不再相信「自由與民主相容」；而且在解釋他對科技公司的看法時更說過，**在當代的科技封建（techno-feudal）體制中，公司執行長就是獨裁君主**，只是因為「所有不民主的東西都會讓人們不舒服」，所以大家在公開場合才不這麼說。

　　威權思想的哲學基礎，就是在社會中製造出一些可以完全確定的東西。想要在政治中追求確定，就是在竄改自由的意義，就是在用「不受某些壞事影響的自由」（freedoms from）來侵蝕「自己選擇要做什麼的自由」（freedoms to）。那些想要順利管理社會、順利形塑人們的行為與思想、順利控制整個政體的人，都得強推嚴刑峻法。而所有專制政權都會先用資訊控管來達成目標：先透過監控來蒐集公共資訊，然後用官方媒體來過濾資訊。網際網路在初期似乎成功威脅了專制政權，但社群媒體出現之後，我們卻看到了一個可以監控人民、可以控管資訊、一個符合威權政體所有需求的架構。如果人們繼續習慣這種新常態，對其麻木無感，社會就會逐漸走向威權。

#演算法衣櫃

現今的司法管轄權規範，完全無法制裁劍橋分析

　　網際網路打破了法律與政府管轄範圍的假設。網際網路既無所不在又無處可尋，它雖然需要伺服器和纜線，但不需要集中在任何特定的位置，某一項行為可以在無數的地點同時出現，甲地行動的效果也可能不是發生在甲地，而是在乙地。網際網路是一種超物件（hyperobject），就像氣候或生物圈那樣圍繞著我們，讓我們活在其中。科技界常把自己的平臺叫做「數位生態系」，暗示著它是一種環境，承載了我們一部分的生活。它看不見也摸不著，但無所不在的影響讓我們知道它就在我們身邊。

　　我常看到一些不熟悉數位犯罪的警探，用錯誤的類比來尋找「凶器」、「屍體的位置」、線性的「因果鏈」。可惜數位犯罪通常不會發生在某個特定地點，反而經常像汙染一樣到處都是。資料是完全可替代的無形之物，只是呈現資訊的一種方式而已，可以同時儲存在世界各地的伺服器上，即使你發現某份資料出現在某處，它也不完全只屬於那裡。因為甲國的人可以資助乙國的公司發布命令，要求丙國的人去使用位於丁國的平臺，存取戊國伺服器上面的己國資料。

　　很昏嗎？劍橋分析就是這麼運作的。在這種機制下，即使真的發生駭客攻擊、竊取資料、恐嚇威脅、詐欺等情事，也很難釐清各方責任，而我們既有的究責系統對此更是無能為力。

　　我們喜歡把政府當成一艘船的船長，但海洋本身發生變化的時候，有時候船長會措手不及，不知如何應對。英國選委會在 2018 年 7 月確定 Vote Leave 競選時違反法律與 BeLeave 合作。Vote Leave 在 2019 年 3 月 30 日，也就是脫歐公投醜聞爆發一年

　#同溫層危機　#認知隔離　#監控資本主義　#科技封建

後正式放棄上訴，實質上承認了英國選委會的指控與罰款。對此有人會問「才罰 70 萬英鎊而已，有什麼好在意的」？但你要知道，Vote Leave 是英國史上違反《競選財務法》最嚴重的案件；而且即使不是，脫歐公投依然像奧運百米賽跑一樣是一場零和賽局，只要多拿到幾張票或快了零點零幾秒，就能贏者全拿獲得金牌或入主政府。無論是誰贏了，都可以任命最高法院的法官，也可以讓你的國家脫離歐盟。

當然，唯一的差別是如果你在奧運使用禁藥被抓包，金牌就沒了，而且會被禁賽。在運動場上作弊就是掰掰，不會有人用「贏了就是贏了」這種話幫你辯護。然而，我們似乎不認為誠實是民主的先決條件，**在選舉中作弊的懲罰，竟然比在賽跑時作弊還輕微**。脫歐派的得票率明明只比對手高出 3.78%，也可以說自己完全代表「人民的意志」；川普的得票率輸給對手 2.1%，卻說自己贏了。而且即使被證明選舉舞弊，脫歐的權力還是掌握在 Vote Leave 手中，裡面沒有任何成員被剝奪未來的候選資格，強生和戈夫這兩位領袖還可以競選英國首相。政治菁英都沒有把破壞民主的惡行當成「真正的犯罪」。犯罪分子與敵國勢力明明可以輕易破壞我們的民主制度，對我們的選舉發動恐怖攻擊，很多人還是把這些行為當成違規停車等級的小事。此外，英美兩國那些最有權勢的人更是認為這些罪行全都沒有發生，都是敗選的政敵編出來的「騙局」。他們的這種態度根本就是在跟「事實」與「真相」打對臺。

也許你以為那些成功策畫了陰謀，駭進了國家領導人的私人電子郵件與就醫紀錄、賄賂部長、敲詐目標、用殺人與恐怖影片來威脅選民的人，後來都會吃上官司。很抱歉，劍橋分析在非洲

國家作案的每個人都安然無恙。因為司法管轄權的確認太困難了，英國法庭無法確定這些人在英國的犯罪行為是否「足以」在英國被起訴。他們的伺服器遍佈世界各地，會議分散在好幾個不同國家，合作的駭客位於他國，而且劍橋分析只有**收到**駭出來的資料，沒有**發出要求**叫人去駭這些資料。雖然有幾位證人目睹整個犯罪過程，劍橋分析最後還是成功脫罪。負責奈及利亞案子的其中一位經理，後來甚至進了英國內閣的外交部門，成為了英國政府的頂層官員。

劍橋分析在美國也完全安然無恙。它在知情的狀態下違反了《外國代理人登記法》；它刻意阻止非裔美國人投票；它欺騙臉書使用者，並用噁心的內容威脅他們；它把海量的美國公民個資洩漏給敵國政府。劍橋分析幹了這些事之後順利全身而退，因為這家公司本來就是為了管轄權套利（jurisdictional arbitrage）而成立的。那些想逃稅的人經常會在熱帶島國設立空殼公司，讓資金在一連串國家與公司之中不斷複雜地轉手，利用每個機構各自不同的規則，讓各國政府無法追查。這是因為金錢與資料一樣，都是只要功能相同就可以完全替換的東西，而且可以在全球金融系統內瞬間轉移。劍橋分析就是用相同的方法在不同國家之間設置複雜的企業網，一邊洗錢一邊洗白與金錢同樣珍貴的東西：**你的資料**。

真相實在太複雜，英國徹底放棄調查選舉舞弊

那麼英國是否有懲罰 AIQ 呢？ AIQ 完全沒事。自從我和沙

#同溫層危機 #認知隔離 #監控資本主義 #科技封建

尼揭露了 Vote Leave 試圖把超過競選預算規定的支出都算在 AIQ 頭上，並用 AIQ 的名義找劍橋分析作精準投放之後，脫歐辯論中的所有人就都集體對這個問題視而不見。如今英國已經正式向歐盟申請退歐。大家都刻意忽視系統性詐欺、資料洩漏、外國勢力干預可能影響了脫歐公投的結果，因為認真處理的後果可能難以想像。但如果這種事是發生在肯亞或奈及利亞，英國觀察員一定會立即呼籲重新投票。

英國的其他機構也對此投降。BBC 的高層明明聽完了《衛報》簡述整件事情，也在報導刊出前幾週拿到了完整的證據，最後卻在幾天前因為新聞內容太過爭議而放棄不報；而且他們還在第四台新聞的報導播出之前去採訪了尼克斯，播出時完全不附註揭祕者的任何說法。後來我在 BBC 的晚間王牌節目《新聞之夜》（*Newsnight*）受訪時，主持人更是煞費苦心地不斷插嘴說，Vote Leave 的各種違法行為，包括在臉書上精準投放天價廣告等等，都只是我的「個人指控」；彷彿英國選委會的調查結果全都不存在一樣。更莫名其妙的是，接下來它竟然開始跟我詭辯「真相」究竟是什麼；而且明明英國司法機關都已經發布判決，BBC 依然不讓我說 Vote Leave 違反法律，也不讓我說臉書上出現了非法活動。

英國的國家打擊犯罪調查局也一樣，它明明拿到俄羅斯大使館與 Leave.EU 交易的證據，卻突然停止調查俄羅斯的干預。而英國首相則是在事後拒絕否認她下令中止調查。此外，英國議會也沒有調查脫歐公投的選舉舞弊，我在美國國會聽證會上回答有關英國脫歐問題的時間，比在英國議會還長。反倒是加拿大議會自己調查了 AIQ，AIQ 利用它位於加拿大的事實來避開英國政府

管轄，加拿大用這種方法幫助英國政府逼該公司回應。

　　事實證明，舞弊是非常好的勝選策略，因為代價非常小。英國選委會事後承認，即使脫歐方使用非法資料、預算超過法律規定，選舉結果依然有效。臉書拒絕提供脫歐競選期間發生在該平臺上相關事件的所有資訊，也拒絕透露違法的競選陣營對哪些類型的臉書使用者進行了心理剖繪、被剖繪的人數量有多少。祖克柏三次拒絕出席英國議會作證，然後分別位於六大洲，15 個國家的議會代表背後的近 10 億公民聯合要求訪問祖克柏，甚至說只是電話訪問都可以，但祖克柏連續拒絕了他們兩次。嗯，看來祖克柏這個人的時間，似乎比代表地球上近 1/7 人類的立法機關的時間更珍貴呢。臉書發現，雖然這件事在新聞上鬧得滿城風雨，但無視世界各國議會的要求幾乎不會為它帶來什麼實際傷害，它可以像主權國家一樣把其他國家的審查要求當耳邊風。臉書最後派技術長麥克・施洛普佛（Mike Schroepfer）回答英國議會的質詢，但根據議會委員會發表的聲明，施洛普佛並沒有完整回答議會提出的 40 個問題。而也許最重要的是，臉書不認為自己有錯。當記者問施洛普佛，臉書寄律師信去威脅報導記者的行為是否算是霸凌，這位技術長回答「據我了解，這在英國很常見」。最後由於議員感到不可置信，並對其施壓，施洛普佛才終於默認並道歉說「記者們認為我們試圖掩蓋真相，對此我相當遺憾」。

　　而讓我難過的是，在所有可能因此受罰的相關人士中，唯一被法律制裁的竟然是年僅 22 歲的 Vote Leave 實習生葛林姆斯。他的處境相當難堪，過時的法律也要求他為自己在選舉過程中的違法行為負責。選委會罰他兩萬英鎊，並將案件交給警方，雖然後來葛林姆斯上訴成功，但選委會可能也會再上訴。至於 Vote

　#同溫層危機　#認知隔離　#監控資本主義　#科技封建

Leave 則因為拒絕與監理機關合作，罰款提高到 61,000 英鎊。Vote Leave 放棄上訴，好吧，他們至少受到了一點點制裁。

葛林姆斯的遭遇讓人相當難過。他的人生毀在別人精心策畫的陰謀之中，我們原本希望他和我、沙尼、蓋特森一起出來揭祕，他卻直到最後一秒都還在幫那個陰謀辯護。每次沙尼談起這個話題，葛林姆斯就會驚慌崩潰，拒絕相信自己被他信任的人利用。對 Vote Leave 來說，葛林姆斯根本是天上掉下來的禮物，當他幫前老闆的行為辯護時，就成為了最完美的代罪羔羊，最適合的人質。Vote Leave 只付了法律諮商的費用，就把一個信奉自由，具有藝術天分的少年才子，變成他們極右派選戰的代言人。

事件曝光幾周後，納稅人聯盟（TaxPayers' Alliance）在保守黨顧問的施壓下解僱了沙米爾・沙尼，後來也向律師承認，他們為了報復沙尼那「相信英國民主神聖不可侵犯的哲學思想」而非法解僱了他。反觀他的前老闆帕金森，明明議會多次質疑他不適合繼續在首相官邸工作，他卻沒有因此丟官，也沒有因為利用首相的新聞機構來洩漏沙尼的同志身分，而受到任何懲處。英國首相梅伊在卸任前，甚至還在卸任冊封名單中推薦帕金森成為上議院議員，也就是成為貴族。帕金森一旦進入上議院，就可以對法案進行投票，而且可以領取終身津貼。反觀曾提供證據給英美兩國政府相關部門的蓋特森，後來卻因為揭祕行為可能會影響公司名聲，而被開發行動應用程式的公司解僱。

#演算法衣櫃

劍橋分析高層幾乎都無罪，
繼續幫川普打 2020 年連任選戰

亞歷山大‧尼克斯在 2018 年 3 月，也就是劍橋分析員工得知公司即將倒閉之前，從公司帳戶取出 600 萬英鎊，讓員工拿不到遣散費。後來他在議會質詢中否認此事，說提款是為了「支付還沒記到帳上的服務」，而且正打算把一部分款項存回去。如今尼克斯被帕摩爾私人俱樂部裡面的許多生意夥伴與同行當成毒蛇猛獸，但他還是可以靠著繼承而來的金山銀山，繼續在荷蘭公園的豪宅裡一生不愁吃穿，最多只是偶爾得去議會的公開聽證會面對一些尷尬質詢，而且還可以在聽證會上說劍橋分析倒閉是「全球的自由派媒體害的」

在我公開揭發劍橋分析事件之後，布特妮‧凱瑟也搖身一變以揭祕者自居，還聘了一位公共關係經理來安排媒體訪談行程。她出席了一場議會聽證會，承認自己有參與奈及利亞的案子，說劍橋分析可能留下了臉書資料的副本，也簡述了她與朱利安‧亞桑傑之間的關係（後來大家才知道她在厄瓜多駐倫敦大使館見了亞桑傑）。凱瑟的聽證會一結束，尼克斯就傳訊息給她說「辛苦了，你挺過來了，做得很好 ;-)」聽證會結束隔天她就飛到紐約，幫她的大數據公司主持記者會，推出一個叫 Internet of Value Omniledger 的計畫，說是要「讓每個人奪回個資的控制權」。

其他劍橋分析的高層也都像凱瑟一樣成立了新的大數據公司，產品總監麥特‧奧茲科夫斯基（Matt Oczkowski）開了一家叫做 Data Propria（拉丁文，意為「個資」）的公司，並邀請首席資料科學家大衛‧威金森（David Wilkinson）加入。**該公司表示將研究「引**

#同溫層危機 #認知隔離 #監控資本主義 #科技封建

發動機性行為的誘因」，並開始幫川普打 2020 年的連任選戰。

劍橋分析常務董事滕伯爾，則與該公司前合夥人艾邁德‧哈提卜（Ahmad Al-Khatib）聯手成立占卜者國際有限公司（Auspex International），聲稱自己提供「嚴守道德」的「**地緣政治精品諮詢**」。

其中最讓我難過的人莫過於傑夫‧席弗斯特。我甚至不知道該怎麼形容他與 AIQ 的所作所為，讓我變得多麼惱怒而沮喪。他在我十幾歲時推薦我進入政治圈，並在旁一路指導。他支持我、鼓勵我，培養我的才華讓我成長。我至今都無法理解他為什麼可以放任自己去做一件這麼邪惡、這麼殖民、這麼明顯違法、錯得這麼嚴重的事情。我去找過他，勸他對《衛報》坦白，但沒有成功。他原本可以站出來，可以配合調查的，但他沒有。他知道 AIQ 在幹壞事，也知道自己嚴重影響了整個國家的未來，侵犯了成千上萬人民的權利。他讓我被迫在背叛深厚的友誼，與窩藏一名罪犯之間痛苦地二選一，無論怎麼選都注定遺憾，而我必須選擇背叛。我在《衛報》寄信給報導中的每一位當事人，讓他們為自己申辯的那天度日如年，迫不及待等著消息傳來。席弗斯特收到信之後明白我的選擇，也明白接下來他要面對的事。他只傳給我「哇喔」兩個字，從此我們再無往來。

在我人生的第一次議會聽證會上，我在不斷閃爍的快門與大聲的提問聲之間顯得意外輕鬆。艾倫坐在我身後，偶爾在紙條上寫一些法律建議給我。我們事前已經花了好幾小時的時間回顧每件證據，議會也給我特別保護，讓我在聽證會上說的每一句話都免於民事與刑事訴訟。這場聽證會引發許多國家立法機關的關注；數位文化媒體暨體育部主席達米安‧科林斯同時開始辦理一個由 15 個國家的議會共同組成的聯合聽證會。英國下議院也展

開辯論，並跨黨派協商如何規範社群媒體。在那幾個月間，英國似乎走在對抗矽谷霸權的第一線。

但到了 2018 年 10 月，劍橋分析醜聞衝擊臉書七個月後，臉書宣布新增一名重要員工：面對各國政府的首席公關顧問，尼克・克萊格。克萊格是英國自由民主黨的前主席、英國前副首相，也是我在英國自民黨工作時的老大。反諷的是，克萊格曾說他若推出實驗性的全國身分資料庫，自己一定會因此坐牢。但他在聯合政府的一系列關鍵政見接連跳票，在擔任副首相的五年間只有不斷道歉道歉再道歉。我愈想愈覺得他跟祖克伯還真登對，這兩個人都不斷靠著放棄原則獲得成功，後來也都因為無視對使用者或選民的承諾而嚴重失去了社會的信任，到了 2010 年也都不酷了。克雷格前往臉書任職時，《第四台新聞》請我在鏡頭前發表評論，我能想到的話只有「真是他媽的扯」。他們把敏感字眼消音之後播出了。

我失望但沒有投降，反而因此變得更激進

2019 年 5 月 24 日，英國首相梅伊宣布有意辭職，引發保守黨內部權力風暴。在英國，如果首相中途辭職，女王通常會直接任命執政黨的新領袖為首相，不必經過大選。換句話說，執政黨可以自己從當權派、金主、黨員之中決定讓誰領導英國。7 月 23 日，保守黨決定把這個位子交給前外交大臣強生。強生是硬脫歐（hard Brexit，在不做任何協議下脫歐）陣營的大將，他在組新政府時，找來了公投時期在 Vote Leave 的前同事康明斯來擔任首相高階顧

#同溫層危機 #認知隔離 #監控資本主義 #科技封建

問。強生似乎不在乎康明斯手下的競選團隊之前在公投中舞弊，只要能夠脫離歐盟，無論公投的「民主」基礎是怎麼來的都不重要。根據首相官邸事後洩漏的文件，強生政府一上任，首相顧問團隊就提案要求國會暫時休會，因為一旦休會，國會議員就無法繼續審查政府的脫歐方案。不過這種反對民主審查的態度早有先例，康明斯在成為首相高級顧問的幾個月前就有蔑視國會的前科：他在議會裡拒絕回答在脫歐公投中舞弊與散播假新聞的問題。雖然當時下議院一致投票通過警告康明斯，但他依然成功挑戰了議會的權威性，而且似乎幾乎沒有付出代價。後來強生任命他擔任首相高級顧問時，議會甚至批准了。除了康明斯以外，馬修·艾略特也進入強生新內閣成為財政部的特別顧問，艾略特是 Vote Leave 的執行長，也是納稅人聯盟（在沙尼揭密之後解雇他的那個組織）的創始人之一。看來整個英國政府都落入了 Vote Leave 團隊手裡。強生第一次接受議會質詢時，反對黨議員問他在 2016 年 12 月擔任外交部長時，跟劍橋分析執行長亞歷山大·尼克斯聊了什麼。他只說了四個字：「我不知道。」

還在劍橋分析時，我看見貪婪、權力、種族歧視、殖民主義在眼前搬演。我看見億萬富翁試圖把世界凹成自己想要的模樣。我看見社會中最離奇、最黑暗的角落。出來揭祕之後，我看見大企業為了維護利益可以多麼不擇手段。我看見人們會為了避免尷尬，而極力掩蓋別人犯下的罪行。當代最重要的憲政危機就是有人在侵蝕法治，但我看見揮舞國旗的「愛國志士」對此視而不見。但我同時也看見那些關心這個問題的人，一起對抗這個瀕臨敗亡的體制。我看見《衛報》、《紐約時報》、《第四台新聞》的記者把劍橋分析的罪行與臉書的無能昭告天下。我看見我的優秀律

師團隊面對威脅如何見招拆招。我看見許多善良的人來支援我卻不求回報。我看見位於英國威姆斯洛一個小小的資訊專員辦公室，是怎麼盡展所長對抗美國科技龍頭，最後要求臉書支付法律上洩漏個資的罰款上限。

我看見美國國會議員熱切地了解《美麗新世界》（Brave New World）裡那種沉浸於快樂卻失去自由與思想的情境，為什麼已經成真。情報委員會的聽證會結束時，我、律師、沙尼走出眾議院的機密情報隔離室，我們與委員會成員握手，在謝安達議員與助理的陪同下離開。他們很親切，感謝我特意飛到美國幫他們了解劍橋分析公司，以及社群媒體正對美國選舉造成的威脅。這將是我在美國的最後一次聽證，但所有問題都還沒解決。

2019 年 7 月 24 日，美國聯邦貿易委員會對臉書開出金額破紀錄的 50 億美元民事罰單，美國證券交易委員會也在同一天追加 1 億美元的罰單。這些監理機關發現，臉書不但沒有保護好使用者的隱私，還在聲明中謊稱沒有看到任何不當行為，刻意誤導民眾與記者。因此，美國政府開出了史上金額最高的違規行為罰單，同時也成為了歷史上美國公司因為侵犯消費者隱私而接到的最昂貴罰單，金額比其他國家因侵犯隱私或資安而開出的罰單多出 20 倍。但看在投資者眼中，這卻是一項利多，消息一出，臉書股價就漲了 3.6%，市場認為即使是法律也無法阻止這類科技龍頭繼續成長。

如果我說在這一切之後我沒有比以前更憤世嫉俗，我就是在說謊。但在失望之餘，我並沒有投降，而且反而因此變得更激進。以前我相信各種體制大致上都沒問題，而且以為當劍橋分析這種大魔王出現，一定有勇者早就好整以暇知道怎麼對抗它。可惜現

#同溫層危機 #認知隔離 #監控資本主義 #科技封建

實不是這樣。我們的系統有問題，法律也有漏洞，監理機關軟弱無能，政府對現況一無所知。我們的科技正在篡奪我們的民主。

所以我必須找到方法把自己看到的事情講給天下人聽。對此我很樂觀，因為我已經看到發聲之後激起的回應。《衛報》剛報導這件事時，很多記者都斥之為陰謀論。許多矽谷的科技大老，也都認為科技公司要接受審查的想法荒謬至極。華府與西敏寺的政客都斥報導為**非主流敘事**。但《衛報》文化藝術版的一群女性新聞團隊不畏壓力堅持報導，最後在該報的周日版《觀察家報》（Observer）登出，轟動一時。這件事情能夠曝光，是因為英國資訊專員辦公室，以及英國選委會的女性領袖認真看待。是因為兩個外國酷兒跑來英國，在一位堅定的女性律師支援下揭祕。這群努力不懈的女性、外國人、同志帶頭點燃了火花，讓人們開始注意矽谷正用各種數位科技包圍我們的生活，悄悄地殖民整個社會。在整個世界看見我們眼中的真相之前，我們不會放棄發聲。

揭祕是我第二次出櫃，走出演算法關押我的衣櫃

身為酷兒，你很早就會知道自己的存在並不正常。我們躲在衣櫃裡低調行事，我們隱藏真相直到無法忍受為止。活在衣櫃裡很痛苦，為了不刺激身邊的人，我們必須虐待自己的情緒。酷兒都非常了解這個世界的權力體系，當我們決定出櫃，就是在要求改變。我們在出櫃時發現，那些摀上耳朵的人一旦聽到真相，就會產生巨大的改變。因此我們拒絕他們的安慰，要他們好好傾聽。你知道為什麼很多男同志在遊行時喜歡吹口哨嗎？因為這樣

#演算法衣櫃

能引起你的注意，讓你看見我們已不再躲在陰影之中，不再忍受當權者的霸權。同時，出櫃也意味著我必須像許多更早的酷兒一樣接受真正的自己，接受我永遠無法成為社會心目中的完美男性。

我是酷兒，也是揭祕者[19]。揭祕是我第二次出櫃。在強迫自己遵守保密協議的那兩年，我再次活進了衣櫃裡，活在讓人難過的事實與令人反感的真相之中。大公司的保密協議像是一條量身打造的「不許問，也不許說」（don't ask, don't tell）政策那樣束縛著我。如果不想惹上麻煩，我就不能讓任何人知道我的真實身分，就得一直當公司的小祕密。但我跟其他酷兒一樣拒絕隱瞞事實，肆無忌憚地說出那些人們不願面對的真相，我不再隱瞞，不再當別人的小祕密，我走到陽光下面對一切後果，大聲地向世界說出所見所聞。

衣櫃不是一個物理的空間，而是一種讓我們這些酷兒內化並遵守的社會結構。衣櫃的邊界，是那些想要控制你行為與樣貌的人設定出來的。衣櫃潛藏在你的生活之中，每分每秒圍繞著你，從不先問你是否同意，因為衣櫃的存在是為了讓你在別人眼中沒那麼怪異，是為了守護**別人**的利益，不是**你的**利益。在衣櫃中長大的人會愈來愈**習慣偽裝**，會知道哪些動作、哪些聲調、哪些表情、哪些觀點、哪些慾望會惹得身邊的社會規範不高興。因此酷兒從小就逐漸學會約束自己的行為，最後幾乎習以為常，一輩子活在偽裝裡。衣櫃的邊界一點一滴入侵，很多時候甚至會讓你不知道自己已經把自己搞得面目全非，直到某一天你決定走出衣

19　譯註：whistleblower 又譯吹哨者，呼應前文提到同志遊行的吹口哨引起注意。

#同溫層危機　#認知隔離　#監控資本主義　#科技封建

櫃。在出櫃的過程中，你得接受過去為了活在衣櫃裡而變得多麼扭曲，去面對這個世界在你不知道或未經同意的狀態下強迫你接受了多少東西，有時候這相當痛苦。衣櫃是一個為了被社會默許而**捨棄自我**的空間，但也是一個累積怒火的場域。衣櫃的各種邊界與各種定義會逐漸讓你窒息，讓你無法忍受，終於破櫃而出。

　　所謂出櫃，就是拒絕讓別人來定義你是誰。定義一個人身分的力量極為強大，無論衣櫃是社會建構出來的還是演算法寫出來的，我們都必須拒絕。我們必須拒絕任何人或任何東西為了他們自己的利益來試圖定義我們、分類我們。**矽谷試圖建構一種新的身分霸權，它幫每個人量身打造一個最適合的空間，讓那個空間來定義你的身分、形象、行為，成為關押你的衣櫃。**演算法在處理你的資料時，就會決定你是誰、你屬於哪些分類、你應該關注誰、誰應該關注你。請注意，我們可以用演算法呈現出每個人的真實面貌；也可以用演算法幫每個人設定好一個夢想中的模樣，讓他們去追求，藉此決定他們的人生。這兩種演算法之間的差異非常微妙。

　　如今人們已經開始把自己塞進機器設定出來的框架裡。某些人已經開始為了增加社群媒體粉絲的互動度而刻意營造一個形象，在扮演的過程中逐漸遺忘了自己真實的樣貌。然後他們的粉絲看著這些精心打造的形象，也開始討厭自己的身分或長相，為了符合網路上美模的標準而刻意挨餓。另一些人則點進演算法推薦的連結，沉迷於內容之中無法自拔，然後從一個連結跳進另一個連結，最後整個世界觀都不知不覺地扭曲。我們在網路上所購買的東西，是**別人**根據我們的個人資料推薦出來的。我們的就業、保險、信用、貸款價值，如今也是**別人**根據我們的個人資料

#演算法衣櫃

算出來的。我們看到的節目、搜尋到的音樂，更是**別人根據我們的個人資料找給我們的**。這股虛擬與現實融合的趨勢無法避免，未來我們的生活將有愈來愈多東西脫離自己的掌控，**落入別人的定義之中**。因此，如果我們不想**讓自己被別人定義**，我們每個人可能都得在被某些人或某些事物鎖住之前走出衣櫃。

參與歐洲議會選舉，我只希望這不會是最後一次

2019 年 5 月 23 日，我難得地在早上六點醒來。我的房間明亮，慢慢變暖，陽光穿過窗簾照進來。我討厭早起，所以盯著天花板看了一會，然後瞥向窗外，看著街上的人們開始一天的生活。我旁邊還睡著昨晚的床伴，所以我小心翼翼地起來，不要發出聲音。這是英國的投票日，應該也是英國最後一次投票選舉歐洲議會的日子。投票通知單寫著早上七點開始，所以我想偷偷走去附近的社區活動中心，投下我的那張選票。

我跨出幾個大步，默默地走到梳妝台前，抓起皺在地上的牛仔褲與 T 恤。T 恤是英國設計師凱瑟琳・漢奈特（Katharine Hamnett）送的，柔軟的黑色棉布上印著幾個白色粗體大字：重新公投吧！（second referendum now）。我看，大概沒有什麼衣服比這件更適合今天穿出去了吧。我伸手拿出抽屜裡的手機，結果它一開始收到訊號，就一封封簡訊響個不停。

喔幹，我回頭看看床伴，糟糕，把他吵醒了。他對著枕頭咕噥，問我幹麼這麼早起床，我說我想去投票嘛。他坐起來傻笑，翻了翻白眼鬧我說，像我這樣的人是不是都把今天當聖誕節啊。

我說才不是，而且我想盡早出門投完，在各黨的樁腳出來監視之前就神隱回家，別被他們看到。我不想碰上英國獨立黨和脫歐派，之前他們說我是叛徒，還把我推到車道上，但我不想被他們吵到投不了票。

這才不是什麼聖誕節，而且一點都嗨不起來，反而令人沮喪。我知道這場選舉不會產生真正的影響，只是英國脫歐之前的最後一場表面功夫。雖然英國選委會已經對 Vote Leave 做出不利判決、國家打擊犯罪調查局正在調查、議會舉辦一連串聽證、《衛報》連續花了一整周報導唐寧街在試圖掩蓋某些東西，政府還是以作弊與詐欺騙來的「民意支持」為由，毅然決然地要退出歐盟。

家裡的信箱塞滿了傳單和文宣。我原本以為班克斯或 Leave. EU 會寄一些東西來恐嚇我，例如把脫歐傳單塞進俄羅斯伏特加瓶子之類的，畢竟我跟《衛報》記者卡德瓦拉德都已經收過他們太多這種東西了。結果竟然沒有，信箱裡只有普通的傳單：綠黨、自由民主黨、英國獨立黨。因為某些原因，既沒有工黨也沒有保守黨。我翻開自由民主黨的傳單，看看他們現在都用哪些資料，有沒有寫一些話暗示要我小心一點。不過似乎沒有，只是又一張垃圾。

我抬頭看了看一樓大廳裡面的監視攝影機之後走出門外，穿過附近的幾條街，幾排喬治亞式的老房子之間點綴著幾棟公寓和大樓。天空極為清朗，早晨的空氣清新宜人。我拐進一條商店街，除了一家當地的咖啡館以外，所有店家都還沒開門。我走進去，點了一杯豆漿咖啡，一邊等待一邊看著咖啡館裡的每個人，他們都站著各自滑手機，跟螢幕上的追蹤內容互動。我就站在他們旁邊，但他們每個人都關在自己的數位世界裡。不過說真的，我在

帳號被封之前其實也一樣。在被封之後，我只剩下一個幾乎不用的推特，我發現自己更少滑手機、更少發文、更少拍照了。我不再把時間耗在螢幕上，和遠方的人在一起孤獨。也許我離開了線上世界，但我發現自己在物理世界中愈來愈真實。喝完咖啡之後我離開店外，沿著一條綠樹成蔭的街道，走到社區活動中心。樹上掛著大大的看板，白底黑字寫著投票站。我在一段距離外先停下來左右張望，確定沒有任何政黨的人在附近遊蕩，然後走了進去，沿著指示牌繞過走廊，進入一間簡單樸素的房間，裡面散落著一些厚紙板作的票匭和沒有橡皮擦的小鉛筆。

投票站的工作人員看著我，請我報出姓名，從選舉人名冊裡找到我的名字，拿出鉛筆劃掉。事情就是這樣，沒有身分證，沒有任何電子設施。她遞給我一張大概長達一公尺的選票，上面印著歐洲議會倫敦代表團候選名單，整張紙只比報紙厚一點。我拿起它不禁想著，大家搞了那麼多大量複雜的線上行為，最後還是都歸結到這個極為簡單，極為物理的活動：在一張薄紙上畫一個叉。我把選票投進票匭，希望這不會是最後一次。

　#同溫層危機　#認知隔離　#監控資本主義　#科技封建

結語

論數位監理：
給立法者的一封信

「法律跟不上科技發展」是矽谷規避監理的藉口

　　如果我們要預防劍橋分析這種組織再次破壞社會體制，就必須設法改善孕育這種組織的環境。長久以來，世界各國的議會都陷入一種「法律跟不上科技發展」的迷思。科技業很喜歡重複這種話，通常它會顯得立法者很笨或者嚴重脫離現實，無法挑戰科技的強權。但真要作的話，法律其實是跟得上科技發展的，你看醫藥、土木、食品、能源，以及一狗票高科技領域的法規不都跟上了嗎。立法者並不需要知道了解某種全新抗癌藥物的同分異構物長怎樣，也能建立有用的藥品審查程序；不需要了解高壓電纜裡面銅線的導電性能，也能建立有用的絕緣安全標準。這些行業的立法者都不需要變成科技專家，因為我們把監督的責任下放給了監理機構。我們相信那些比我們更了解技術細節的監理人員，會為了守護公共安全，而調查相關產業與創新。「監理」（regulation）可能是最無聊的詞，它讓人想起一群拘泥條文的官僚捧著珍寶般的表單逐一勾核，我們每個人都會嘲笑他們的法規有多少漏洞，卻沒有人會想到那張裹腳布般的檢查表每天幫我們擋掉了多少危險。當你去雜貨店買吃的、去看醫生、去搭飛機飛到幾千公尺的高空上時，你覺得自己安全嗎？大部分的人都說安全。那你會覺得自己作這些事情之前，得先精通相關的化學或航空工程嗎？應該不會吧。

　　我們不應該放任科技公司「快速行動，打破成規」。道路設定速限是有道理的：大家都無限狂飆的話，會更容易發生車禍。如果藥廠與航太公司都需要先通過安全標準與效能檢驗，才能把新產品推上市，為什麼科技公司不需要經過任何審查就可以推出

新的數位系統？為什麼我們要讓科技龍頭隨便進行大規模人體實驗，然後才發現問題大到管不住？我們已經看到，社群媒體直接助長了極端主義、大規模槍擊事件、種族清洗、飲食失調、睡眠模式改變，以及對民主體制的大規模侵略。也許我們身邊的數位生態系沒有實體，但對受害者來說，傷害可是再真實也不過。

實施 4 大監理原則，讓網路生態系更加安全

　　規模是一個嚴重到讓人刻意視而不見的問題。當矽谷公司的高層說他們的平臺太大，大到難以預防有人用來煽動大規模槍擊事件或種族清洗時，他們不是在找藉口，而是在默認他們造出來的東西過大，不能讓他們自己管理。但這種發言同時也是在暗示，他們覺得繼續讓他們從這些系統中獲利，比阻止系統傷害社會更重要。當紐西蘭有人在臉書上面直播大規模槍擊，然後臉書這類公司說「大家說我們作得還不夠，我們聽到了」的時候，我們應該繼續追問：如果這種問題大到你們無法即時解決，為什麼社會還要讓你們在充分了解產品的副作用之前，繼續發布未經檢驗的產品呢？

　　我們必須制定規則，在網際網路溝通中增加一些阻礙，那種東西就像馬路上的減速丘，可以保護新科技與新網路生態系的用路安全。我不是研究監理的專家，而且有很多東西都不知道，請不要把我的這些話當成聖經。這件事必須找更多人，以更開放的方式一起討論。但我還是想提供一些點子，或至少拋出一些火花激發大家思考。其中有些可能行得通，有些行不通，但無論如何

我們都得一起開始想這個難題。科技的力量很大，可以用各種方式讓人類過得更好，但我們得把這股力量引導到有建設性的事情上。以下是我覺得可能有用的第一步：

【原則1】科技公司不能用「使用者條款」來推卸責任

建築法規的歷史可以追溯到西元 64 年，當時羅馬皇帝尼祿在大火肆虐九天之後，規定了房屋高度、街道寬度、公共給水標準。1631 年的大火讓波士頓禁用了木質煙囪與茅草屋頂，死傷慘重的 1666 年倫敦大火則燒出了史上第一個現代建築法規，當時倫敦的房子跟波士頓一樣，大部分都是用木材與茅草建造的，而且相當密集，火勢一發不可收拾，四天之內摧毀了 13,200 間房屋、84 座教堂，以及幾乎所有政府建築。事後查理二世（King Charles II）宣布「房屋與建築無論大小，都只能用磚頭或石材建造」，同時拓寬街道，防止街道一側起火之後燒到對街。

到了十九世紀，許多城市在發生恐怖的火災之後都陸續制定了建築法規，最後演變成由政府聘雇安檢人員檢查私人房屋，確保居民與公眾的安全。這段時間社會制定各種新規則，並了解**公共安全**（public safety）比什麼都重要，如果建築設計不安全或不能證明夠安全，政府就可以無視業主的意願甚至居民的同意禁止繼續蓋。如今臉書這類社群平臺也像房屋一樣燒了很多年：劍橋分析、俄羅斯資訊戰、緬甸種族清洗、紐西蘭直播大規模槍擊。我們應該要仿效倫敦大火的教訓，開始思考網路平臺的架構問題，藉此保護社會和諧與公民福祉。

網際網路上有各種不同的架構，其中很多架構我們每天甚至每個小時都會接觸到。而且當數位世界與物理世界逐漸融合，這

些架構對我們生活的影響就會愈來愈深。隱私是一項基本人權，價值不亞於其他基本人權；但人們往往一看到詰屈聱牙的使用者條款，就直接滑過去按下「同意」，放棄了這項權利。這種「不知情就同意」（consent-washing）的現象，讓許多大型數位平臺一直以「消費者的選擇」為藉口來操弄我們，而且讓我們在發生災難時，不會覺得是這些架構設計不良或者設計師應該負責；反而把錯怪到那些並不懂系統長怎樣，或對其無能為力的其他使用者身上。在現實中，我們不會讓人們「同意」走進那些電線故障或沒有逃生出口的建築物，也不會讓設計出危樓的建築師在房子出事時，靠著牆上貼的「使用者條款」來推卸責任。既然如此，為什麼要允許程式設計師與軟體架構師作這種事？

由此可知，我們不該光憑使用者是否「同意」來決定他們在平臺上保有多少基本權利。這就是加拿大與歐洲主打的「**用設計保障隱私**」（privacy by design）思維，而我們應該拓展這套原理，打造出整個網際網路的建築規範。網際網路除了必須保障隱私之外，還得尊重每一位終端使用者的完整性與能動性。這就是所謂的「**用設計保障能動性**」（agency by design）原則：網路平臺必須設法讓使用者做出更多選擇（choice-enhancing）；而且**必須禁用目前常見的黑暗模式設計**：不可以迷惑、欺騙、操弄使用者去同意某項功能或者做出某類行為。此外，「用設計保障能動性」還要求科技必須符合比例原則：科技對使用者的影響，必須與它帶給使用者的效益成比例。也就是說，如果某項設計會長期造成不成比例的負面影響，例如讓人上癮或造成心理問題，平臺就不得使用這種設計。

網際網路建築規範的核心，和傳統建築規範一樣都是避免傷

害。開發商必須在發布產品或拓展規模**之前**，讓人稽核他們的平臺或程式是否安全，以及**可能會被如何濫用**。科技公司必須負責證明自己的產品在民眾大規模使用時是安全的。這也意味著它們不能找一大堆一般民眾去試用未經檢驗的新功能，不能找大眾當白老鼠。這將有助於防止緬甸大屠殺這類悲劇重演，臉書就是沒有事先考慮它們的功能在種族衝突地區會引發怎樣的暴力，才醸成了種族清洗。

【原則 2】程式設計師需要道德規範、法律制裁

　　如果你的孩子迷路了，你希望他們去找誰幫忙？醫生？老師？還是虛擬貨幣交易商或電腦遊戲設計師？社會之所以特別尊重醫生、律師、護理師、教師、建築師這類職業，大部分正是因為他們的職業要求他們遵守道德規範以及跟安全有關的法律。這些職業的特殊社會地位，伴隨著更嚴苛的職業操守與注意義務（duty of care，小心行事防止他人蒙受不合理損失的義務）。因此許多國家都設立法定監理機構，強制要求這些職業遵守道德規範。社會要能正常運作，我們就必須能夠信任醫生和律師會一直守護我們的利益、橋梁與建築都符合安全規範。在這些受到監理的行業中，從業人員都知道自己一旦違反道德就會付出可怕的代價，輕則罰款或公開羞辱，重則暫時停業或永久開除。

　　如今我們的生活已經遍佈各種軟體、人工智慧、數位生態系；但那些打造日常生活家電與程式的人，卻不受任何聯邦法規或強制性規範的約束，許多人都因此沒有認真思考他們的產品會對使用者與整體社會的道德造成怎樣的影響。程式設計界有個嚴重的道德問題：有問題或危險的數位平臺不會憑空出現，它們都是人

類寫出來的，但產品出問題時，科技公司裡面的設計師與資料科學家卻不需要承擔任何代價。在目前的狀況下，如果老闆要求設計師寫一個**操弄使用者**，或有道德爭議，或無視可能的使用狀況莽撞推出的東西，**設計師不必拒絕**。因為拒絕照作可能會給職涯留下負面影響，甚至被解僱；聽命為惡反而沒有任何代價，即使哪天被抓到你寫的產品違法，法律責任與罰款也由公司吸收；即使嚴重違反職業道德，程式設計界也不會像醫師或律師界那樣把你踢出門外。程式設計界的不當誘因，在其他業界根本就不存在，如果雇主要求醫師或護理師為惡，他們必須拒絕，否則就可能會被吊照。他們的切身利益逼他們挑戰雇主。

如果我們這些程式設計師與資料科學家，希望社會把我們當成值得尊重的高薪專業人士，就必須擔負相應的道德責任。如果科技公司裡面的人不用為自己的行為付出代價，即使有監理機構也會事倍功半。因此，**我們必須讓程式設計師為自己造出的東西負責**，而且如果要解決新興科技造成的問題，就不能只花一個下午開員工研討會，或只是要大家去上一學期的倫理課。我們不能讓科技繼續決定每個人該做什麼，也不能讓矽谷繼續成為與世隔絕由男人掌握一切的地方，這都只會讓一群危險的專家完全無視自己打造的東西會造成怎樣的危害。

我們得幫程式設計界制定道德規範，而且要像很多國家的土木界與建築界一樣，由法定機構來支持這些規範，這樣才能讓程式設計師與資料科學家知道，他們一旦造出操弄他人、危險、邪惡的產品，就將付出慘痛的代價。此外，這些道德規範不能使用鬆散正向的形容詞，而是要以清晰明確具體的方式，列出哪些事情可以做，哪些事情不能作。從業人員必須尊重使用者的自主

權、必須找出可能的風險並留下記錄、**程式碼必須讓人稽核檢驗**。此外，從業人員必須考量自己寫出來的東西對弱勢族群的影響，例如是否對某些族群、性別、能力、性傾向或其他已受保護的群體造成不成比例的傷害。最後，如果雇主要求設計師打造邪惡的功能，設計師必須拒絕執行（duty to refuse）並檢舉雇主（duty to report）。業界必須嚴懲不這麼做的程式設計師，法律則必須保障那些拒絕成為幫兇並檢舉雇主的人不會受到報復。

在各種監理方式中，要求程式設計師遵守道德規範或許最能夠預防傷害，因為有了這種規範，設計師就必須在公開發行產品或功能之前先思考可能造成哪些傷害，不能用「我只是聽命行事」來逃避責任。科技往往反映出我們的價值，如果社會將愈來愈仰賴程式設計師，培養程式設計界的道德就愈來愈重要。如果用適當的方法讓程式設計師知道要負責，我們就會成為防止科技濫用的最佳防線。而且，我們這些程式設計師都希望獲得人們的信任，打造社會的新架構，不是嗎？

【原則3】網路龍頭的監理，必須比照一般公營事業

在實體世界中，當某些設施「涉及公共利益」，傳統的處理方式就是把它變成公營事業。公營事業所經營的基礎建設，是社會與商業順利運作的先決條件，因此我們允許這些機構的運作模式有別於一般的公司。公營事業往往是自然獨占（natural monopoly）所導致的必然結果。市場中的均衡競爭，大部分都會引發創新、提高品質、降低價格；但在能源、水、道路這類市場讓企業彼此競爭毫無意義，在同一個地方拉好幾條電線、修好幾條水管、挖好幾條捷運只會嚴重浪費資源，增加消費者的成本。這時

候如果由一家供應商獨占，效率就會增加，但供應商的影響力與權力可能也會暴增，因為消費者無法改用其他電線、其他水管、其他捷運，只能任由自己被這家公司綁架。

網際網路上就有很多這樣的公司。谷歌的搜尋引擎市占率超過 90%，臉書在成年人使用的社群媒體市占率接近 70%。但這不表示它們是所有人通用的公共設施。這些科技平臺即使故障我們也不會死，生活可以正常維持一段時間，相比之下停電我們就撐不了那麼久了。當谷歌難得地故障時，大家會轉而使用其他比較不知名的搜尋引擎，等谷歌恢復正常。這些網路巨頭的人氣會起起落落，但基礎建設的需求不會有週期，以前最紅的社群網路是 MySpace，後來它被臉書打垮取而代之，這種事情在水力或電力界幾乎沒出現過。

不過，網際網路界的巨頭與物理世界的公營事業有一些共通特徵。它們的架構和實體的公共設施一樣已經變成日常生活的一部分，一旦消失，商業與社會往往就無法正常運作。舉例來說，很多公司如今都必須用谷歌的搜尋引擎來找員工。這其實不是壞事，搜尋引擎與社群媒體都有所謂的網路效應（network effect），愈多人使用這項服務，每個人使用時獲得的效用就愈高。這些東西跟實體的公共設施一樣，規模一旦變大，就可以為消費者創造巨大的效益，而我們不想阻礙這種公共利益。但它們也像其他自然獨占的企業一樣可以綁架消費者，因此我們在制訂新規則時，必須思考這些機構可能會造成哪些傷害。

網際網路與物理世界的基礎建設之間有本質上的差異，為了標明這種差異，以下我將用「網際網路上的公共設施」（internet utility）來指涉那些與物理世界的公營事業相似但卻不同的東西。

所謂「網際網路上的公共設施」，是指那些因為規模大到在網際網路變成龍頭，而影響到公共利益的服務、程式或平臺。在監理「網際網路上的公共設施」時，必須考慮它們在社會與商業中的特殊地位，要求這些機構以更高標準照顧使用者。我們必須用法定義務（statutory duty）來規範這些機構，根據它們的年收益來調整罰款額度，藉此防止它們像現在這樣繼續無視法規，覺得反正只要賺進來的錢比繳出去的罰款更多就好。

我們不會因為電力公司的規模太大而處罰它，所以我們也不應該因為那些「網際網路上的公共設施」規模太大而處罰它們，它們的網路效應確實造福了社會。我們不是要去拆分大型科技公司，而是要去迫使它們負起責任。我們可以讓「網際網路上的公共設施」維持既有的規模，但要求它們主動守護使用者的利益，最後讓它們逐漸變成我們共有的數位公共財。我們必須讓它們了解，規模夠大的東西一定會影響公共利益，而且在某些情況下，公共利益一定會優先於它們口袋裡的錢。此外，這些公司和其他公營事業一樣，產品的安全標準必須高於其他公司，並且要符合一套**新的數位消費者權利規範**。而這套新的數位消費者權利規範的原理必須能夠推廣到整個業界，讓科技公司改變一直以來的作法，充分顧及網際網路使用者的權益。

【原則 4】 必須架設新的數位監理機構

無論是因為有意為之、無力處理、還是大家視而不見，總之這些「網際網路上的公共設施」目前都能夠不受控制地影響我們的公眾討論、社會凝聚力、心理健康。這樣下去不行，我們必須想個機制讓它們對大眾負責。我們應該新設一個數位監理機構，

擁有法定的制裁權力，執行上述的數位監理架構。這種機構必須聘雇懂技術的權利保護官，代表人民主動檢查數位平臺。此外，我們也該用市場機制來進一步守護公眾的權益，例如要求這些「網際網路上的公共設施」為濫用資料造成的損害投保。如果這些公司必須為資料濫用投保，而且保費與資料的市場價值掛勾，它們就會在財務壓力下更用心守護資料。

我們已經知道，社群媒體公司利用個人資料的價值打造出全新的商業模式，賺進大把銀子。像臉書這類平臺都會極力強調自己提供的是「免費」服務，消費者無須付費，所以平臺不受反壟斷法規的管轄。但這種論點，預設了使用者為了使用該平臺而交出個人資料的行為不算是把一種有價值的東西拿出去換另一種有價值的東西，這顯然違反事實。如今都已經有一整套市場在估價、出售、授權使用個人資料了，個資怎麼可能沒有價值。目前針對大型科技公司的反壟斷調查方式有個明顯的漏洞：監理機構在調查時沒有充分考慮消費者個資的價值。

如果我們認真觀察消費者給平臺的個人資料價值上漲了多少，我們就會發現這些公司一直在占消費者便宜，這些主流平臺提供給消費者的價值，與從消費者那裡獲得的價值並不成比例。這時候也許有人就會用美國既有的反壟斷法思維說，資料交換對消費者而言愈來愈昂貴。這種說法即使說的沒錯，對公平交易與消費者權益的看法依然過於狹隘。但如果我們把這類公司歸類為「網際網路上的公共設施」，就可以用更廣義的標準來檢查它們的營運、成長、併購活動是否符合公共利益。

當然，社群媒體與搜尋引擎雖然很重要，卻不像實體基礎建設那麼不可替代，因此監理的方法必須讓產業能夠健康地逐漸演

化，不要搞到最後，既有「網際網路公共設施」的主導地位因為監理而愈來愈穩固，優秀的新產品反而難以出頭。但請注意，這並不表示只要去監理規模龐大的既有龍頭，都一定會在某種程度上阻礙新公司的出現，如果這種迷思是對的，那麼所有為了安全與環保而監理石油產業的作法，都會阻礙再生能源的誕生，事實當然不是這樣。如果我們擔心監理會阻礙市場演化，我們可以要求「網際網路上的公共設施」把目前的一些基礎設施分享給規模較小的競爭對手使用，讓消費者有更多選擇。目前的電信業就是這樣，電信龍頭會把一些通訊基礎設施分享給小公司使用。要求既有龍頭企業維護安全並遵守行為規範，未必會妨礙新技術的進展。因此我們必須**根據原則**，而非**根據技術**來決定如何監理，這樣才不會無意間將過時的技術或商業模型嵌入監理規範。

感謝，祝健康愉快。

ACKNOWLEDGMENTS

誌謝

　　大家經常把揭祕者當成大衛，孤身一人對抗巨人歌利亞。但我一直以來都不是孤身一人。如果不是很多人一直幫我，這一切不可能成真。從律師到記者，從閨密到計程車司機，很多人都在揭祕過程中做出重大貢獻，我衷心感謝他們給的建議、他們的不屈不撓、耐心、韌性。尤其要感謝過程中支持我的每一位女性，沒有女性，這件事就不可能成真。

感謝律師

　　各位，感謝你們不顧一切為我辯護，你們是全世界最酷的律師。首先，我要感謝優秀的首席律師塔姆辛・艾倫，妳在沒人知道我是誰、劍橋分析幹過什麼的時候就出手幫我，讓我能夠對抗那些全世界權勢最大的人與公司。當我們一起飛到華盛頓的眾議院情報委員去作證時，我發現三件事。第一，妳害怕搭飛機。第二，除此之外沒有其他東西嚇得倒妳。第三，即使剛剛飛過整個大西洋，被時差搞得七葷八素，然後跟我一起度過五個多小時的緊張國會聽證會，妳在那天晚上的《時代雜誌全球百大人物》（TIME 100）晚會裡還是比珍妮佛・羅培茲更亮眼。

　　因為許多出色的律師在背後夜以繼日地保護我，揭祕才能成功。感謝 Adam Kaufmann、Eric Lewis、Tara Plochocki 以及整個

Lewis Baach Kaufmann Middlemiss PLLC 公司的整個美國法律團隊，感謝你們對我的案件這麼樂觀，輕而易舉地解決其中跨越不同司法管轄區的各種問題，並幫我安然度過整段過程。因為有你們的諮詢，我才能在混亂之中保持冷靜鎮定。同時也要感謝艾倫在英國班德曼律師事務所那些才華洋溢的同事，包括 Mike Schwarz、Salima Budhani；以及錢伯律師事務所的那群大律師，包括葛文‧米勒、Clare Montgomery QC、Helen Mountfield QC、Ben Silverstone、Jessica Simor QC。此外，我還在匿名跟《衛報》一起查證據的時候，Simons Muirhead & Burton LLP 事務所的 Martin Soames 與 Erica Henshilwood 給了我很多幫忙，他們的早期建議為整個揭祕過程打下基礎。你們每個人都太棒了，我現在能夠安然無恙地站在這裡，都是因為你們的幫助。

感謝揭祕者

馬克‧蓋特森，沙米爾‧沙尼，感謝你們兩位的重大犧牲，感謝你們與我一起不顧一切地闖蕩這段旅程。你們都受到極為不公的報復，但依然堅持揭露真相。蓋特森，從我多年前認識你的那一刻起，就發現你的口才、幽默感、同理心、才智幾乎無人可比。沙尼，謝謝你從我們揭祕的那一刻起一直站在我身邊，謝謝你不畏強權說出真相。我們一起走過地獄，一起死而復生，能夠交到你們兩個這樣的朋友讓我相當自豪。此外我也要感謝幾位不願洩漏身分的揭祕者，即使全世界都看不見，你們依然做出了重大的貢獻。

感謝記者

卡蘿・卡德瓦拉德，謝謝妳不但相信我，而且信任我。打從認識妳的那一刻起，我就知道妳是少幾個能夠用文字讓全世界注意到這則事件的人之一。妳喚醒了世界，震動了巨人。我的一頭粉毛也許引人注目，但妳的筆讓新聞被人看見。妳在極右派、情報公司、矽谷科技巨頭持續不斷的謾罵威脅下，依然堅持不懈。妳接下這份工作只是為了獻身於更重要的價值，這份傑出報導的所有榮譽都屬於妳。

莎拉・唐納森與艾瑪・葛拉罕－哈里森，感謝你們在報導期間的關鍵角色。我之所以說這場揭祕是靠女性才能成功，主因就是妳們和卡蘿實在太厲害了。《衛報》和《觀察家報》能聘到妳們真的很幸運。此外當然也要感謝 Paul Webster、John Mulholland、Gillian Phillips 面對超級富豪、科技巨頭、憤怒的白宮官員、情報機構的壓力，以及幾乎每天都有律師信來威脅的情況下，依然堅決守護這項報導。感謝馬修・羅森堡、尼可拉斯・康費索、Gabriel Dance、Danny Hakim、David Kirkpatrick 與《紐約時報》，感謝你們用其他人無法做到的方式把這項新聞帶到美國，感謝你們大力促使臉書與其他矽谷巨頭面對責任。約伯・拉布金、本・德・皮爾，以及《第四台新聞》，感謝你們承受巨大風險去作臥底採訪，並在別人都不願意的情況下把真相告訴電視機前的觀眾。你們的影片讓劍橋分析的人在全世界面前用不寒而慄的字句自己說出他們幹過多麼邪惡的事情。

感謝議員

阿利斯泰・卡麥克議員，感謝你多年來的堅定相挺與忠告，

感謝你在深夜的辦公室裡與我討論，感謝你在我壓力很大的時候培養我對蘇格蘭威士忌的品味。在這件事公諸於眾之前，你給了我珍貴無價的幫助。你甘冒風險不求回報，用你對議會的詳細了解來保護我和其他揭祕者，因此守護了許多涉及重大公共利益的證據，讓它們得以公開。感謝達米安・科林斯議員，以及數位、文化、媒體暨體育部的全體成員，你們的調查是逼矽谷出來面對的主要力量。你們的跨黨派合作，在調查假消息與「假新聞」的過程中把公共利益放在第一要務，為後人立下了政治實務的榜樣。你們團結一致對抗矽谷的巨人，整合了來自世界各地支持立法的力量。然後科林斯議員，我這個同情心氾濫的左派必須要說，在遇見你之前，我不會相信（或許）保守黨人也可以真的很酷。

感謝其他不為人知的英雄

感謝我的爸媽 Kevin 和 Joan 給我無條件的愛、努力、與智慧。感謝姊妹 Jaimie 與 Lauren 在事情變得一團糟時放下一切來幫我，讓我發洩壓力，並在我的冰箱裡裝滿食物。感謝所有幫忙揭開真相，讓事實公諸於世的人。尤其感謝史特拉斯堡男爵在幕後謹慎地提供不可計數的協助；感謝彼得・朱克斯的鼓勵與精彩的報導開場；感謝 Marc Silver 的優秀影片與數小時鼓舞人心的旁白；感謝 Jess Search 的明智建議與孕育我的酷兒特質；感謝 Kyle Taylor 舉辦的熱情活動；感謝伊利莎白・德含、Michael McEvoy 以及英國資訊專員辦公室的全體成員讓大家注意到資訊權的重要；感謝美國眾議員謝安達與眾議院情報委員會全體成員那些不為人知的調查；感謝 Glenn Simpson 與 Fusion GPS 公司出色的調查工作；

感謝肯·史卓斯瑪讓我愛上電腦；感謝奇斯·馬丁培養我的獨立精神；感謝傑夫·席弗斯特指導年輕的我（雖然後來發生了很多事情）；感謝 Tom Brookes 一直以來的支持；感謝 David Carroll 與 Paul-Olivier Dehaye 堅持守護我的資料權；感謝艾瑪·布萊恩特博士發現關鍵證據；感謝 Harry Davies、Ann Marlowe、Wendy Siegelman 的早期調查；感謝前指導教授卡洛琳·梅爾審閱這本書，並教我許多心理學、資訊、文化的知識；感謝 Shoshana Zuboff 教授對監控資本主義的文章讓我把許多想法修得更精緻。而也許最重要的是，我想感謝每一位把這個新聞分享出去、打電話給民代、上街抗議、高舉標語、給我鼓勵的無數人們，而也許最重要的是，我想感謝每一位把這個新聞分享出去、打電話給民代、上街抗議、高舉標語、給我鼓勵的無數人們，這些我從未見過的人在過程中一直熱情地支持著我。

這本書的誕生

最後我要感謝兩位優秀的協力者 Lisa Dickey 與 Gareth Cook；感謝蘭登書屋的責編 Mark Warren；感謝 William Morris Endeavor 的經紀人 Jay Mandel 與 Jennifer Rudolph Walsh；感謝 Kelsey Kudak 查證書中相關事實；感謝娛樂法律師 Jared Bloch。感謝你們引導我寫完人生的第一本書，給我動力把旅程化為文字，幫我去蕪存菁刪掉廢話，讓我沒有跑野馬跑得太嚴重。

國家圖書館出版品預行編目資料

Mindf*ck 心智操控【劍橋分析技術大公開】：揭祕
「大數據AI心理戰」如何結合時尚傳播、軍事戰
略，深入你的網絡神經，操控你的政治判斷與消費
行為！／克里斯多福・懷利(Christopher Wylie)作；
劉維人譯. -- 初版. -- 新北市：野人文化出版：遠足
文化發行, 2020.10
　面；　公分. -- (地球觀；60)
譯自Mindf*ck: Inside Cambridge Analytica's Plot
to Break the World
ISBN 978-986-384-458-7(平裝)

1.懷利(Christopher Wylie) 2.劍橋分析公司(Cam-
bridge Analytica) 3.電腦資訊業 4.資料探勘

484.67   109014239

Mindf*ck 心智操控
【劍橋分析技術大公開】
線上讀者回函專用 QR CODE，你的
寶貴意見，將是我們進步的最大動力。

野人文化　　野人文化
官方網頁　　讀者回函

Mindf*ck 心智操控【劍橋分析技術大公開】

揭祕「大數據 AI 心理戰」如何結合時尚傳播、軍事戰略，
深入你的網絡神經，操控你的政治判斷與消費行為！
Mindf*ck: Inside Cambridge Analytica's Plot to Break the World

作　　者　克里斯多福・懷利（Christopher Wylie）
譯　　者　劉維人

野人文化股份有限公司　　　　　**讀書共和國出版集團**

社　　　長　張瑩瑩　　　　社　　　　　長　郭重興
總 編 輯　蔡麗真　　　　發行人兼出版總監　曾大福
責任編輯　陳瑾璇　　　　業 務 平 臺 總 經 理　李雪麗
專業校對　林昌榮　　　　業 務 平 臺 副 總 經 理　李復民
行銷企劃　林麗紅　　　　實 體 通 路 協 理　林詩富
封面設計　萬勝安　　　　網路暨海外通路協理　張鑫峰
內頁排版　洪素貞　　　　特 販 通 路 協 理　陳綺瑩
　　　　　　　　　　　　印　　　　　　務　黃禮賢、李孟儒

出　　版　野人文化股份有限公司
發　　行　遠足文化事業股份有限公司
　　　　　地址：231新北市新店區民權路108-2號9樓
　　　　　電話：（02）2218-1417　傳真：（02）8667-1065
　　　　　電子信箱：service@bookrep.com.tw
　　　　　網址：www.bookrep.com.tw
　　　　　郵撥帳號：19504465遠足文化事業股份有限公司
　　　　　客服專線：0800-221-029
法律顧問　華洋法律事務所　蘇文生律師
印　　製　成陽印刷股份有限公司
初版首刷　2020年10月